3D 江南火鸟设计 LOGO

茶杯

多功能军刀

挂耳式耳机

多士炉

风扇

闹钟

奶瓶

漏斗

茶叶罐

袖珍手电

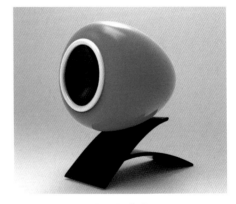

卡通摄像头

水龙头

空气净化器

小圆凳

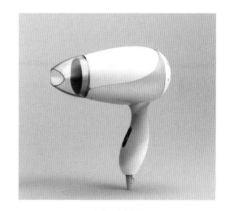

迷你吹风机

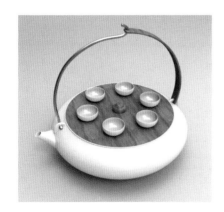

茶具

瓢虫

台灯

陀螺

卡通闹钟

日光浴椅

电饭锅

摄像头

高等学校计算机基础教育教材精选

Rhino 5.0产品设计标准实例教程

蒋 晓 主编

清华大学出版社

北 京

内 容 简 介

全书共分 9 章,第 1 章介绍学习 Rhino 软件的预备知识,第 2～第 8 章每章围绕同一个主题,通过产品设计实例引导读者掌握相关的命令和功能,既详细介绍各个命令有关选项、提示说明和操作步骤,又通过操作示例给出了产品设计建模的思路以及命令使用的方法和步骤。同时,根据编者们长期从事产品设计教学和研究的体会,总结了许多关键点和使用技巧。本书还配有"上机操作实验指导",读者可以根据给出的详细操作步骤自由轻松地创建出富有创意的产品三维模型。每章所附的上机题都给出了详尽的建模提示。第 9 章详细介绍了 4 个产品设计综合实例的建模方法和操作步骤,供读者自主训练。为配合教学,编者们还制作了为本书配套的电子教案,供任课教师选用。

本书具有很强的专业性和实用性,操作步骤命令提示和插图都非常详尽,可操作性强。

本书特别适合读者自学和各类高等院校和职业院校作为计算机辅助工业设计课程的教材和参考书,同时也适合从事工业设计的设计人员学习和参考之用。

图书在版编目(CIP)数据

Rhino 5.0 产品设计标准实例教程/蒋晓主编. —北京:清华大学出版社,2013(2019.2重印)

高等学校计算机基础教育教材精选

ISBN 978-7-302-32693-9

Ⅰ. ①R… Ⅱ. ①蒋… Ⅲ. ①产品设计－计算机辅助设计－应用软件－高等学校－教材
Ⅳ. ①TB472-39

中国版本图书馆 CIP 数据核字(2013)第 125563 号

责任编辑:汪汉友 赵晓宁
封面设计:傅瑞学
责任校对:梁 毅
责任印制:李红英

出版发行:清华大学出版社

   网   址:http://www.tup.com.cn,http://www.wqbook.com

   地   址:北京清华大学学研大厦 A 座   邮   编:100084

   社 总 机:010-62770175   邮   购:010-62786544

   投稿与读者服务:010-62776969,c-service@tup.tsinghua.edu.cn

   质量反馈:010-62772015,zhiliang@tup.tsinghua.edu.cn

   课件下载:http://www.tup.com.cn,010-62795954

印 装 者:三河市铭诚印务有限公司

经   销:全国新华书店

开   本:185mm×260mm 印 张:18.25 彩 插:2 字 数:462 千字

版   次:2013 年 11 月第 1 版   印 次:2019 年 2 月第 5 次印刷

定   价:69.00 元

产品编号:049405-01

前　言

笔者长期从事 CAD/CAID 的教学和研发工作以及工业设计专业产品交互设计、可用性和用户体验、产品创新设计方法、情感化与体验设计方向的研究,曾先后主编(译)过多本 AutoCAD、Pro/ENGINEER、Rhino、MDT、Visual LISP 以及 NONOBJECT 设计等书籍。这些书籍受到了业界的热烈欢迎,并被许多著名院校作为指定教材,累计发行数已超过数万册。Rhino 作为 CAID 中非常优秀的建模软件,非常易学好用,功能强大,不但能够快速表现设计方案,而且还能准确导入到许多三维造型、工程设计、平面设计和渲染动画的软件中,深受广大设计师的喜爱,现在绝大多数工业设计院校均开设了 Rhino 建模课程。遗憾的是,市场上 Rhino 的参考书非常少,所以我们在广泛听取读者们意见和建议的基础上,以 Rhino 在产品设计中的应用为主线精心组织编写了本教程。其主要特点如下。

- 科学性:根据由浅入深和循序渐进的原则对学时和内容进行合理的安排。
- 操作性:以实例引导讲解命令各选项功能的操作方法、步骤和技巧,非常便于读者自学。
- 实用性:以产品设计实例为线索串联每章的内容,在"上机操作实验指导"中,采用 Step by Step 的方式详细介绍完成该产品实例设计建模的方法和步骤。
- 创新性:所选产品实例具有一定的创新性,且为原创设计。
- 针对性:配有大量针对性强的上机题,供学员课后上机训练,并附详细建模提示。
- 丰富性:配有电子教案和实例素材等资源,供任课老师选用。

贯彻全书重要的理念是"边学边用、边用边学"。这种源自于学习语言的方法,经过实践证明是学习 CAD 软件最佳的方法。笔者曾先后培训过数以万计的学员,取得了非常好的效果。

本书由江南大学设计学院蒋晓、韩雪琳、王华豫、孟凡杰、李爽、黄飒、刘兆峰、李佳星、王荣、杨梦茜、赵楠、童庆和王月丰等编著,全书由蒋晓负责策划和统稿。课件由蒋晓、刘兆峰、李佳星、孙启玉、张卓苗、谭伊曼和张振东制作。另外,孙启玉、张卓苗和蒋璐珺等参加了部分产品案例的设计,谨向他们表示感谢。

由于时间仓促,且受水平的限制,虽然已尽了最大的努力,但疏漏和不当之处在所难免,欢迎读者批评指正,可登录作者的网站(http://www.jnfirebird.com)与作者进行交流。

特别说明,与本书相关的资源文件可以在清华大学出版社网站或作者网站下载。

江南火鸟设计

2013 年 8 月

目　　录

第1章 预备知识

Rhino 是基于 NURBS(Non-Uniform Rational B-Spline) 非均匀有理 B 样条为核心的三维建模软件,属于 CAD 软件中的 CAID 类软件,简单易学,功能强大,深受广大设计师的喜爱。它是由美国 Robert McNeel & Associates 公司开发的,在产品设计、建筑设计、珠宝首饰设计等领域得到广泛应用,特别在快速设计概念表现方面,有其他软件无法比拟的优势。现在绝大多数工业设计院校均开设 Rhino 建模课程。

本章内容如下。

(1) 启动 Rhino 5.0 的方法。

(2) Rhino 5.0 工作界面介绍。

(3) 基本操作。

(4) 文件的管理。

(5) Rhino 初始设置。

(6) 层的应用。

(7) 点输入的方法。

(8) 曲线的阶数。

1.1 启动 Rhino 5.0 的方法

安装 Rhino 5.0 后,有三种方式启动。

(1) 双击 Windows 桌面上 Rhino 5.0 快捷图标。

(2) 单击 Windows 任务栏上的"开始"|"所有程序"| Rhinoceros 5.0| Rhinoceros 5.0。

(3) 双击已存在的 Rhino 5.0 图形文件(*.3dm 格式)。

1.2 Rhino 5.0 工作界面

与前面的版本相比,Rhino 5.0 的工作界面没有太大变化,主要由标题栏、菜单栏、命令行、工具栏、视图区和状态栏组成,如图 1-1 所示。

1.2.1 标题栏

标题栏位于主界面的顶部,用于显示当前正在运行的 Rhino 应用程序名称和打开的文件名等信息,单击标题栏右端按钮,可进行最小化、最大化和关闭应用程序窗口。

1.2.2 菜单栏

菜单栏位于标题栏下方,单击菜单项或同时按 Alt 键和菜单项中带下划线的字母(如 Alt+C 键),可打开对应的下拉菜单,图 1-2 所示为"曲面"下拉菜单。菜单栏中包括了 Rhino 绝大多数的命令。

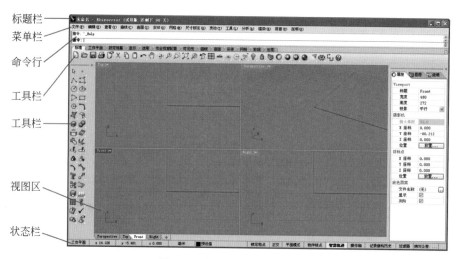

标题栏
菜单栏
命令行
工具栏
工具栏
视图区
状态栏

图 1-1　Rhino 5.0 工作界面

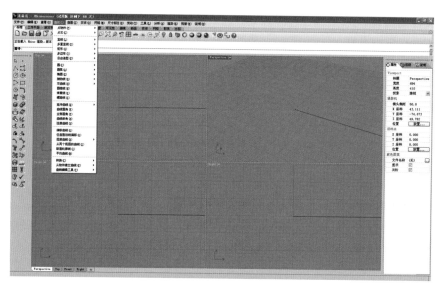

图 1-2　"曲面"下拉菜单

下拉菜单具有以下特点。

(1) 菜单项带 ▶ 符号,表示该菜单项还有下一级子菜单。

(2) 菜单项带"…"符号,表示执行该菜单项命令后,将弹出一个对话框。

(3) 菜单项带按键组合,则该菜单项命令可以通过按键组合来执行,如 Ctrl+Y 键,则执行"重做"命令。

(4) 菜单项带快捷键,则表示该下拉菜单打开时,输入该字母即可启动该菜单项命令,如"圆(C)"。

1.2.3　命令行

命令行如图 1-3 所示,是 Rhino 重要的组成部分,可以显示当前命令的执行状态、提示下一步操作、输入参数、提示命令操作失败原因等信息,指导完成命令操作。

图 1-3　命令行

在命令行上右击会弹出历史操作列表,可以在此列表中快速选择使用过的命令,如图 1-4 所示。

执行"工具"|"指令集"|"指令历史"命令或按 F2 键,可以切换到如图 1-5 所示的 Rhino 文本窗口,在文本窗口中可以用类似于文本编辑的方法,剪切、复制和粘贴历史命令和提示信息。

图 1-4　历史操作

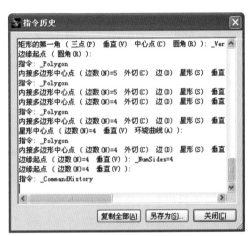

图 1-5　指令历史

1.2.4　工具栏

工具栏中含有命令图标按钮,用以执行各种命令,是常用的命令启动方式之一。Rhino 5.0 界面中,默认显示"标准"、"主要 1"、"主要 2"三个工具栏,若想调用或关闭其他工具栏,可执行"工具"|"工具列配置"命令,在弹出如图 1-6 所示的"工具列"对话框中,选中其他工具栏。

1. 工具栏提示

如果将光标移至工具栏图标按钮上停留片刻,则会显示该图标按钮对应的工具提示,图 1-7 所示为"旋转视图"图标按钮对应的工具提示。

注意:

(1) 有些图标按钮左击和右击对应的命令是不同的。

(2) 如果工具栏被误删除,可以执行"工具"|"复位工具列"命令,恢复默认的三个工具栏,也可以在"工具列"对话框中选择。

2. 随位工具栏

如果将光标移至工具栏右下角带三角的图标按钮上,按住鼠标左键不放或单击三角,将弹出随位工具栏。图 1-8 所示为"建立曲面"工具栏按钮的随位工具栏。

图 1-6 "工具列"对话框

图 1-7 图标按钮提示

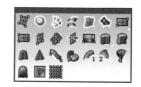

图 1-8 随位工具栏

3. 浮动工具栏和快捷工具栏

如果工具栏没有被锁定,可以将光标移至工具栏的边框上,按住鼠标左键并拖动工具栏的标题栏,将工具栏拖曳到绘图区,则工具栏可以"浮动",成为浮动工具栏,如图 1-9 所示。

单击鼠标中键,会弹出 Rhino 快捷工具栏,如图 1-10 所示(如果没有弹出,则需要在"Rhino 选项"对话框中的"鼠标"页面中进行中键的设置),方便工具的调用,中键快捷工具栏可以提高建模的效率。可以从工具栏中将图标按钮添加到快捷工具栏,同时按住 Ctrl 键和鼠标左键拖曳图标按钮,可将图标按钮进行复制,同时按住 Shift 键和鼠标左键拖曳图标按钮,可将图标按钮进行移动,如果拖至工作视窗的空白处可删除该图标按钮。

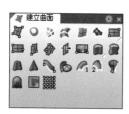

图 1-9 浮动工具栏

图 1-10 快捷工具栏

1.2.5 视图区

视图区是 Rhino 的主要工作区域,显示视图标题、背景、模型和坐标轴。默认情况下视图区为 4 格分布,分别为 Top 视图、Front 视图、Right 视图和 Perspective 视图,可切换视图和手动调节视图区域大小。将鼠标移至一个视区单击,则该视区被激活,视图标题颜色变为蓝色。

1.2.6 状态栏

状态栏位于界面的最底端,用于显示当前光标位置、图层信息和状态面板,如图 1-11 所示。其中,光标位置和图层信息用于显示工作状态;状态面板是辅助建模的重要工具,右击状态面板可"开启"和"关闭"该模式或直接单击切换。

| 工作平面 | x 50.947 | y -21.641 | z 0.000 | 厘米 | ■预设图层 | 锁定格点 | 正交 | 平面模式 | **物件锁点** | 智慧轨迹 | 操作轴 | 记录建构历史 | 过滤器 |

图 1-11　状态栏

1. 锁定格点

选中该选项,则锁定格点,鼠标指针只能在网格格点上移动,格点间距可在"Rhino 选项"对话框中设置。

2. 正交

开启正交模式,则鼠标指针只能在指定角度上移动,系统默认为 90°。

3. 平面模式

开启平面模式,则鼠标只能在上一个指定点所在的平面上移动,便于曲面创建中平面建面的操作。

4. 物件锁点

开启该模式,则会弹出"端点"和"中点"等一系列捕捉选项,如图 1-12 所示,有助于精确建模中点的捕捉,是常用的选项,其功能如表 1-1 所示。

| ☑端点 | ☑最近点 | ☑点 | ☑中点 | ☑中心点 | ☑交点 | ☑垂点 | ☑切点 | ☑四分点 | ☑节点 | ☑顶点 | □投影 | □停用 |

图 1-12　物件锁点

表 1-1　物件锁点功能一览表

图　标	名　称	作　用
☑端点	端点	捕捉对象的端点
☑最近点	最近点	捕捉对象上距离鼠标光标最近的点
☑点	点	捕捉对象上的控制点或点对象
☑中点	中点	捕捉线段或曲线的中点
☑中心点	中心点	捕捉圆、椭圆或圆弧的中心点
☑交点	交点	捕捉对象之间的交叉点
☑垂点	垂点	捕捉线段或曲线上与一点呈垂直的点
☑切点	切点	捕捉曲线的切点
☑四分点	四分点	捕捉圆或椭圆的四分点
☑节点	节点	捕捉对象的连接点
☑顶点	顶点	捕捉网格顶点
■投影	投影	物件锁点投影至工作平面
■停用	停用	关闭所有对象捕捉功能

5. 智慧轨迹

智慧轨迹是 Rhino 的建模辅助系统,以作业视窗中不同的 3D 点、几何图形及坐标轴向建立暂时性的辅助线和辅助点。

6. 记录建构历史

该选项可记录一个指令的建构历史,如"旋转成形"等命令可运用此选项记住曲面建构历史,通过编辑控制点直接调整曲面形状。

1.3 基 本 操 作

1.3.1 基本操作命令

1. 命令的复原

复原命令可以实现从一个命令开始逐一取消前面执行的命令。执行"工具"|"选项"命令或单击 图标按钮,打开"Rhino 选项"对话框,在"一般"页面"复原"选项组中,"最少可复原次数"文本框可以设置复原缓冲区中最少可以复原的次数,如图 1-13 所示。

图 1-13 "Rhino 选项"对话框

调用命令的方式如下。

菜单:执行"编辑"|"复原"命令。

图标:单击"标准"工具栏中的 图标按钮。

键盘命令:Undo。

2. 命令的重做

"重做"命令是"复原"的反向命令,可恢复"复原"所放弃的命令操作。

调用命令的方式如下。

菜单：执行"编辑"|"重做"命令。

图标：右击"标准"工具栏中的 ↷ 图标按钮。

键盘命令：Redo。

注意：重做命令必须紧跟在复原命令后使用才有效。

3. 命令的中止

按 Esc 键可以中断正在执行的命令，回到等待命令状态。

1.3.2　视图的操作

在 Rhino 5.0 建模过程中，需要对视图进行放大、缩小、平移等操作，以更好地观察模型。可以通过缩放、平移等命令来观察模型。

1. 平移视图

调用命令的方式如下。

菜单：执行"查看"|"平移"命令。

图标：单击"标准"工具栏中的 🖐 图标按钮。

键盘命令：Pan。

在 Top 视图、Front 视图和 Right 视图中进行平移，按住鼠标右键拖动即可；在 Perspective 视图中进行平移，需要按住 Shift 键的同时，拖动鼠标右键。

2. 旋转视图

调用命令的方式如下。

菜单：执行"查看"|"旋转"命令。

图标：单击"标准"工具栏中的 ✛ 图标按钮。

键盘命令：RotateView。

在 Perspective 视图中，按住鼠标右键拖动即可完成视图旋转。

3. 缩放视图

常规的缩放视窗分为"动态缩放"、"框选缩放"、"缩放至最大范围"和"缩放至选取物体"，图标按钮如图 1-14 所示，在视图中滚动鼠标中键可直接缩放视图。

图 1-14　"缩放"工具栏

4. 复原视图改变

"复原视图改变"命令可以复原视图的改变操作，与"复原"命令操作类似。

调用命令的方式如下。

菜单：执行"查看"|"复原视图改变"命令。

图标：单击"标准"工具栏中的 ↺ 图标按钮。

键盘命令：UndoView。

1.3.3　视图的显示

Rhino 5.0 视图可以有多种显示模式，方便观察模型，包括"线框模式"、"着色模式"、"渲染模式"、"阴影渲染模式"、"半透明模式"和"X 光模式"，Rhino 5.0 相比 Rhino 4.0 还新增了"工程图模式"，"艺术风格模式"和"钢笔模式"，如图 1-15 所示。

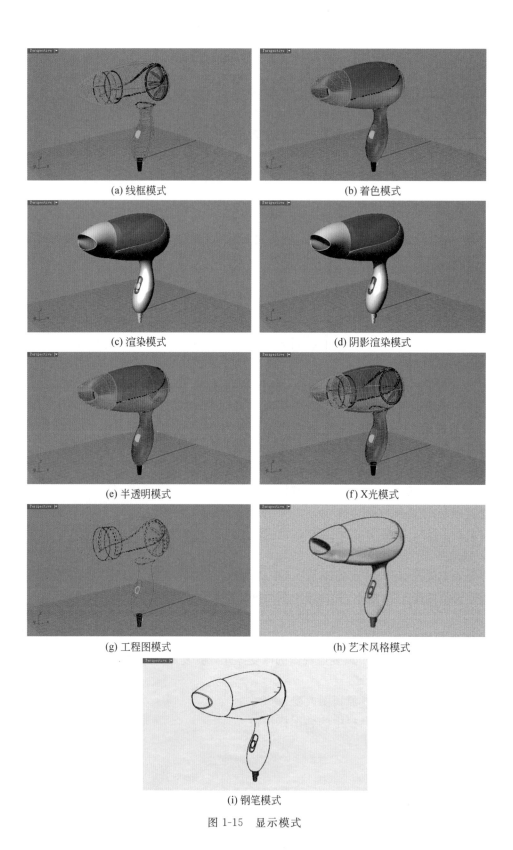

(a) 线框模式

(b) 着色模式

(c) 渲染模式

(d) 阴影渲染模式

(e) 半透明模式

(f) X光模式

(g) 工程图模式

(h) 艺术风格模式

(i) 钢笔模式

图 1-15　显示模式

切换视图显示模式的方式如下。

（1）在视图标题处右击或单击视图标题右侧  ，弹出视图操作快捷菜单，如图1-16所示。

（2）菜单：执行"查看"|"线框模式"命令。

（3）图标：单击"标准"工具栏中的 图标按钮，弹出"显示"工具栏，如图1-17所示。

（4）键盘命令：输入相应的视图模式命令。

较常用的是"线框模式"和"着色模式"。

1.3.4 对象的选择

对象的选择方式大体分为三种，即点选、框选和按类型选择，选中的对象会以另一种颜色显示，如图1-18所示，显示颜色可通过"文件属性"对话框进行自定义。

图1-16 视图菜单

图1-17 "显示"工具栏

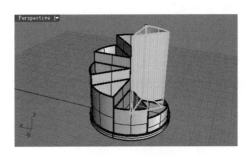

图1-18 选中对象

1. 选择和取消

选择对象在软件使用过程中是最基本的操作，当选择一个对象时只需要单击要选择对象，在此基础上如果想要加选对象，可同时按Shift键选择要加选的对象，如果要取消某个对象的选择状态可以同时按Ctrl键选择要取消选择的对象。

2. 框选

用鼠标从左侧向右侧拖曳出一个矩形（同AutoCAD中的窗口方式），这种情况下对象必须全部框在框内才能选中，而鼠标由右侧向左侧拖曳出一个矩形（同AutoCAD中的窗交方式），这种情况下选框所接触和框内的对象被选中。

3. 按类型选取

单击工具栏中功能切换按钮,将工具栏状态切换到"选取"工具栏 ,或单击"全部选取"图标按钮右下角三角,弹出"选取"工具栏,如图 1-19 所示,根据需要按类型进行选择,如"曲线"、"灯光"和"尺寸标注"等。

图 1-19 "选取"工具栏

4. 候选列表

当想要选择的对象和其他对象重叠时,选择位置旁就会弹出"候选列表"快捷菜单,可以进行选择,如图 1-20 所示。

5. 选取物件的一部分

选取物件的一部分只出现在执行某个指令后,如执行"放样"命令后,可以选择曲面的边缘,如图 1-21 所示。

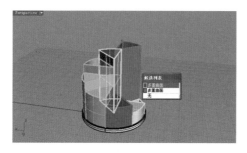
图 1-20 候选列表图

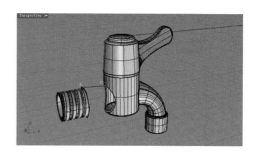
图 1-21 放样轮廓曲线选择

1.3.5 智慧轨迹

"智慧轨迹"是 Rhino 的建模辅助系统,同时开启"物件锁点"功能,并选中"端点"、"中心点"、"中点"等捕捉选项,如图 1-22 所示。可以辅助捕捉到特殊点,并沿捕捉指定点所在的水平或垂直方向延长线上获得所需要的点,"智慧轨迹"与 AutoCAD 中的"对象捕捉追踪"非常类似。

1.3.6 对象的隐藏

在建模过程中,可能会遇到比较复杂的模型,需要将一部分对象隐藏,方便其他对象的选取,图 1-23 为"可见性"工具栏。

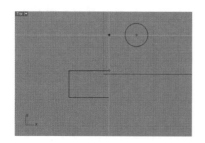
图 1-22 智慧轨迹

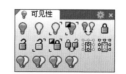
图 1-23 "可见性"工具

调用命令的方式如下。

菜单：执行"编辑"|"可见性"|"隐藏"命令。

图标：单击"标准"工具栏中的⑨图标按钮。

键盘命令：Hide。

操作步骤如下。

第1步，单击⑨图标按钮，调用"物件隐藏"命令。

第2步，命令提示为"选取要隐藏的物体"时，选择对象。

第3步，命令提示为"选取要隐藏的物体，按 Enter 完成："时，回车，完成对象隐藏。

1.3.7　对象的显示

调用"显示物件"命令，可以将隐藏的对象显示出来。

调用命令的方式如下。

菜单：执行"编辑"|"可见性"|"显示"命令。

图标：右击"标准"工具栏中的⑨图标按钮。

键盘命令：Show。

1.3.8　对象的删除

在建模过程中不需要的对象可以用"删除"命令将其删除。

调用命令的方式如下。

菜单：执行"编辑"|"删除"命令。

键盘命令：Delete(或按 Del 键)。

操作步骤如下。

第1步，选择要删除的对象。

第2步，调用"删除"命令，完成对象的删除。

1.4　文件的管理

Rhino 5.0 中模型文件的管理与其他 Windows 应用软件文件的管理基本相同，包括新建文件、打开文件、关闭文件和保存文件，操作方法也很类似。

1.4.1　新建文件

"新建"命令可以创建新的模型文件。

调用命令的方式如下。

菜单：执行"文件"|"新建"命令。

图标：单击"标准"工具栏中的▢图标按钮。

键盘命令：New。

快捷键：Ctrl＋N。

操作步骤如下。

第1步，调用"新建"命令，弹出"打开模板文件"对话框，如图 1-24 所示。

图 1-24 "打开模板文件"对话框

第 2 步,在给出的模板文件列表中,选择相应模板文件,模板的选择涉及到建模的尺寸和精度。

第 3 步,单击"打开"按钮。

1.4.2 打开文件

"打开"命令可以打开已保存的模型文件。

调用命令的方式如下。

菜单:执行"文件"|"打开"命令。

图标:单击"标准"工具栏中的 图标按钮。

键盘命令:Open。

快捷键:Ctrl+O。

操作步骤如下。

第 1 步,调用"打开"命令,弹出"开启"对话框,如图 1-25 所示。

图 1-25 "开启"对话框

第 2 步，在“查找范围”下拉列表框中选择要打开文件所在的文件夹，在“开启”对话框中选中该文件。

第 3 步，单击“打开”按钮。

1.4.3 保存文件

“保存”命令可以保存当前的模型文件。

调用命令的方式如下。

菜单：执行“文件”|“保存”命令。

图标：单击“标准”工具栏中的图标按钮。

键盘命令：Save。

快捷键：Ctrl＋S。

操作步骤如下。

第 1 步，调用“保存”命令，如果当前文件已经命名，则系统直接用当前文件名保存，不需要进行其他操作；如果当前文件未命名，则弹出“保存”对话框，如图 1-26 所示。

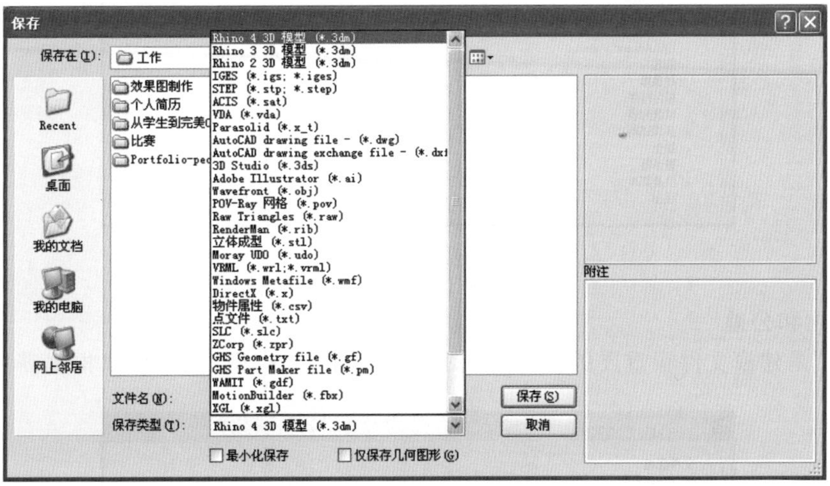

图 1-26 “保存”对话框

第 2 步，在“保存在”下拉列表框中可以指定文件保存路径。

第 3 步，在“保存类型”下拉列表框中选择保存文件格式或版本，如导入 3d Max 就需要保存为“*.3ds”格式，文件名可使用默认“未命名”或自定义。

第 4 步，单击“保存”按钮。

1.5 Rhino 初始设置

在 Rhino 建模前，合理的初始设置可以提高建模精度和建模效率，下面具体介绍相关参数的设置和修改，单击“选项”图标按钮或执行“工具”|“选项”命令，打开“Rhino 选项”对话框。

1.5.1 文件属性

1. 网格

"网格"设置关系到 Rhino 曲面建模过程中转化成多边形的显示和渲染,关系到显示的质量,如图 1-27 所示。系统默认为最低设置"粗糙、较快",为了提高曲面精度,可以选择"平滑、较慢"或"自定义"选项。精度越高,相应文件越大。

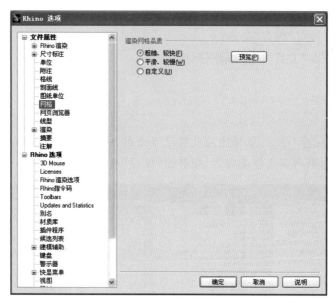

图 1-27　设置网格

2. 单位和公差

"单位"是建模文件很重要的参数,如图 1-28 所示。"模型单位"可以根据需要选择米、

图 1-28　设置单位

厘米、毫米等，一般情况下以毫米为单位。"绝对公差"是为建模尺寸设置误差容许限度，比如两点间的最小距离默认为相接。容差越小，建模精确度越高，因此一般保持默认设置为0.001毫米。"相对公差"和"角度公差"一般保持默认值即可。

注意：若建模过程中出现两个线或面无法结合在一起，可以手动将容差加大，操作完成后再设置回原值。

1.5.2 Rhino 选项

1. 外观

"显示语言"栏中可选择相应的软件界面语言，如图 1-29 所示。默认为"英语"模式，这里可选取"中文"模式重新启动软件，界面转换为中文。

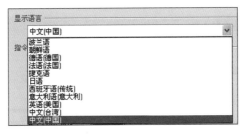

图 1-29　显示语言

2. 颜色

"颜色"页面中可以设置选取和锁定对象的颜色，方便区分，默认选择对象的颜色为黄色，一般锁定对象可设为半透明显示，方便观察和操作，如图 1-30 所示，其他颜色可根据个人爱好更改。

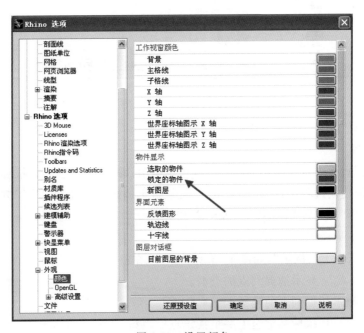

图 1-30　设置颜色

3．文件

1）"模板文件"选项组

用来设置某一现有模板文件作为 Rhino 启动时预设的模板文件。

2）储存选项组

选中"保存文件时建立＊.bak 备份文件"复选框，可在保存同时建立一份同样内容的备份文件，当源文件不小心被删掉时，＊.bak 文件可以改为＊.3dm，就可以恢复此文件。

3）"自动保存"选项组

（1）"保存间隔，每（E）"文本框，可以设置自动保存的间隔时间，默认为 20 分钟，每隔固定的时间计算机自动保存一次数据。

（2）"自动保存文件（A）"文本框，设置放置自动保存文件的文件夹，如图 1-31 所示。

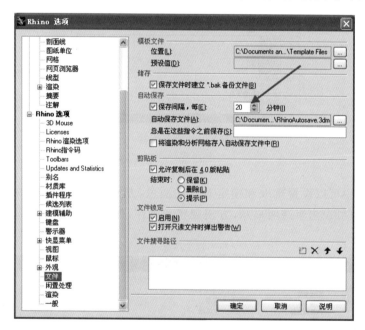

图 1-31　设置自动保存

4．建模辅助

1）推移设置

"推移设置"页面中可控制移动物件过程中单位值，即移动的距离为"推移步距"的倍数，因此若出现精密建模过程中，移动过大情况，可从这里进行修改设置。为了方便操作，"推移键"选项组中选择"方向键"单选按钮，如图 1-32 所示。

2）光标工具提示

选中"启用光标工具提示"，如图 1-33 所示，可以在鼠标光标附近显示详细信息。

（1）"物件锁点"：显示捕捉到点的类型。

（2）"点"：显示捕捉到点的坐标。

（3）"距离"：显示鼠标标记至上一个指定点的距离，如图 1-34 所示。

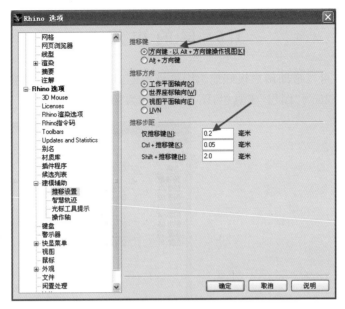

图 1-32　推移设置

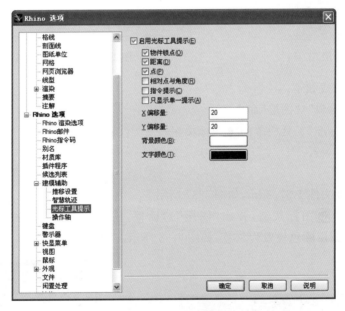

图 1-33　光标工具提示

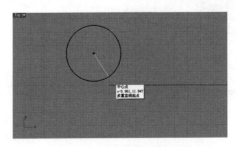

图 1-34　"点"光标工具提示

1.6 层 的 应 用

合理地使用层可以帮助用户很好地组织模型中的对象,清晰的层设置反映了一个清晰的建模思路。图 1-35 为"图层"工具栏,图 1-36 所示为"图层"对话框。

图 1-35 "图层"工具栏

图 1-36 "图层"对话框

调用命令的方式如下。

菜单:执行"编辑"|"图层"命令。

图标:单击"标准"工具栏中的 图标按钮。

键盘命令:Layer。

操作步骤如下。

第 1 步,打开文件 1-37.3dm,如图 1-37 所示。

第 2 步,单击 图标按钮,弹出"图层"对话框,添加两个图层,分别命名为 Curve、Model,将 Curve 图层颜色设置为红色,如图 1-38 所示。

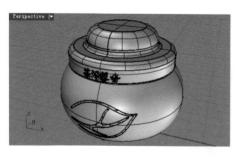

图 1-37 调用模型

图 1-38 "图层"对话框

第 3 步,执行"编辑"|"选取物件"|"曲线"命令,选择视图中所有曲线,如图 1-39 所示。

第 4 步,单击图标按钮,弹出"物体的图层"对话框,如图 1-40 所示,选取 Curve 图层,单击"确定"按钮,将所有曲线添加到 Curve 图层中。

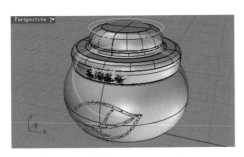

图 1-39　选取所有的曲线

图 1-40　"物体的图层"对话框

第 5 步,选取所有实体模型,执行同样的操作将实体模型添加到 Model 图层中。

在如图 1-38 所示的"图层"对话框中,可以设定图层解锁 🔓 状态和锁定状态 🔒,锁定的图层不能进行编辑;设定图层开启 💡 状态和关闭 💡 状态,关闭相当于将图层整体隐藏;单击 ■ 图标,弹出如图 1-41 所示的"选择图层颜色"对话框,可以设置图层颜色。同一图层的物件显示为统一颜色,不同图层设置为不同的颜色,便于分辨不同图层的物件。

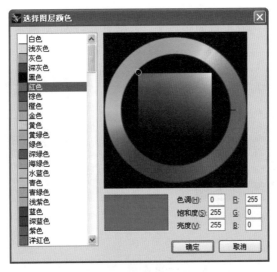

图 1-41　"选择图层颜色"对话框

1.7　点输入的方法

1.7.1　鼠标直接拾取点

移动鼠标在屏幕上直接单击拾取点。这种定点方法非常快捷,但不能用来精确定点。

如果要拾取特殊点则必须借助于"物件锁点"功能。

1.7.2 键盘输入点坐标

用键盘直接在命令行输入点的坐标可以精确定点。在 Rhino 中,采用的是绝对直角坐标、相对直角坐标、绝对极坐标和相对极坐标 4 种形式。

1. 绝对直角坐标

直接输入 X,Y 坐标值或 X,Y,Z 坐标值,表示相对于当前坐标原点的坐标值。如图 1-42 所示,点 A 的坐标值为(10,10),则应输入"10,10",点 B 的坐标值为(20,20),则应输入"20,20"。

2. 相对直角坐标

用相对于上一已知点之间的绝对坐标值的增量来确定输入点的位置。输入 X,Y 偏移量时,在前面必须加 r 或@。点 B 的坐标相对于点 A 的相对坐标为"r10,10",而点 A 相对于点 B 的相对坐标为"r−10,−10"。

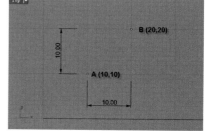

图 1-42　绝对直角坐标

3. 绝对极坐标

直接输入"长度＜角度"。长度是指该点与坐标原点的距离,角度是指该点与坐标原点的连线与 X 轴正向之间的夹角,逆时针为正,顺时针为负。如图 1-43 所示,点 C 的极坐标为"10＜45"。

4. 相对极坐标

如果 B 点相对于前一点 A 点的距离为 20,两点连线与 X 轴正向之间的夹角为 45°,则相对极坐标为"r20＜45"或"@20＜45",如图 1-44 所示。

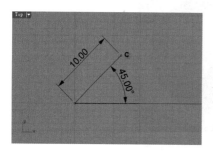

图 1-43　绝对极坐标

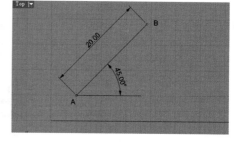

图 1-44　相对极坐标

注意:

(1) 输入下一点时,如果直接输入一距离值,则下一点将固定在以该点为圆心,该距离值为半径的一圆周上。

(2) 输入下一点时,如果直接输入＜角度值,则下一点将固定在以该角度值倍数的方向上。

1.8　曲线的阶数

NURBS 是三维软件普遍采用的一种曲线表达方式,NURBS 造型总是由曲线和曲面来定义的,基于 NURBS 建模方法的 Rhino 可以创建出各种复杂的产品造型。NURBS 曲线都有几个重要的定义参数：Degree 值（曲线的阶数）、Control point（控制点）、Edit point（编辑点）等。

1.8.1　CV 点与 EP 点

CV 点是 Control Vertex(Control Point)缩写，即"控制点"，用于控制曲线或者曲面的形状，如图 1-45 所示。曲线绘制完成后，选取曲线按 F10 键可以打开曲线的"控制点"，按 F11 键关闭曲线"控制点"，也可以由工具栏中 ![icon] 图标按钮来打开和关闭曲线"控制点"。

EP 点是 Edit Point 的缩写，即"编辑点"。"编辑点"直接显示在曲线上，选取曲线后可以由工具栏中的 ![icon] 图标按钮来打开和关闭曲线"编辑点"，如图 1-46 所示。

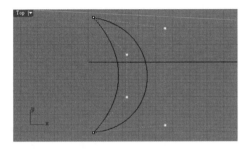
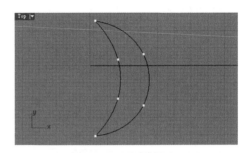

图 1-45　打开曲线"控制点"　　　　　　图 1-46　打开曲线"编辑点"

注意：Rhino 中通常使用"控制点"（CV 点）来调整曲线，而非"编辑点"（EP 点），因为"编辑点"（EP 点）对曲线形态的影响比较大。

1.8.2　曲线的阶数

Degree 在 NURBS 中被称为阶数，阶数实质上是数学解析式的次方数。例如，直线方程是一次方程，Degree＝1，至少需要 2 个"控制点"；当 Degree＝2 时，是二次方程，形成的曲线通常是圆、抛物线等标准曲线，至少需要有 3 个"控制点"，依次类推……构成一条 n 阶数的开放曲线其"控制点"（CV 点）数目至少为 n＋1 个。所以，所绘制曲线的控制点数必须比设置的阶数大 1 或以上，绘制的曲线才会是所设置阶数，曲线应保证至少有两个控制点即直线形成的最低条件，如图 1-47 所示，显示了三种阶数的曲线。从图中可以看出，曲线的阶数越小，曲线越简单，曲线也越弯曲；反之，曲线越复杂，曲线也越平滑。在 Rhino 中，默认曲线的阶数为 3。

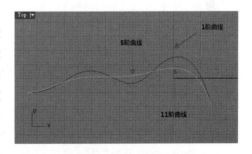

图 1-47　不同阶数的曲线

注意：

（1）Rhino 中支持的最高阶数为 11，当曲线阶数达到 11 后，也就是"控制点"数达到 12 后，再增加控制点数目，曲线的阶数将不会再增加。

（2）Rhino 中阶数为 3 的曲线可满足绝大多数产品建模的需要。

第 2 章 简单图形的绘制

几乎所有三维软件的学习都是从基本的二维命令开始的,在 Rhino 5.0 中,点和线等二维图形的绘制是创建三维模型的基础,熟练掌握基础的二维图形绘制,将有助于后续复杂三维建模命令的掌握。

本章内容如下。

(1) 点绘制的方法和步骤。

(2) 线绘制的方法和步骤。

(3) 曲线绘制的方法和步骤。

(4) 圆绘制的方法和步骤。

(5) 导入背景图片的方法和步骤。

(6) 圆弧绘制的方法和步骤。

(7) 椭圆绘制的方法和步骤。

(8) 矩形绘制的方法和步骤。

(9) 正多边形绘制的方法和步骤。

(10) 星形绘制的方法和步骤。

(11) 文字注写的方法和步骤。

2.1 点 的 绘 制

2.1.1 单点的绘制

"单点"命令可以绘制单独的一个点。

调用命令的方式如下。

菜单:执行"曲线"|"点物件"|"单点"命令。

图标:单击"主要 2"工具栏中的 图标按钮。

键盘命令:Point。

操作步骤如下。

第 1 步,单击 图标按钮,调用"单点"命令。

第 2 步,命令提示为"点物件的位置:"时,在命令行中输入坐标值,回车。如图 2-1 所示,在 Top 视图中,输入坐标值(0,0)后回车。

2.1.2 多点的绘制

利用"多点"命令可以绘制多个点。

调用命令的方式如下。

菜单:执行"曲线"|"点物件"|"多点"命令。

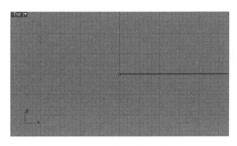

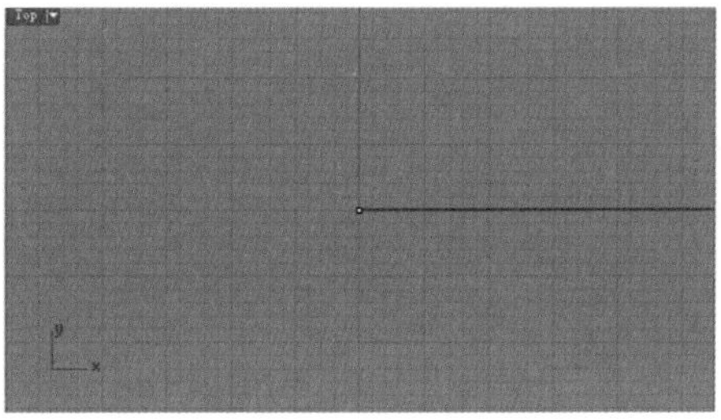

图 2-1　单点的绘制

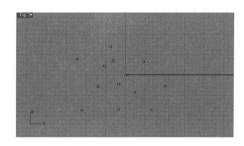

图 2-2　多点的绘制

图标：单击"主要 2"|"点"工具栏中的 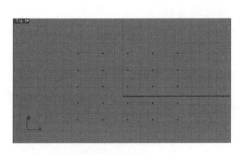 图标按钮。

键盘命令：Points。

操作步骤如下。

第 1 步，单击 图标按钮，调用"多点"命令。

第 2 步，命令提示为"点物件的位置，按 Enter 完成："时，在命令行中输入点的坐标值，回车。

第 3 步，命令提示为"点物件的位置，按 Enter 完成："时，在命令行中输入下一点的坐标值，回车。

⋮

或直接在相应位置单击，回车。

注意：图标按钮右下角的三角形表示还有子工具栏。如单击"点" 图标按钮上的三角形，将弹出"点"的子工具栏，如图 2-3 所示。如果左键长按一会儿带三角形的图标按钮，也会弹出相应的子工具栏。

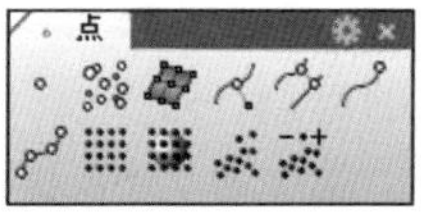

图 2-3　"点"工具栏

2.1.3　点格的绘制

"点格"命令可以建立矩形的点对象阵列。

1. 调用命令的方式和步骤

调用命令的方式如下。

图标：单击"主要 2"|"点"工具栏中的 图标按钮。

键盘命令：PointGrid。

操作步骤如下。

第 1 步，单击 图标按钮，调用"点格"命令。

第 2 步，命令提示为"X 方向的点数 <4>："时，在命令行中输入 5，回车。

第 3 步，命令提示为"Y 方向的点数 <4>："时，在命令行中输入 5，回车。

第 4 步，命令提示为"点格的第一角（三点（P）　垂直（V）　中心点（C））："时，在 Top 视图中，指定点格的第一个角。

第 5 步，命令提示为"另一角或长度："时，指定另外一个角，回车。如需精确绘制，可在命令行输入另一角坐标或是矩形的边长，如图 2-4 所示。

图 2-4　点格的绘制

2. 操作及选项说明

(1) 三点(P)：指定两个相邻的角点和对边上的一点绘制矩形点阵列。

(2) 垂直(V)：绘制一个与工作平面垂直的矩形点阵列。

(3) 中心点(C)：指定中心点和一角点或长度绘制矩形点阵列。

2.2 线 的 绘 制

2.2.1 直线的绘制

"直线"命令可以绘制一条直线。

1. 调用命令的方式和步骤

调用命令的方式如下。

菜单：执行"曲线"|"直线"|"单一直线"命令。

图标：单击"主要 1"|"直线"工具栏中的 📏 图标按钮。

键盘命令：Line。

操作步骤如下。

第 1 步，单击 📏 图标按钮，调用"直线"命令。

第 2 步，命令提示为"直线起点(两侧(B) 法线(N) 指定角度(A) 与工作平面垂直(V) 四点(F) 角度等分线(I) 与曲线垂直(P) 与曲线相切(T) 延伸(X))："时，指定直线的起点。

第 3 步，命令提示为"直线终点(两侧(B))："时，指定直线终点，结果如图 2-5 所示。

注意：可以开启"物件锁点"功能捕捉已存在的特殊点绘制直线。

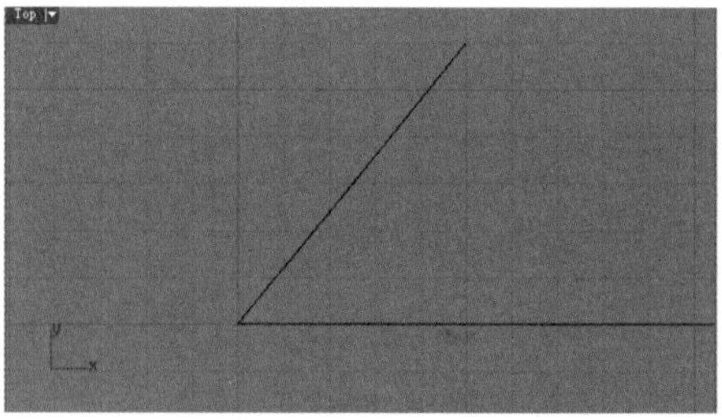

图 2-5 直线的绘制

2. 操作及选项说明

(1) 两侧(B)：在起点的两侧绘制直线。

(2) 法线(N)：绘制一条与曲面垂直的直线。

(3) 指定角度(A)：绘制一条与基准线呈指定角度的直线。

(4) 与工作平面垂直(V)：绘制一条与工作平面垂直的直线。

(5) 四点(F)：指定两个点确定直线的方向，再指定两个点绘制直线。

(6) 角度等分线(I)：以指定的角度绘制出一条角度等分线。

(7) 与曲线垂直(P)：绘制出一条与其他曲线垂直的直线。

(8) 与曲线相切(T)：绘制出一条与其他曲线相切的直线。

(9) 延伸(X)：选取一条曲线(或直线)并指定直线的终点(或输入距离)，以延伸该曲线切线方向(或直线)绘制直线。

2.2.2 多重直线的绘制

"多重直线"命令可以绘制连续的直线段或圆弧。

1. 调用命令的方式和步骤

调用命令的方式如下。

菜单：执行"曲线"|"多重直线"|"多重直线"命令。

图标：单击"主要 1"工具栏中的 图标按钮。

键盘命令：Polyline。

操作步骤如下。

第 1 步，单击 图标按钮，调用"多重直线"命令。

第 2 步，命令提示为"多重直线起点（持续封闭（P）＝否）："时，指定第 1 点。

第 3 步，命令提示为"多重直线的下一点（持续封闭（P）＝否　模式（M）＝直线　导线（H）＝否　复原（U））："时，按住 Shift 键，在第一点右侧单击，指定第 2 点，如图 2-6 所示。

第 4 步，命令提示为"多重直线的下一点。按 Enter 完成（持续封闭（P）＝否　封闭（C）模式（M）＝直线　导线（H）＝否　长度（L）　复原（U））："时，指定第 3 点。

⋮

第 14 步，命令提示为"多重直线的下一点。按 Enter 完成（持续封闭（P）＝否　封闭（C）模式（M）＝直线　导线（H）＝否　长度（L）　复原（U））："时，指定第 14 点，如图 2-7 所示。

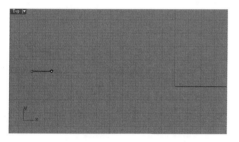 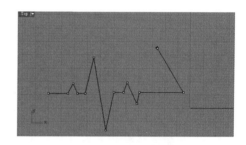

图 2-6　绘制第一段水平直线　　　　图 2-7　绘制其余直线段

第 15 步，命令提示为"多重直线的下一点。按 Enter 完成（持续封闭（P）＝否　封闭（C）　模式（M）＝直线　导线（H）＝否　长度（L）　复原（U））："时，单击"模式"选项，将"直线"切换为"圆弧"。

第 16 步，命令提示为"多重直线的下一点，按 Enter 完成（持续封闭（P）＝否　封闭（C）　模式（M）＝圆弧　导线（H）＝否　方向（D）　中心点（N）　复原（U））："时，指定第 15 点，绘制圆弧，如图 2-8 所示。

第 17 步，命令提示为"多重直线的下一点，按 Enter 完成（持续封闭（P）＝否　封闭（C）　模式（M）＝圆弧　导线（H）＝否　方向（D）　中心点（N）　复原（U））："时，回车。

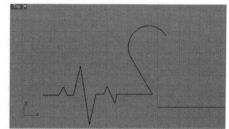

图 2-8　绘制圆弧

第 18 步，单击 图标按钮，执行"镜像"命令①，选择绘制好的多重线段，回车。开启"物

---

① 参见第 3.4 节。

件锁点"|"端点",捕捉多重线段右端端点,按住 Shift 键指定镜像轴的另一端点,如图 2-9 所示,完成镜像多重线段,如图 2-10 所示。

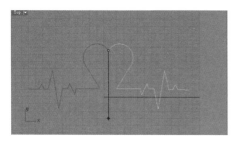

图 2-9　指定镜像轴

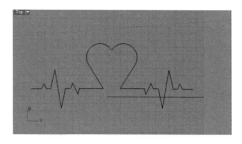

图 2-10　完成曲线的绘制

2. 操作及选项说明

(1) 持续封闭(P):所绘制的多重线段始终处于封闭状态。

(2) 模式(M):在直线和圆弧之间切换,如图 2-8 所示。

(3) 导线(H):显示上一段线段的方向.

(4) 复原(U):取消上一个点的绘制。

(5) 封闭(C):连接起点和终点。

注意:

(1) 在绘制多重直线时若需精确定点,可参考 1.7 节,通过输入点的坐标(包括绝对直角坐标、相对直角坐标等)来定位。

(2) 命令行中的选项可以输入关键字母,回车,也可以单击选项,选择该选项。

(3) 正交模式关闭时,按住 Shift 键单击,也可以绘制出水平线或垂直线,正交模式开启时,按住 Shift 键可绘制非水平线或非竖直线。

【例 2-1】 创建如图 2-17 所示个性立体字。

第 1 步,单击 ⚞ 图标按钮,调用"多重直线"命令。

第 2 步,命令提示为"多重直线起点(持续封闭(P)=否):"时,单击,指定第 1 点。

第 3 步,指定其他点,完成一个封闭的六边形,如图 2-11 所示。

第 4 步,同上述步骤绘制一个较小的封闭四边形,回车,如图 2-12 所示。

第 5 步,绘制其他字母的轮廓,如图 2-13 所示。

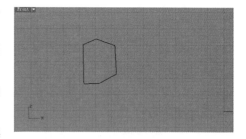

图 2-11　多重直线绘制六边形图

第 6 步,调用"偏移"命令①偏移曲线,如图 2-14 所示;在 TOP 视图中调整位置,调用"放样"命令②,如图 2-15 所示;调用"以平面曲线创建曲面"命令③,如图 2-16 所示;最后完成个性立体字的创建,如图 2-17 所示。

---

① 参见第 3.9 节。

② 参见第 5.6 节。

③ 参见第 5.3 节。

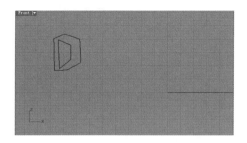

图 2-12　多重直线绘制四边形

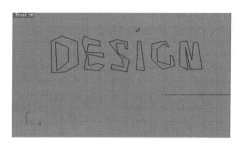

图 2-13　完成其他字母的绘制

图 2-14　偏移曲线

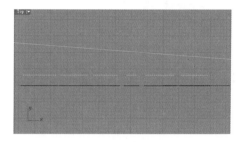

图 2-15　在 TOP 视图中调整位置

图 2-16　构建成体

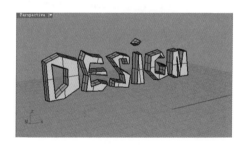

图 2-17　完成个性立体字的创建

2.2.3　从中点绘制直线

"从中点绘制直线"命令可以指定直线的中点和一个端点绘制直线。

调用命令的方式如下。

图标：单击"主要 1"|"直线"工具栏中的 图标按钮。

键盘命令：Line。

操作步骤如下。

第 1 步，单击 图标按钮，调用"直线：从中点"命令。

第 2 步，命令提示为"直线中点（法线（N）指定角度（A）　与工作平面垂直（V）　四点（F）角度等分线（B）　与曲线垂直（P）　与曲线相切（T）　延伸（X）："时，指定直线的中点。

第 3 步，命令提示为"直线终点："时，指定直线的终点，如图 2-18 所示。

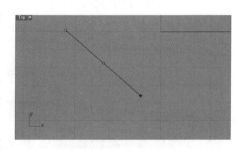

图 2-18　从中点绘制直线

2.2.4　起点与曲线垂直绘制直线

"起点与曲线垂直绘制直线"可以绘制与曲线垂直的直线。

调用命令的方式如下。

菜单：执行"曲线"|"直线"|"起点与曲线垂直"命令。

图标：单击"主要 1"|"直线"工具栏中的 图标按钮。

键盘命令：LinePerp。

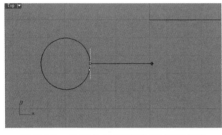

图 2-19　绘制与已知曲线垂直的直线

操作步骤如下。

第 1 步，单击 图标按钮，调用"直线：起点与曲线垂直"命令。

第 2 步，命令提示为"直线起点（两侧（B）点（P）　曲线上（O）　两条曲线（C））："时，在已有曲线（或直线）上单击，指定要与之垂直的曲线。

第 3 步，命令提示为"直线终点（点（P）　从第一点（F））："时，指定直线的终点，如图 2-19 所示。

2.2.5　绘制角度等分直线

"角度等分线"命令可以绘制一条角度等分直线。

调用命令的方式如下。

菜单：执行"曲线"|"直线"|"角度等分线"命令。

图标：单击"主要 1"|"直线"工具栏中的 图标按钮。

键盘命令：Bisector。

操作步骤如下。

第 1 步，单击 图标按钮，调用"直线：角度等分线"命令。

注意：这里应开启"物件锁点"|"端点"。

第 2 步，命令提示为"角度等分线起点："时，指定角度等分线的起点，捕捉点 B，如图 2-20 所示。

第 3 步，命令提示为"要等分的角度起点："时，指定起始角度线，捕捉点 A。

第 4 步，命令提示为"要等分的角度终点："时，指定终止角度线，捕捉点 C。

第 5 步，命令提示为"直线终点（两侧（B））："时，指定直线的终点，完成图形如图 2-21 所示。

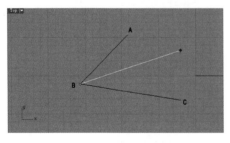

图 2-20　绘制角度等分直线

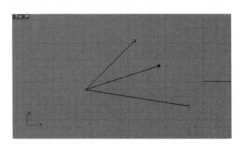

图 2-21　完成的角度等分直线

2.3 曲线的绘制

2.3.1 控制点曲线的绘制

"控制点曲线"命令可以放置控制点绘制曲线。

1. 调用命令的方式和步骤

调用命令的方式如下。

菜单：执行"曲线"|"自由造型"|"控制点"命令。

图标：单击"主要2"工具栏中的 图标按钮。

键盘命令：Curve。

操作步骤如下。

第1步，单击 图标按钮，调用"控制点曲线"命令。

第2步，命令提示为"曲线起点（阶数（D）＝3　持续封闭（P）＝否）："时，在 Top 视图中，指定曲线的第1个控制点。

第3步，命令提示为"下一点（阶数（D）＝3　持续封闭（P）＝否　复原（U））："时，指定曲线上的第2个控制点。

第4步，命令提示为"下一点，按 Enter 完成（阶数（D）＝3　持续封闭（P）＝否　复原（U））："时，指定曲线上的第3个控制点。

第5步，命令提示为"下一点，按 Enter 完成（阶数（D）＝3　持续封闭（P）＝否　封闭（C）　尖锐封闭（S）＝否　复原（U））："时，指定曲线上的第4个控制点。

……

第n步，命令提示为"下一点，按 Enter 完成（阶数（D）＝3　持续封闭（P）＝否　封闭（C）尖锐封闭（S）＝否　复原（U））："时，单击"封闭（C）"选项或者鼠标靠近第一个控制点，在提示"点"时单击，完成封闭曲线的绘制如图 2-22 所示。

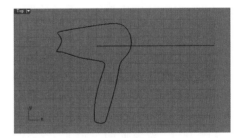

图 2-22　控制点曲线的绘制

注意：绘制的自由曲线可通过编辑控制点进行调整，参见第 4.3 节。

2. 操作及选项说明

（1）阶数（D）：绘制曲线的阶数。

（2）持续封闭（P）：在绘制过程中，曲线始终保持封闭状态。

（3）封闭（C）：使曲线封闭。

（4）尖锐封闭（S）：封闭曲线时，"尖锐封闭"选项选择"是"，绘制的是起点或终点为锐角的曲线，而非平滑的周期曲线。

（5）复原（U）：绘制曲线时取消最后一个指定的点。

2.3.2 内插点曲线的绘制

"内插点曲线"命令可以绘制通过指定点的曲线。

1. 调用命令的方式和步骤

调用命令的方式如下。

菜单：执行"曲线"|"自由造型"|"内插点"命令。

图标：单击"主要 2"|"曲线"工具栏中的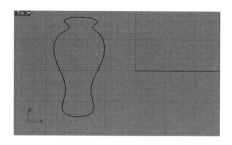图标按钮。

键盘命令：InterpCrv。

操作步骤如下。

第 1 步，单击图标 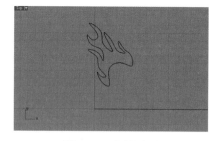 按钮，调用"内插点曲线"命令。

第 2 步，命令提示为"曲线起点(阶数(D)＝3　节点(K)＝弦长　持续封闭(P)＝否　起点相切(S))："在 Top 视图中指定曲线的起点。

第 3 步，命令提示为"下一点(阶数(D)＝3　节点(K)＝弦长　持续封闭(P)＝否　终点相切(N)　复原(U))："时，指定曲线的第 2 点。

第 4 步，命令提示为"下一点，按 Enter 完成(阶数(D)＝3　节点(K)＝弦长　持续封闭(P)＝否　终点相切(N)　复原(U))："时，指定曲线的第 3 点。

第 5 步，命令提示为"下一点，按 Enter 完成(阶数(D)＝3　节点(K)＝弦长　持续封闭(P)＝否　终点相切(N)　封闭(C)　尖锐封闭(S)＝否　复原(U))："时，指定曲线的第 4 点。

$\vdots$

第 n 步，命令提示为"下一点，按 Enter 完成(阶数(D)＝3　节点(K)＝弦长　持续封闭(P)＝否　终点相切(S)　封闭(C)　尖锐封闭(S)＝否　复原(U))："时，鼠标靠近起点，在提示"点"时单击，完成封闭曲线的绘制，如图 2-23 所示。

2. 操作及选项说明

(1) 起点相切(S)：绘制出起点与其他曲线相切的曲线。

(2) 终点相切(E)：绘制出终点与其他曲线相切的曲线。

注意：控制点曲线与内插点曲线的区别是，前者点在曲线外称为控制点；后者点在曲线上称为编辑点。

【例 2-2】 绘制如图 2-24 所示的火焰图形。

图 2-23　内插点曲线的绘制

图 2-24　火焰图形

操作如下：

命令：**_InterpCrv**　　　　　　　　　　　　单击 图标按钮，调用"内插点曲线"命令

曲线起点(阶数(D)＝3　节点(K)＝弦长　持续封闭　单击，指定第 1 点

(P)＝否　起点相切(S))：

下一点(阶数(D)=3 节点(K)=弦长 持续封闭 单击,指定第2点
(P)=否 终点相切(E) 复原(U)):

下一点。按 Enter 完成(阶数(D)=3 节点(K)=弦 单击,指定第3点
长 持续封闭(P)=否 终点相切(E) 复原(U)):
⋮   ⋮
下一点。按 Enter 完成(阶数(D)=3 节点(K)=弦 回车,完成曲线绘制
长 持续封闭(P)=否 终点相切(E) 封闭(C)
尖锐封闭(S)=否 复原(U)):↵

注意:可以单击 ⟍ 图标按钮,调用"开启编辑点"命令,对图形上的编辑点进行调整。

2.3.3 控制杆曲线的绘制

"控制杆曲线"命令可以绘制贝兹曲线。

调用命令的方式如下。

菜单:执行"曲线"|"自由造型"|"控制杆曲线"命令。

图标:单击"主要2"|"曲线"工具栏中的 图标按钮。

键盘命令:HandleCurve。

操作步骤如下。

第1步,单击 图标按钮,调用"控制杆曲线"命令。

第2步,命令提示为"曲线点(持续封闭(P)=否):"时,指定曲线起始的第1点。

第3步,命令提示为"控制杆位置(持续封闭(P)=否):"时,在视图中根据需要移动控制杆,单击确定。

第4步,命令提示为"下一个曲线点(持续封闭(P)=否):"时,指定第2点。

第5步,命令提示为"控制杆位置,按 Alt 建立锐角点,按 Ctrl 键 移动曲线点(复原(U)):"时,在视图中根据需要移动控制杆单击确定。
⋮

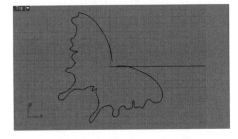

第n步,命令提示为"下一个曲线点(持续封闭(P)=否 封闭(C) 尖锐封闭(S)=否 复原(U)):"时,回车,完成曲线的绘制,如图2-25所示。

图 2-25 控制杆曲线的绘制

注意:

(1)按住 Ctrl 键可以移动最后一个曲线点的位置,放开 Ctrl 键继续放置控制杆点。对于初级用户,很难一次性完成精致的绘图,可以在曲率大的位置多增加几个点,在曲率小的位置可适当少一些点。如果点的位置不对,可以按键盘上的 U 键,回车,便返回到上一步。

(2)此绘制曲线的方法和 Photoshop 中的钢笔工具比较类似,可以在描图时使用。

2.4 圆的绘制

2.4.1 指定圆心和半径绘制圆

已知圆心和半径绘制圆。

1. 调用命令的方式和步骤

调用命令的方式如下。

菜单：执行"曲线"|"圆"|"中心点、半径"命令。

图标：单击"主要 1"|"圆"工具栏中的 ⊘ 图标按钮。

键盘命令：Circle。

操作步骤如下。

第 1 步，单击 ⊘ 图标按钮，调用"圆：中心点、半径"命令。

第 2 步，命令提示为"圆心(可塑形的(D)　垂直(V)　两点(P)　三点(O)　正切(T)　环绕曲线(A)　配合点(F))："时，指定圆心点。

第 3 步，命令提示为"半径 <0.1>((直径(D)　定位(O)　周长(C)　面积(A)))："时，输入半径的值，回车，如图 2-26 所示。

注意：可以通过捕捉圆的中心点来绘制同心圆，如图 2-27 所示。

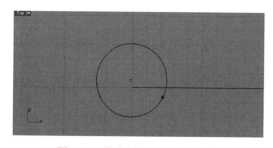

图 2-26　指定圆心和半径绘制圆

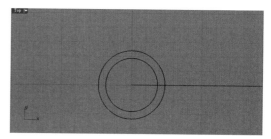

图 2-27　绘制同心圆

2. 操作及选项说明

(1) 可塑形的(D)：以指定的阶数与控制点数绘制形状近似的 NURBS 曲线。

(2) 垂直(V)：绘制一个与工作平面垂直的圆。

(3) 两点(P)：以直径的两个端点绘制一个圆。

(4) 三点(O)：以圆周上的三个点绘制一个圆。

(5) 正切(T)：绘制一个与三条曲线(或直线)相切的圆。

(6) 环绕曲线(A)：绘制一个圆心在选择的曲线上并与该点曲线的切线方向垂直的圆。

(7) 配合点(F)：绘制一个配合多个点的圆。

2.4.2 指定直径两端点绘制圆

通过圆直径的两个端点绘制圆。

调用命令的方式如下。

菜单：执行"曲线"|"圆"|"两点"命令。

图标：单击"主要 1"|"圆"工具栏中的⊘图标按钮。

键盘命令：CircleD。

操作步骤如下。

第 1 步，单击⊘图标按钮，调用"圆：直径"命令。

第 2 步，命令提示为"直径起点(垂直(V))："时，指定直径的起点。

第 3 步，命令提示为"直径终点(垂直(V))："时，指定直径的终点，如图 2-28 所示。

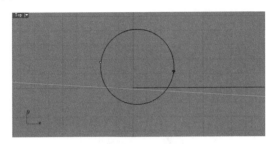

图 2-28　指定直径两端点绘制圆

2.4.3　指定三点绘制圆

已知圆上的任意三点绘制圆。

调用命令的方式如下。

菜单：执行"曲线"|"圆"|"三点"命令。

图标：单击"主要 1"|"圆"工具栏中的◯图标按钮。

键盘命令：Circle3Pt。

操作步骤如下。

第 1 步，单击◯图标按钮，调用"圆：三点"命令。

第 2 步，命令提示为"第一点："时，捕捉三角形的端点 A。

第 3 步，命令提示为"第一点："时，捕捉三角形的端点 B。

第 4 步，命令提示为"第一点："时，捕捉三角形的端点 C，完成过三点的圆的绘制，如图 2-29 所示。

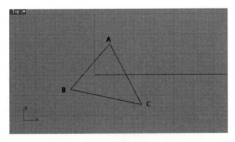

图 2-29　三角形的三个点

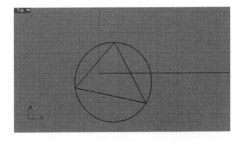

图 2-30　完成指定三点绘制圆

此外还有其他绘制圆的方法，其工具栏如图 2-31 所示，绘制方法由以上几种方法变化而来，这里不再赘述。

图 2-31　"圆"工具栏

2.5 导入背景图

利用"背景图"命令可以放置和调整视图中的背景图,背景图通常用来描绘轮廓曲线和设计分析。

1. 调用命令的方式和步骤

"背景图"命令可以在背景中放置图片。

调用命令的方式如下。

菜单:执行"查看"|"背景图"|"放置"命令。

图标:单击"背景图"工具栏中的🔲图标按钮。

键盘命令:BackgroundBitmap。

操作步骤如下。

第1步,执行"查看"|"背景图"|"放置"命令,弹出如图2-32所示的"打开位图"对话框。

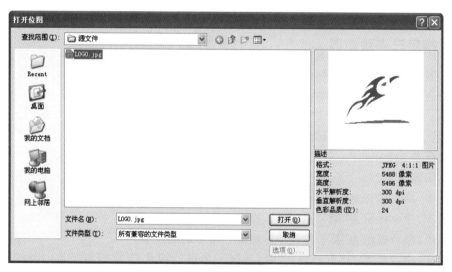

图2-32 "打开位图"对话框

第2步,命令提示为"选择背景图选项(对齐(A) 抽离(E) 灰阶(G)=是 反锯齿(F)=否 移动(M) 放置(P) 更新(R) 移除(O) 缩放(S) 显示(V)=是):"时,选择需要放置的图片,单击"打开"按钮。

第3步,命令提示为"第一角:"时,指定第一个角点。

第4步,命令提示为"第二角或长度(1比1(T)):"时,指定对角点,或输入长度,放置图片,如图2-33所示。

注意:

(1)一个视图中只能放置一个背景图,放置第二个背景图时,先前放置的背景图将被替换。

(2)在建模过程中为避免背景图影响视线,可将其隐藏。

图 2-33　放置的图片

2. 操作及选项说明

（1）对齐（A）：将背景图与两个点对齐。

（2）抽离（E）：将背景图保存为图片文件。

（3）灰阶（G）：选择"是"，背景图会以灰阶显示。

（4）反锯齿（F）：选择"是"，背景图看起来会较细致平滑。

（5）移动（M）：移动背景图。

（6）放置（P）：在视图中放置背景图。

2.6　圆弧的绘制

2.6.1　指定中心点、起点和角度绘制圆弧

已知圆弧的起点、圆心和角度绘制圆弧。

1. 调用命令的方式和步骤

调用命令的方式如下。

菜单：执行"曲线"|"圆弧"|"中心点、起点、角度"命令。

图标：单击"主要1"工具栏中的 ▷ 图标按钮。

键盘命令：Arc。

操作步骤如下。

第1步，单击 ▷ 图标按钮，调用"圆弧：中心点、起点、角度"命令。

第2步，命令提示为"圆弧中心点（可塑形的（D）　起点（S）　正切（T）　延伸（X））："时，输入圆弧的圆心坐标 0,0，回车，如图 2-34 所示。

第3步，命令提示为"圆弧起点（倾斜（T））："时，指定圆弧的起点，如图 2-35 所示。

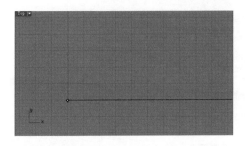

图 2-34　指定圆弧中心点

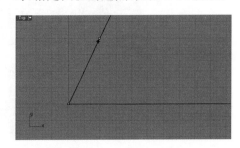

图 2-35　指定圆弧的起点

第 4 步,命令提示为"终点或角度(长度(L)):"时,输入圆弧所对的圆心角的数值为
—60,或指定圆弧终点,完成圆弧的绘制,如图 2-36 和图 2-37 所示。

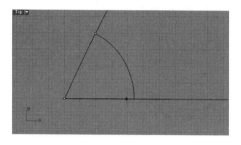

图 2-36 输入合适的角度

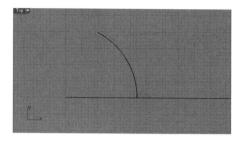

图 2-37 完成弧线的绘制

2. 操作及选项说明

(1)可塑形的(D):绘制近似圆弧的 NURBS 曲线。

(2)起点(S):指定起点、终点及圆弧的通过点绘制圆弧。

(3)正切(T):以指定的半径绘制与两条曲线相切的圆弧。

(4)延伸(X):以圆弧延伸曲线。

2.6.2 指定起点、终点和圆弧上点绘制圆弧

通过圆弧的起点、终点和圆弧上一点绘制圆弧。

调用命令的方式如下。

菜单:执行"曲线"|"圆弧"|"起点、终点、通过点"命令。

图标:单击"主要 1"|"圆弧"工具栏中的 图标按钮。

键盘命令:Arc3pt。

操作步骤如下。

第 1 步,单击 图标按钮,调用"圆弧:起点、终点、通过点"命令。

第 2 步,命令提示为"圆弧起点:"时,指定点 A 为圆弧起点。

第 3 步,命令提示为"圆弧终点(方向(D) 通过点(T) 中心点(C)):"时,指定点 B 为
圆弧终点。

第 4 步,命令提示为"圆弧上的点(方向(D) 半径(R)):"时,指定点 C 为圆弧通过点,
完成圆弧的绘制,如图 2-38 所示。

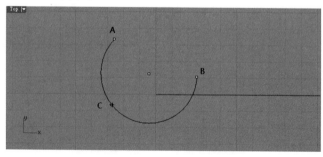

图 2-38 指定三点绘制圆弧

2.6.3 指定起点、终点和起点的方向绘制圆弧

已知圆弧的起点、终点和圆弧的起点切线方向绘制圆弧。

调用命令的方式如下。

菜单：执行"曲线"|"圆弧"|"起点、终点、起点的方向"命令。

图标：单击"主要1"|"圆弧"工具栏中的图标按钮。

键盘命令：ArcDir。

操作步骤如下。

第1步，单击图标按钮，调用"圆弧：起点、终点、起点的方向"命令。

第2步，命令提示为"圆弧起点："时，指定点 A 为圆弧起点。

第3步，命令提示为"圆弧终点（方向（D） 通过点（T） 中心点（C））："时，指定点 B 为圆弧终点。

第4步，命令提示为"起点的方向："时，指定点 C，确定圆弧起点的切线方向，完成圆弧的绘制，如图 2-39 所示。

此外，还有其他绘制圆弧的方法，其工具栏如图 2-40 所示。圆弧方法由以上几种方法变化而来，这里不再赘述。

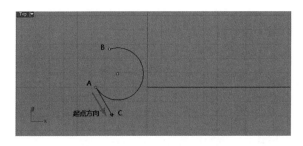

图 2-39 指定起点、终点和圆弧的起点切线方向绘制圆弧　　　　图 2-40 "圆弧"工具栏

2.7 椭圆的绘制

2.7.1 指定中心点绘制椭圆

已知椭圆中心点、第一轴终点和第二轴终点绘制椭圆。

1. 调用命令的方式和步骤

调用命令的方式如下。

菜单：执行"曲线"|"椭圆"|"从中心点"命令。

图标：单击"主要2"工具栏中的图标按钮。

键盘命令：Ellipse。

操作步骤如下。

第1步，单击图标按钮，调用"椭圆：从中心点"命令。

第2步，命令提示为"椭圆中心点（可塑形的（D） 垂直（V） 角（C） 直径（I） 从焦点（F） 环绕曲线（A））："时，指定椭圆的中心点。

第3步,命令提示为"第一轴终点(角(C)):"时,指定椭圆第一轴终点。

第4步,命令提示为"第二轴终点:"时,指定椭圆第二轴终点,完成椭圆的绘制,如图2-41所示。

2. 操作及选项说明

(1) 可塑形的(D):以指定的阶数与控制点数绘制形状近似的NURBS曲线。

(2) 垂直(V):以中心点及两个轴绘制一个与工作平面垂直的椭圆。

(3) 角(C):以一个矩形的对角绘制一个椭圆。

(4) 直径(I):指定轴线的端点绘制一个椭圆。

(5) 从焦点(F):指定椭圆的两个焦点及通过点绘制一个椭圆。

2.7.2　指定直径绘制椭圆

已知椭圆的三个顶点绘制椭圆。

调用命令的方式如下。

菜单:执行"曲线"|"椭圆"|"直径"命令。

图标:单击"主要2"|"椭圆"工具栏中的图标按钮。

键盘命令:EllipseD。

操作步骤如下。

第1步,单击图标按钮,调用"椭圆:直径"命令。

第2步,命令提示为"第一轴起点(垂直(V)):"时,指定第一轴的起点A。

第3步,命令提示为"第一轴终点:"时,指定第一轴的终点B。

第4步,命令提示为"第二轴终点:"时,指定另一轴的终点C,完成椭圆的绘制,如图2-42所示。

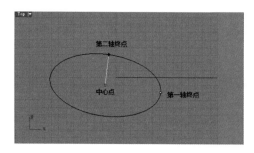

图2-41　指定中心点绘制椭圆

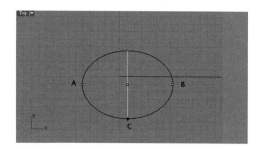

图2-42　指定直径绘制椭圆

2.7.3　指定焦点绘制椭圆

1. 调用命令的方式和步骤

已知椭圆的两个焦点和椭圆上一点绘制椭圆。

调用命令的方式如下。

菜单:执行"曲线"|"椭圆"|"从焦点"命令。

图标:单击"主要2"|"椭圆"工具栏中的图标按钮。

操作步骤如下。

第1步，单击 图标按钮，调用"椭圆：从焦点"命令。

第2步，命令提示为"第一焦点（标示焦点（M）＝否）："时，指定第一焦点A。

第3步，命令提示为"第二焦点（标示焦点（M）＝否）："时，指定第二焦点B。

第4步，命令提示为"椭圆上的点（标示焦点（M）＝否）："时，指定椭圆的一通过点C，完成椭圆的绘制，如图2-43所示。

2. 操作及选项说明

标示焦点（M）：选择"是"，在焦点的位置放置点对象，则绘制的椭圆能清楚显示焦点的位置。

此外还有其他绘制椭圆的方法，其工具栏如图2-44所示，绘制方法由以上几种方法变化而来，这里不再赘述。

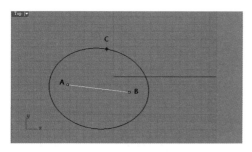

图2-43 指定焦点绘制椭圆

图2-44 "椭圆"工具栏

2.8 矩形的绘制

2.8.1 指定角和对角绘制矩形

通过矩形的两个对角点绘制矩形。

1. 调用命令的方式和步骤

调用命令的方式如下。

菜单：执行"曲线"|"矩形"|"角对角"命令。

图标：单击"主要2"工具栏中的 图标按钮。

键盘命令：Rectangle。

操作步骤如下。

第1步，单击 图标按钮，调用"矩形：角对角"命令。

第2步，命令提示为"矩形的第一角（三点（P） 垂直（V） 中心点（C） 圆角（R））："时，指定矩形一个顶点A。

第3步，命令提示为"另一角或长度（圆角（R））："时，指定矩形的对角点B，如图2-45所示，或输入长度，回车，再输入宽度，回车。

注意：如果同时按住Shift键绘制矩形可绘制正方形。

2. 操作及选项说明

（1）三点（P）：指定两个相邻的角点和对边上的一点绘制矩形。

（2）垂直（V）：绘制一个与工作平面垂直的矩形。

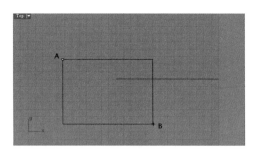

图 2-45 指定角和对角绘制矩形图

（3）中心点（C）：指定中心点和一角点或长度绘制矩形。

（4）圆角（R）：指定圆角的半径绘制一带圆角的矩形。

2.8.2 指定中心点和角绘制矩形

已知矩形的中心点和一个顶点绘制矩形。

调用命令的方式如下。

菜单：执行"曲线"|"矩形"|"中心点、角"命令。

图标：单击"主要 2"|"矩形"工具栏中的 图标按钮。

键盘命令：RectangleCen。

操作步骤如下。

第 1 步，单击 图标按钮，调用"矩形：中心点、角"命令。

第 2 步，命令提示为"矩形中心点（圆角（R）："时，指定矩形中心点 O。

第 3 步，命令提示为"另一角或长度（圆角（R）："时，指定矩形另一角点 A，或输入长度，完成矩形的绘制，如图 2-46 所示。

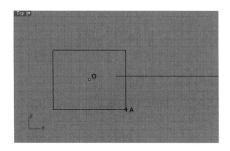

图 2-46 指定中心点和角绘制矩形

2.8.3 指定三点绘制矩形

通过矩形的一条边的两个端点以及对边的上的一点绘制矩形。

调用命令的方式如下。

菜单：执行"曲线"|"矩形"|"三点"命令。

图标：单击"主要 2"|"矩形"工具栏中的 图标按钮。

键盘命令：Rectangle3Pt。

操作步骤如下。

第 1 步，单击 图标按钮，调用"矩形：三点"命令。

第 2 步，命令提示为"边缘起点(圆角(R))："时，指定矩形的一个顶点 A。

第 3 步，命令提示为"边缘终点(圆角(R))："时，指定矩形的相邻顶点 B，完成一条边的绘制。

第 4 步，命令提示为"宽度。按 Enter 套用长度(圆角(R))："时，指定矩形对边上的一点 C 或输入宽度，完成矩形的绘制，如图 2-47 所示。

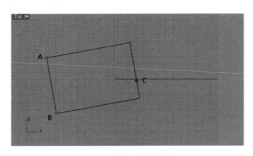

图 2-47　指定三点绘制矩形

2.8.4　绘制圆角矩形

绘制带圆角的矩形。

1. 调用命令的方式和步骤

调用命令的方式如下。

图标：单击"主要 2"|"矩形"工具栏中的 图标按钮。

操作步骤如下。

第 1 步，单击 图标按钮，调用"圆角矩形"命令。

第 2 步，命令提示为"矩形的第一角(三点(P) 垂直(V) 中心点(C))："时，指定矩形的一个顶点。

第 3 步，命令提示为"另一角或长度："时，指定矩形的另一顶点。

第 4 步，命令提示为"半径或圆角通过的点 <2.00>(角(C)＝圆弧)："时，输入圆角半径值，回车。完成矩形的绘制，如图 2-48 所示。

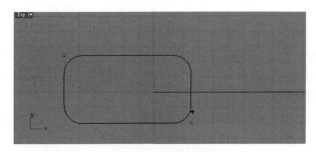

图 2-48　圆角矩形

注意：单击"角(C)＝圆弧"命令选项，切换为"角(C)＝圆锥"，绘制圆锥角矩形，如

图 2-49 所示。

2. 操作及选项说明

(1) 三点(P)：以两个相邻的角和对边上的一点绘制矩形。

(2) 垂直(V)：绘制一个与工作平面垂直的矩形。

(3) 中心点(C)：从中心点绘制矩形。

此外还有其他绘制矩形的方法,其工具栏如图 2-50 所示,绘制方法由以上几种方法变化而来,这里不再赘述。

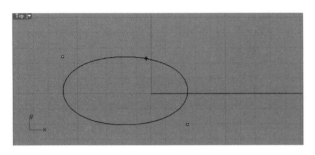

图 2-49　圆锥矩形　　　　　　　　　　　图 2-50　"矩形"工具栏

2.9　正多边形的绘制

2.9.1　指定中心点和半径绘制正多边形

1. 调用命令的方式和步骤

已知正多边形中心点和外接圆半径绘制正多边形。

调用命令的方式如下。

菜单：执行"曲线"|"多边形"|"中心点、半径"命令。

图标：单击"主要 1"工具栏中的 图标按钮。

键盘命令：Polygon。

操作步骤如下。

第 1 步,单击 图标按钮,调用"多边形：中心点、半径"命令。

第 2 步,命令提示为"内接多边形中心点(边数(N)＝5　外切(C)　　边(D)　　星形(S)垂直(V)　环绕曲线(A))："指定多边形的中心点。

第 3 步,命令提示为"多边形的角(边数(N)＝5)："时,指定正多边形一个顶点完成正多边形的绘制,如图 2-51 所示。

2. 操作及选项说明

(1) 外切(C)：指定内切圆的半径和正多边形边的中点,绘制正多边形。

(2) 边(D)：以一条边的方式绘制正多边形。

(3) 星形(S)：绘制星形。

(4) 垂直(V)：绘制一个与工作平面垂直的正多边形。

(5) 环绕曲线(A)：绘制一个与曲线垂直的正多边形。

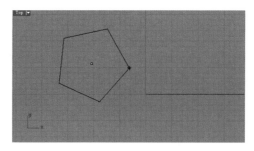

图 2-51　指定中心点和半径绘制正多边形

2.9.2　指定边绘制正多边形

已知正多边形一条边的两个端点绘制正多边形。

调用命令的方式如下。

菜单：执行"曲线"|"多边形"|"以边"命令。

图标：单击"主要 2"|"多边形"工具栏中的 图标按钮。

键盘命令：PolygonEdge。

操作步骤如下。

第 1 步，单击图标 按钮，调用"多边形：边"命令。

第 2 步，命令提示为"边缘起点(边数(N)＝5　垂直(V))："时，指定正多边形一条边的起点 A。

第 3 步，命令提示为"边缘终点(边数(N)＝5　反转(F))："时，指定正多边形一条边的终点 B，完成正多边形的绘制，如图 2-52 所示。

此外还有其他绘制正多边形的方法，其工具栏如图 2-53 所示，绘制方法由以上几种方法变化而来，这里不再赘述。

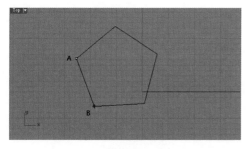

图 2-52　指定边绘制正多边形

图 2-53　"多边形"工具栏

2.9.3　星形的绘制

通过星形的中心点和内外半径绘制星形。

调用命令的方式如下。

菜单：执行"曲线"|"多边形"|"星形"命令。

图标：单击"主要 2"|"多边形"工具栏中的 图标按钮。

键盘命令：Star。

操作步骤如下（以绘制已知圆的内接星形为例）。

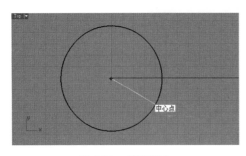

图 2-54　捕捉圆心

第 1 步，单击 图标按钮，调用"多边形：星形"命令。

第 2 步，命令提示为"星形中心点（边数（N）＝5　垂直（V）　环绕曲线（A））："时，单击"边数（N）"命令选项。

第 3 步，命令提示为"边数＜3＞："时，输入边数 3，回车。

第 4 步，命令提示为"星形中心点（边数（N）＝3　垂直（V）环绕曲线（A））："时，开启"物件锁点"|"中心点"捕捉圆心，如图 2-54 所示。

第 5 步，命令提示为"星形的角（边数（N）＝3）："时，开启"物件锁点"|"最近点"，捕捉圆上的点，如图 2-55 所示。

第 6 步，命令提示为"星形的第二个半径，按 Enter 自动完成（边数（N）＝3）："时，在圆内指定星形的第二个半径，完成图形，如图 2-56 所示。

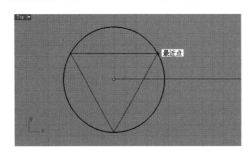

图 2-55　捕捉圆上的点

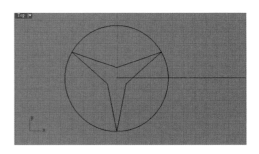

图 2-56　完成的图形

2.10　文字的注写

"文字"命令可以创建文字曲线、曲面和多重曲面。

1. 调用命令的方式和步骤

调用命令的方式如下。

菜单：执行"实体"|"文字"命令。

图标：单击"主要 1"工具栏的中 图标按钮。

键盘命令：TextObject。

操作步骤如下。

第 1 步，单击 图标按钮，调用"文字物件"命令。

第 2 步，弹出"文字物件"对话框，如图 2-57 所示。将文字输入"要建立的文字"文本框中，单击"名称"下拉表框，可以选择各种字体，如图 2-58 所示。

第 3 步，设置相关的参数，单击"确定"按钮。

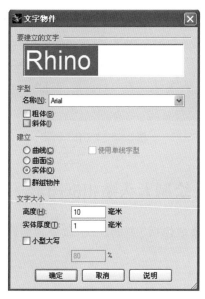

图 2-57 "文字物件"对话框   图 2-58 "名称"下拉列表框

第 4 步,命令提示为"指定插入点："时,指定文字的对齐点。

2. 操作及选项说明

1)"字型"选项组

选中"粗体"、"斜体"复选框,使文字具有粗体、斜体的效果。

2)"建立"选项组

(1)"曲线"单选按钮,以文字的外框线建立曲线。如果选中"使用单线字型"复选框,则建立的文字曲线为开放曲线,可作为文字雕刻机的路径。图 2-59 和图 2-60 所示分别为取消选中和选中"使用单线字型"的效果。

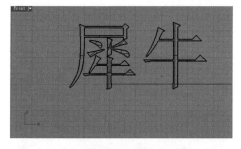

图 2-59 取消选中"使用单线字型"   图 2-60 选中"使用单线字型"

(2)"曲面"单选按钮,以文字的外框线建立曲面,如图 2-61 所示。

(3)"实体"单选按钮,可以建立实体文字,自由输入字体的厚度,如图 2-62 所示。

(4)"群组物件"单选按钮,群组建立的文字对象。

3)"文字大小"选项组

用来设置文字的高度和厚度。

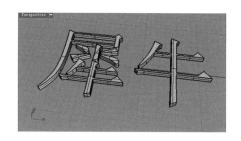

图 2-61　"曲面"效果　　　　　　　　　　图 2-62　"实体"效果

2.11　上机操作实验指导一　绘制大头贴相框图形

绘制如图 2-63 所示的大头贴相框,主要涉及命令包括"多重直线"命令、"椭圆"命令、"缩放"命令、"旋转"命令、"控制点曲线"命令等。

操作步骤如下。

步骤 1　创建新文件

参见第 1 章,操作过程略。

步骤 2　绘制几何图形

第 1 步,在 Top 视图中,绘制同心圆、多重直线、矩形、星形、圆角矩形等。

第 2 步,单击🔗图标按钮,调用"移动"命令①,单击🔲图标按钮,调用"旋转"命令②,调整图形比例和位置大致如图 2-64 所示。

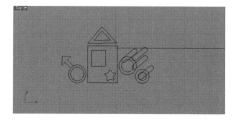

图 2-63　大头贴相框　　　　　　　　　图 2-64　绘制图形

第 3 步,单击🔧图标按钮,调用"修剪"命令③,将图形修剪成如图 2-65 所示。

第 4 步,单击🔲图标按钮,调用"控制点曲线"命令绘制相框的外轮廓,如图 2-66 所示。

图 2-65　修剪图形　　　　　　　　　图 2-66　绘制封闭的控制点曲线

---

①　参见第 3.1 节。

②　参见第 3.2 节。

③　参见第 3.11 节。

步骤 3 保存文件

参见第 1 章,操作过程略。

2.12 上 机 题

(1) 绘制如图 2-67 所示猫的二维图形,主要涉及的命令包括本章介绍的"圆"命令、"椭圆"命令、"内插点曲线"命令、"矩形"命令和"多边形"命令等。

绘图提示:

第 1 步,在 Top 视图中,绘制一个椭圆,一个小圆,一个大圆,比例和位置大致如图 2-68 所示。

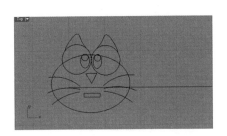

图 2-67 猫二维图形

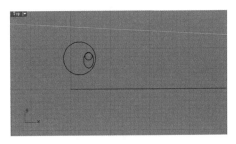

图 2-68 眼睛的绘制

第 2 步,单击 图标按钮,调用"内插点曲线"命令,绘制猫的耳朵,如图 2-69 所示。

第 3 步,单击 图标按钮,调用"镜像"命令[①],框选全部图形,指定镜像平面起点和终点,完成镜像复制,如图 2-70 所示。

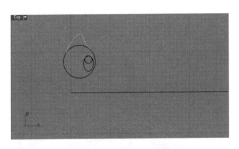

图 2-69 耳朵的绘制

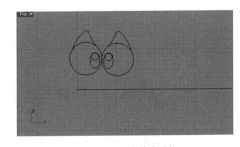

图 2-70 镜像复制

第 4 步,单击 图标按钮,调用"椭圆"命令绘制猫的头部的外轮廓,如图 2-71 所示。

第 5 步,单击 图标按钮,调用"矩形"命令,为猫添加嘴巴。

第 6 步,单击 图标按钮,调用"多边形:中心点、半径"命令为猫添加鼻子,如图 7-72 所示。

第 7 步,单击 图标按钮,调用"控制点曲线"命令绘制猫的三条胡子,如图 7-73 所示。

第 8 步,单击 图标按钮,调用"镜像"命令,将猫的三条胡子的镜像复制到另一侧,完成图形。

(2) 绘制如图 2-74 所示的江南火鸟设计 LOGO,主要涉及的命令包括"内插点曲线"命令和"背景图"命令等。

---

① 参见第 3.4 节。

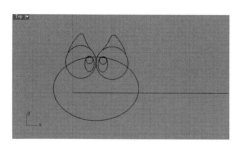

图 2-71　脸部轮廓的绘制

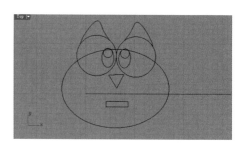

图 2-72　鼻子和嘴巴的绘制

图 2-73　胡子的绘制

图 2-74　江南火鸟设计 LOGO

绘图提示：

第 1 步，执行"查看"|"背景图"|"放置"命令，将 LOGO.jpg 文件导入为背景图，如图 2-75 所示。

第 2 步，单击 图标按钮，调用"内插点曲线"命令，从火焰部分的下端开始沿着 LOGO 形状绘图。如图 2-76 所示。

图 2-75　导入背景图

图 2-76　绘制曲线

第 3 步，依次完成火焰部分、眼睛、嘴巴和底部的绘制。

第 4 步，执行"查看"|"背景图"|"隐藏"命令，隐藏导入的背景图，完成图形，如图 2-77 所示。

第 5 步，单击 图标按钮，调用"以平面曲线建立曲面"命令[①]，选取全部图形，生成曲面，如图 2-78 所示。

第 6 步，单击 图标按钮，在如图 2-79 所示的"属性"选项卡中，逐个选中对象，在"显示颜色"下拉列表框中对其更改颜色。

————————————

① 参见第 5.3 节。

第 7 步,右击 Top 视图标题或者单击小三角,弹出如图 2-80 所示的快捷菜单,选择着色模式。

图 2-77　完成曲线绘制

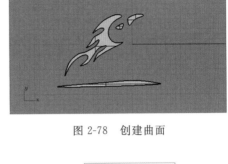

图 2-78　创建曲面

图 2-79　"属性"选项卡

图 2-80　选择着色模式

第3章　对象的操作

在 Rhino 中对象包括点、二维图线、曲面和实体,对象的操作是 Rhino 中非常基本并且极为重要的内容,熟练掌握对象操作的相关命令,可以大大提高建模的效率和质量。

本章内容如下。

（1）移动对象的方法和步骤。

（2）旋转对象的方法和步骤。

（3）复制对象的方法和步骤。

（4）镜像对象的方法和步骤。

（5）阵列对象的方法和步骤。

（6）缩放对象的方法和步骤。

（7）延伸曲线的方法和步骤。

（8）连接曲线的方法和步骤。

（9）混接曲线的方法和步骤。

（10）偏移曲线的方法和步骤。

（11）修剪对象的方法和步骤。

（12）分割对象的方法和步骤。

（13）倒角的方法和步骤。

3.1　移 动 对 象

"移动"命令,可以调整对象的位置。结合 Rhino"物件锁点"功能可以将对象精准地从一个位置移动到另一个位置。

3.1.1　任意移动对象

1. 调用命令的方式和步骤

调用命令的方式如下。

菜单：执行"变动"|"移动"命令。

图标：单击"主要 2"工具栏中的■图标按钮。

键盘命令：Move。

操作步骤如下。

第 1 步,打开文件 3-1.3dm,如图 3-1 所示。

第 2 步,单击■图标按钮,调用"移动"命令。

第 3 步,命令提示为"选取要移动的物件："时,选择要移动的对象。

第 4 步,命令提示为"选取要移动的物件。按 Enter 完成："时,回车。

第 5 步,命令提示为"移动的起点(垂直(V)＝否)："时,开启"物件锁点"|"中心点",锁

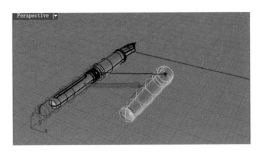

图 3-1　移动对象

定中心点作为基点,如图 3-1 所示。

第 6 步,命令提示为"移动的终点:"时,单击,指定移动对象的目标点。

2. 操作及选项说明

垂直(V):以各视图垂直方向移动对象。在 Top 视图中操作,沿 Z 轴方向垂直移动;在 Front 视图中操作,沿 Y 轴方向垂直移动;在 Right 视图中操作,沿 X 轴方向垂直移动。

注意:

(1) 在移动过程中,如果同时按住 Shift 键,移动方向将限制为水平与垂直。例如,在 Top 视图中,移动对象的同时按住 Shift 键,则沿 X/Y 轴方向移动。在移动过程中,如果同时按住 Ctrl 键,移动方向也将限制。例如,在 Top 视图中,移动对象同时按住 Ctrl 键,则沿 Z 轴方向移动。在 Perspective 视图中,移动对象的同时按住 Shift 键,则沿 X/Y 轴方向移动,如图 3-2 所示;移动对象同时按住 Ctrl 键,则沿 Z 轴方向移动,如图 3-3 所示。

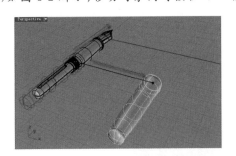

图 3-2　按住 Shift 键沿 X/Y 轴移动

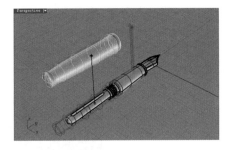

图 3-3　按住 Ctrl 键沿 Z 轴移动

(2) 按 Alt＋箭头键,可以将物件沿着 X/Y 轴的方向移动;按 Alt 键的同时,再按 PageUP 或 PageDown,则可以将物件沿 Z 轴方向移动。

3.1.2　精确移动对象

操作步骤如下。

第 1 步,单击 图标按钮,调用"移动"命令。

第 2 步,命令提示为"选取要移动的物件:"时,选择要移动的长方体。

第 3 步,命令提示为"选取要移动的物件。按 Enter 完成:"时,回车。

第 4 步,命令提示为"移动的起点(垂直(V)＝否):"时,开启"物件锁点"|"中心点",锁定中心点作为基点。

第 5 步,命令提示为"移动的终点:"时,输入数值,回车,移动鼠标时,出现白色辅助线,通过移动鼠标位置确定移动方向,回车。

3.2 旋 转 对 象

"旋转"命令,可以改变对象方向,调整对象的角度,变换对象相互关系,包括"2D 旋转"命令和"3D 旋转"命令。

3.2.1 2D 旋转对象

1. 调用命令的方式和步骤

调用命令的方式如下。

菜单:执行"变动"|"旋转"命令。

图标:单击"主要 2"工具栏中的 图标按钮。

键盘命令:Rotate。

操作步骤如下。

第 1 步,单击 图标按钮,调用"2D 旋转"命令。

第 2 步,命令提示为"选取要旋转的物件:"时,选择要旋转的对象。

第 3 步,命令提示为"选取要旋转的物件。按 Enter 完成:"时,回车。

第 4 步,命令提示为"旋转中心点(复制(C)=否):"时,开启"物件锁点"|"中心点",锁定一中心点作为基点。

第 5 步,命令提示为"角度或第一参考点(复制(C)=否):"时,输入数值为旋转角度或指定一点作为第一参考点。

第 6 步,命令提示为"第二参考点(复制(C)=否):"时,指定一点作为第二参考点,完成旋转,如图 3-4 所示。

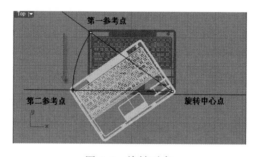

图 3-4　旋转对象

2. 操作及选项说明

复制(C):将选定对象旋转后,保留原对象。

【例 3-1】 将如图 3-5 所示的笔记本模型屏幕部分旋转至如图 3-6 所示的位置。

第 1 步,打开文件 3-5.3dm,见图 3-5。

第 2 步,在 Right 视图中旋转笔记本屏幕部分,使之与水平呈 45°的角度,如图 3-7所示。

图 3-5　笔记本源模型

图 3-6　笔记本三维模型

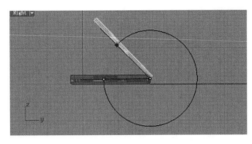

图 3-7　旋转笔记本屏幕部分

操作如下：

命令：_Rotate	单击 图标按钮,调用"旋转"命令
选取要旋转的物件：	选择笔记本屏幕部分
选取要旋转的物件。按 Enter 完成：↵	回车
旋转中心点(复制(C)=否)：	开启"物件锁点"|"中心点",选择转轴截面圆的中心点作为基点
角度或第一参考点(复制(C)=否)：	按住 Shift,水平方向确定任意一点作第一参考点
第二参考点(复制(C)=否)：315 ↵	输入数值 315,回车

注意：直接单击拾取两个角点框选对象时,如果从左至右构成窗口,则包含在窗口内的对象被选中,如果从右至左构成窗口,则与窗口相交的对象及窗口内的对象被选中。

3.2.2　3D 旋转对象

调用命令的方式如下。

菜单：执行"变动"\|"3D 旋转"命令。

图标：右击"主要 2"工具栏中的 图标按钮。

键盘命令：Rotate3D。

操作步骤如下。

第 1 步,右击 图标按钮,调用"3D 旋转"命令。

第 2 步,命令提示为"选取要旋转的物件："时,选择要旋转的对象。

第 3 步,命令提示为"选取要旋转的物件。按 Enter 完成："时,回车。

第 4 步,命令提示为"旋转轴起点"时,指定一点,作为旋转轴的起点。

第 5 步,命令提示为"旋转轴终点"时,指定一点,作为旋转轴的终点。

第 6 步,命令提示为"角度或第一参考点(复制(C)=否):"时,输入数值为旋转角度或指定一点作为第一参考点。

第 7 步,命令提示为"第二参考点(复制(C)=否)"时,指定一点作为第二参考点,完成旋转。

3.3　复　制　对　象

"复制"命令,可以实现对象的复制。

1. 调用命令的方式和步骤

调用命令的方式如下。

菜单:执行"变动"|"复制"命令。

图标:单击"主要 1"工具栏中的图标按钮。

键盘命令:Copy。

操作步骤如下。

第 1 步,单击图标按钮,调用"复制"命令。

第 2 步,命令提示为"选取要复制的物件:"时,选择要复制的电话话筒。

第 3 步,命令提示为"选取要复制的物件。按 Enter 完成:"时,回车。

第 4 步,命令提示为"复制的起点(垂直(V)=否 原地复制(I)):"时,开启"物件锁点"|"中心点",锁定电话话筒中心点作为基点,如图 3-8 所示。

第 5 步,命令提示为"复制的终点:"时,指定要复制到的位置点,复制出第一个对象。

第 6 步,命令提示为"复制的终点(从上一个点(F)=否 使用上一个距离(U)=否 使用上一个方向(S)=否)"时,再次指定要复制到的位置点,复制出第二个对象。

⋮

第 n 步,命令提示为"复制的终点(从上一个点(F)=否 使用上一个距离(U)=否 使用上一个方向(S)=否)"时,回车。

2. 操作及选项说明

(1) 垂直(V):沿当前工作平面垂直的方向复制对象。在 Top 视图中操作,则沿 Z 轴方向垂直复制;在 Front 视图中操作,则沿 Y 轴方向垂直复制;在 Right 视图中操作,则沿 X 轴方向垂直复制。

(2) 原地复制(I):不改变复制体的位置,在原对象的位置直接复制。复制完成后,选中对象,将弹出"候选列表"快捷菜单,如图 3-9 所示,显示有两个对象。

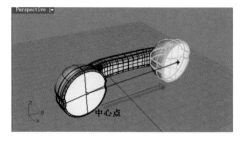

图 3-8　以底面圆的圆心为基点复制

图 3-9　"候选列表"快捷菜单

（3）从上一个点（F）：选择"是"，则以上一个复制对象的放置点为基准点；选择"否"，则以第一次复制对象基准点为起点。

（4）使用上一个距离（U）：选择"是"，则以上一个复制对象和基准点间的距离复制下一个对象；选择"否"，则以不同的距离复制下一个对象。

（5）使用上一个方向（S）：选择"是"，则以上一个复制对象和基准点间的方向复制下一个对象；选择"否"，以不同的方向复制下一个对象。

从上一个点（F）：选择"否"。使用上一个距离（U）：选择"否"。使用上一个方向（S）：选择"否"。如图 3-10 所示，电话话筒孔的创建。

从上一个点（F）：选择"是"。使用上一个距离（U）：选择"是"。使用上一个方向（S）：选择"是"。如图 3-11 所示，笔记本键盘按键的创建。

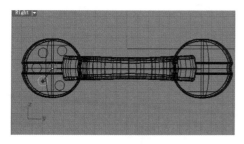
图 3-10　电话话筒孔

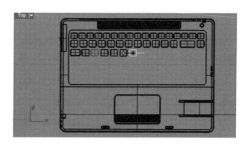
图 3-11　笔记本键盘

注意：在 Rhino 中，同样可以用 Ctrl＋C 键和 Ctrl＋X 键实现复制和剪切，然后用 Ctrl＋V 键进行粘贴。此外，还可以在拖曳对象的同时按 Alt 键，光标上方会出现一个加号，来实现对象的复制。

3.4　镜 像 对 象

"镜像"命令，可以快速精准地实现对象的对称复制，用于对称对象的创建。

1. 调用命令的方式和步骤

调用命令的方式如下。

菜单：执行"变动"|"镜像"命令。

图标：单击"主要 2"|"变动"工具栏中的 ⚒ 图标按钮。

键盘命令：Mirror。

操作步骤如下。

第 1 步，打开文件 3-12.3dm，如图 3-12 所示。

第 2 步，单击 ⚒ 图标按钮，调用"镜像"命令。

第 3 步，命令提示为"选取要镜像的物件："时，选择要镜像复制的对象。

第 4 步，命令提示为"选取要镜像的物件。按 Enter 完成："时，回车。

第 5 步，命令提示为"镜像平面起点（三点（P）　复制（C）＝是　X轴（X）　Y轴（Y））："时，指定镜像的起点。

第 6 步，命令提示为"镜像平面终点（复制（C）＝是）："时，指定镜像的终点，如图 3-12

所示。

2. 操作及选项说明

(1) 三点(P)：指定三个点来确定镜像平面，如图 3-13 所示。

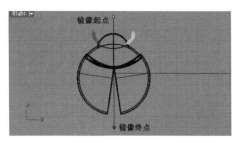

图 3-12 指定镜像的起点和终点

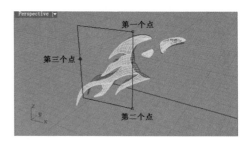

图 3-13 指定三点确定镜像平面

(2) 复制(C)：选择"是"，则原对象镜像后被保留；选择"否"，则原对象镜像后被删除。

【例 3-2】 创建白羊座 U 盘的三维模型。

第 1 步，打开文件 3-14.3dm。

第 2 步，复制偏移，如图 3-14 所示。

第 3 步，单击 ⊡ 图标按钮，调用"内插点曲线"命令，在 Front 视图中绘制一条曲线，如图 3-15 所示。

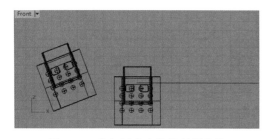

图 3-14 建立 U 盘主体并复制偏移

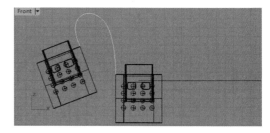

图 3-15 建立路径曲线

第 4 步，单击 ⌒ 图标按钮，调用"单轨扫掠"命令。命令提示为"选取路径："时，选择刚绘制的曲线；命令提示为"选取截面曲线："时，选择截面曲线，如图 3-16 和图 3-17 所示。

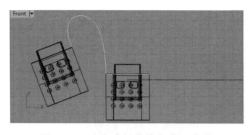

图 3-16 选取路径曲线与截面曲线

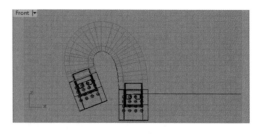

图 3-17 完成单轨扫掠

第 5 步，镜像操作，如图 3-18 所示。

操作如下：

命令: _Mirror	单击 图标按钮,调用"镜像"命令
选取要镜像的物件:	选中左边的 U 盘以及中间连接部分
选取要镜像的物件。按 Enter 完成:↵	回车
镜像平面起点(三点(P) 复制(C)=是 X 轴(X) Y 轴(Y)):	开启"物件锁点"│"中点",锁定中间 U 盘矩形边框的中点
镜像平面终点(复制(C)=是):	按 shift 键,在垂直方向上单击

第 6 步,单击 图标按钮,调用"环状体"命令,创建圆环,如图 3-19 所示。

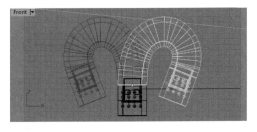

图 3-18 镜像左半部分

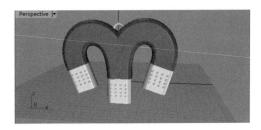

图 3-19 顶端圆环制作

3.5 阵 列 对 象

"阵列"命令,可以按照一定规律或次序重复排列对象。"阵列"命令的阵列方式有 5 种,如图 3-20 所示,包括"矩形阵列"、"环形阵列"、"沿曲线阵列"、"在曲面上阵列"和"沿曲面上的曲线阵列"。本节将介绍前 3 种阵列方式。

3.5.1 矩形阵列对象

调用命令的方式如下。

菜单:执行"变动"│"阵列"│"矩形"命令。

图标:单击"主要 2"│"变动"│"阵列"工具栏中的 图标按钮。

键盘命令:Array。

操作步骤如下。

第 1 步,打开文件 3-21.3dm,如图 3-21 所示。

图 3-20 "阵列"工具栏

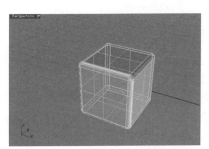

图 3-21 选取要矩形阵列的对象

第 2 步,单击▦图标按钮,调用"矩形阵列"命令。

第 3 步,命令提示为"选取要阵列的物体:"时,选取阵列长方体。

第 4 步,命令提示为"选取要阵列的物体。按 Enter 完成:"时,回车。

第 5 步,命令提示为"X 方向的数目＜3＞:"时,输入 X 方向的数目值为 3,回车。

第 6 步,命令提示为"Y 方向的数目＜3＞:"时,输入 Y 方向的数目值为 3,回车。

第 7 步,命令提示为"Z 方向的数目＜3＞:"时,输入 Z 方向的数目值为 3,回车。

第 8 步,命令提示为"单位方块或 X 方向的间距(预览(P)＝是　X 数目(X)＝3　Y 数目(Y)＝3　Z 数目(Z)＝3):"时,输入 X 方向阵列间距值为 3,回车。

第 9 步,命令提示为"Y 方向的间距或第一个参考点(预览(P)＝是　X 数目(X)＝3　Y 数目(Y)＝3　Z 数目(Z)＝3):"时,输入 Y 方向阵列间距值为 3,回车。

第 10 步,命令提示为"Z 方向的间距或第一个参考点(预览(P)＝是　X 数目(X)＝3　Y 数目(Y)＝3　Z 数目(Z)＝3):"时,输入 Z 方向物体阵列间距值为 3,回车。

第 11 步,命令提示为"按 Enter 接受(X 数目(X)＝3　X 间距(S)　Y 数目(Y)＝3　Y 间距(P)　Z 数目(Z)＝3　Z 间距(A)):"时,回车,完成矩形阵列,如图 3-22 所示。

注意：当命令提示为"单位方块或 X 方向的间距:"时,除了输入数值外,也可以直接拉出立方体来确定间距,拉出的立方体的长宽高就是阵列三个方向的间距。

3.5.2　环形阵列对象

1. 调用命令的方式和步骤

调用命令的方式如下。

菜单：执行"变动"|"阵列"|"环形"命令。

图标：单击"主要 2"|"变动"|"阵列"工具栏中的❖图标按钮。

键盘命令：ArrayPolar。

操作步骤如下。

第 1 步,打开文件 3-23.3dm,如图 3-23 所示。

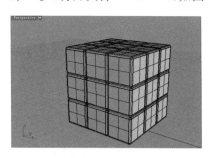
图 3-22　完成矩形阵列

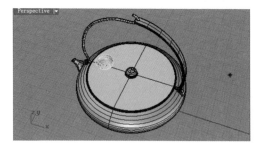
图 3-23　选取要环形阵列的对象

第 2 步,单击❖图标按钮,调用"环形阵列"命令。

第 3 步,命令提示为"选取要阵列的物体:"时,选取阵列对象。

第 4 步,命令提示为"选取要阵列的物体。按 Enter 完成:"时,回车。

第 5 步,命令提示为"环形阵列中心点:"时,开启"物件锁点"|"中心点",

在 Top 视图中捕捉茶壶的中心点 A,作为阵列的中心,如图 3-24 所示。

第6步,命令提示为"阵列数<6>:"时,输入项目数值为6,回车。

第7步,命令提示为"旋转角度总合或第一参考点<360>(预览(P)=是　步进角(S)旋转(R)=是　Z偏移(Z)=0):"时,输入旋转角度值360,回车,完成环形阵列,如图3-25所示。

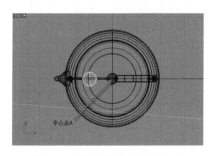

图 3-24　捕捉茶壶的中心点 A

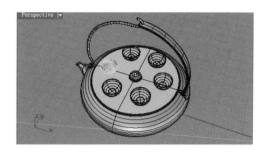

图 3-25　完成环形阵列

第8步,命令提示为"按 Enter 接受设定。总合角度=360(阵列数(I)=6　总合角度(F)　旋转(R)=是　Z偏移(Z)=0):"时,回车。

2. 操作及选项说明

步进角(S):指对象之间的角度。

3.5.3　沿着曲线阵列对象

1. 调用命令的方式和步骤

调用命令的方式如下。

菜单:执行"变动"|"阵列"|"沿着曲线"命令。

图标:单击"主要 2"|"变动"|"阵列"工具栏中的图标按钮。

键盘命令:ArrayCrv。

操作步骤如下。

第1步,打开文件 3-26.3dm,如图3-26所示。

第2步,单击图标按钮,调用"沿着曲线阵列"命令。

第3步,命令提示为"选取要阵列的物体:"时,选取阵列对象。

第4步,命令提示为"选取要阵列的物体。按 Enter 完成:"时,回车。

第5步,命令提示为"选取路径曲线(基准点(B)):"时,选取路径曲线,如图3-27所示;弹出"沿着曲线阵列选项"对话框,如图3-28所示。

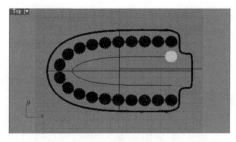

图 3-26　选取阵列对象

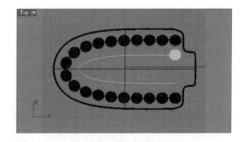

图 3-27　指定阵列的路径曲线

第 6 步,在"项目数"文本框中输入阵列项目数值为 16,在"定位"选项组中,选择"自由旋转"单选按钮,单击"确定"按钮,完成沿着曲线阵列,如图 3-29 所示。

图 3-28 "沿着曲线阵列选项"对话框

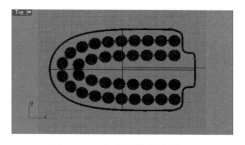

图 3-29 完成沿着曲线阵列

2. 操作及选项说明

(1)"方式"选项组。

① 项目数:输入阵列对象的数目,系统会自动计算阵列对象的阵列间距,并沿着曲线的起始点到终点均匀的分布对应数目的阵列对象。

② 项目间的距离:输入对象之间的距离值,系统会按照输入的对象间距离值从曲线起始点阵列对象,阵列对象的数量依曲线长度而定。

(2)"定位"选项组。

① 不旋转:阵列对象在沿曲线阵列过程中保持原来的定位不发生旋转。

② 自由扭转:阵列的对象会自动适应阵列曲线,沿路径方向扭转。

(3)基准点(B):当要阵列的对象不位于曲线上时,可以确定阵列对象的基准点。

3.6 缩 放 对 象

"缩放"命令可以按照一定比例对物体在一定方向上进行放大或缩小。"缩放"命令包括有单轴缩放、二轴缩放、三轴缩放和非等比缩放 4 种方式,如图 3-30 所示。本节将介绍前 3 种。

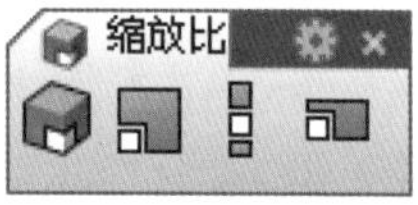

图 3-30 "缩放"工具栏

3.6.1 单轴缩放对象

调用命令的方式如下。

菜单:执行"变动"|"缩放"|"单轴缩放"命令。

图标:单击"主要 1"|"缩放比"工具栏中的 ▊ 图标按钮。

键盘命令:Scale1D。

操作步骤如下。

第 1 步,打开文件 3-31.3dm,如图 3-31 所示。

第 2 步,单击 ▦ 图标按钮,原地复制第 7 单位扇形。

第 3 步,单击 ▊ 图标按钮,调用"单轴缩放"命令。

第 4 步,命令提示为"选取要缩放的物件:"时,选取一个扇形对象。

第 5 步,命令提示为"选取要缩放的物件。按 Enter 完成:"时,回车。

第 6 步,命令提示为"基点(复制(C)=否):"时,开启"物件锁点"|"点",指定缩放基点A,如图 3-32 所示。

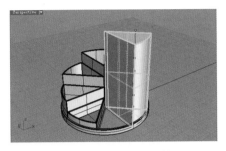

图 3-31　选取缩放实体

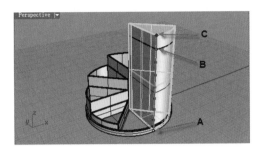

图 3-32　指定缩放参考点

第 7 步,命令提示为"缩放比或第一参考点 <1.000>(复制(C)=否):"时,指定第一个参考点 B,如图 3-32 所示。

第 8 步,命令提示为"第二参考点(复制(C)=否):"时,指定第二个参考点 C,如图 3-32 所示,完成单位扇形的单轴放大。

第 9 步,将单轴放大单位扇形旋转 45°,即完成笔筒第 8 个单位扇形的创建,如图 3-33 所示。

3.6.2　二轴缩放对象

调用命令的方式如下。

菜单:执行"变动"|"缩放"|"二轴缩放"命令。

图标:单击"主要 1"|"缩放比"工具栏中的■图标按钮。

键盘命令:Scale2D。

操作步骤如下。

第 1 步,打开文件 3-34.3dm,如图 3-34 所示。

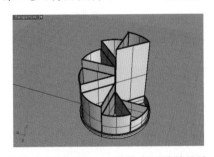

图 3-33　完成第 8 个单位扇形单轴缩放

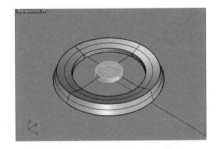

图 3-34　选取缩放实体

第 2 步,单击■图标按钮,调用"二轴缩放"命令。

第 3 步,命令提示为"选取要缩放的物件:"时,选取圆柱体。

第 4 步,命令提示为"选取要缩放的物件。按 Enter 完成:"时,回车。

第 5 步,命令提示为"基点(复制(C)=否):"时,开启"物件锁点"|"中心点"和"四分点",指定基点 A,如图 3-35 所示。

第 6 步,命令提示为"缩放比或第一参考点 <1.000>(复制(C)=否):"时,指定第一个参考点 B,如图 3-35 所示。

第 7 步,命令提示为"第二参考点(复制(C)＝否):"时,指定第二个参考点 C,如图 3-36 所示,完成圆柱体的二轴放大,如图 3-36 所示。

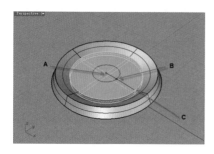
图 3-35　指定缩放参考点

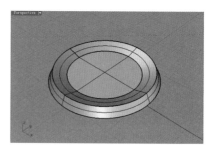
图 3-36　完成圆柱体的二轴缩放

3.6.3　三轴缩放对象

调用命令的方式如下。

菜单:执行"变动"|"缩放"|"三轴缩放"命令。

图标:单击"主要 1"|"缩放比"工具栏中的图标按钮。

键盘命令:Scale3D。

操作步骤如下。

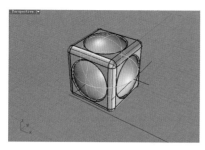
图 3-37　选取缩放实体

第 1 步,打开 3-37.3dm,如图 3-37 所示。

第 2 步,单击图标按钮,调用"三轴缩放"命令。

第 3 步,命令提示为"选取要缩放的物件:"时,选取球体。

第 4 步,命令提示为"选取要缩放的物件。按 Enter 完成:"时,回车。

第 5 步,命令提示为"基点(复制(C)＝否):"时,开启"物件锁点"|"中心点"指定缩放基点 A,如图 3-38 所示。

第 6 步,命令提示为"缩放比或第一参考点 ＜1.000＞(复制(C)＝否):"时,指定第一个参考点 B,如图 3-38 所示。

第 7 步,命令提示为"第二参考点(复制(C)):"时,指定第二个参考点 C,如图 3-38 所示,完成球体三轴缩小,如图 3-39 所示。

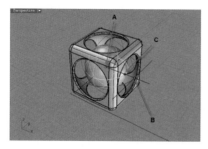
图 3-38　指定缩放参考点

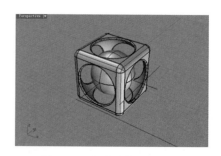
图 3-39　完成球体三轴缩放

3.7 延伸曲线

"延伸曲线"命令用于将曲线延伸至选定的边界。

调用命令的方式如下。

菜单：执行"曲线"|"延伸曲线"|"延伸曲线"命令。

图标：单击"主要 2"|"曲线"工具栏中的 图标按钮。

键盘命令：Extend。

操作步骤如下。

第 1 步，单击 图标按钮，调用"延伸曲线"命令。

第 2 步，命令提示为"选取边界物体或输入延伸长度，按 Enter 使用动态延伸："时，选取圆，如图 3-40 所示。

第 3 步，命令提示为"选取边界物体，按 Enter 完成："时，回车。

第 4 步，命令提示为"选取要延伸的曲线（类型（T）＝原本的）："时，选取要延伸的线。

第 5 步，命令提示为"选取要延伸的曲线，按 Enter 完成（类型（T）＝原本的　复原（U））："时，回车，如图 3-41 所示。

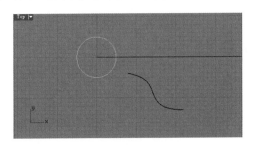
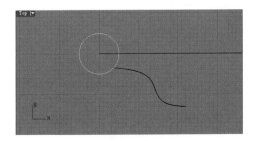

图 3-40　选取边界对象　　　　　　　　　图 3-41　延伸曲线到边界

注意：选择的边界物件可以是曲面、曲线、实体。选择延伸曲线如图 3-40 所示，如果单击的是曲线的上端，则延伸到边界物件；如果单击的是曲线的下端，曲线可以自定义延伸长度或拖曳曲线端点至新位置。

3.8 连接曲线

"连接曲线"命令可以延伸或修剪两条曲线，使两条曲线的端点相接。

1. 调用命令的方式和步骤

调用命令的方式如下。

菜单：执行"曲线"|"连接曲线"命令。

图标：单击"主要 2"|"曲线"|"延伸"工具栏中的 图标按钮。

键盘命令：Connect。

操作步骤如下。

第 1 步，单击 图标按钮，调用"连接曲线"命令。

第2步,命令提示为"选取要延伸交集的第一条曲线(组合(J)＝是　圆弧延伸方式(E)＝圆弧):"时,选取第一条曲线,如图 3-42 所示。

第3步,命令提示为"选取要延伸交集的第二条曲线(组合(J)＝是　圆弧延伸方式(E)＝圆弧):"时,选取第二条曲线,完成连接,如图 3-43 所示。

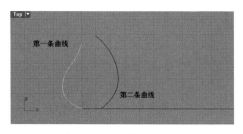

图 3-42　选取第一条曲线

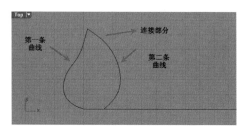

图 3-43　完成连接

2. 操作及选项说明

(1) 组合(J):选择"是",则曲线连接完成后为一条曲线;选择"否",则曲线连接完成后为两条曲线。

(2) 圆弧延伸方式(E):选择"圆弧",则以相切的圆弧延伸曲线;选择"直线",则以相切的直线延伸曲线。

3.9　偏移曲线

"偏移"命令可以将曲线按指定距离等距偏移复制。

1. 调用命令的方式和步骤

调用命令的方式如下。

菜单:执行"曲线"|"偏移曲线"命令。

图标:单击"主要 2"|"曲线"工具栏中的 图标按钮。

键盘命令:Offset。

操作步骤如下。

第1步,单击 图标按钮,调用"偏移曲线"命令。

第2步,命令提示为"选取要偏移的曲线(距离(D)＝0.1　角(C)＝尖锐　通过点(T)公差(O)＝0.001　两侧(B)):"时,选择偏移曲线,如图 3-44 所示。

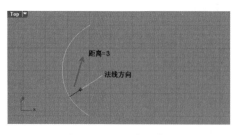

图 3-44　选择偏移曲线

第3步,命令提示为"偏移侧(距离(D)＝0.1　角(C)＝尖锐　通过点(T)　公差(O)＝0.001　两侧(B)　与工作面平行(I)＝否　加盖(A)＝无):"时,输入 D,回车。

第4步,命令提示为"偏移距离 ＜0.1＞:"时,输入偏移距离值3,回车。

第5步,命令提示为"偏移侧(距离(D)＝3　角(C)＝尖锐　通过点(T)　公差(O)＝0.01　两侧(B)　与工作面平行(I)＝否　加盖(A)＝无):"时,单击,确定法线方向,完成偏移曲线,如图 3-45 所示。

2. 操作选项及说明

(1) 距离(D): 设定距离来确定偏移曲线的位置。

(2) 通过点(T): 指定偏移曲线的通过点。

(3) 两侧(B): 向两侧等距偏移复制曲线,如图 3-46 所示。

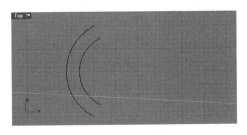 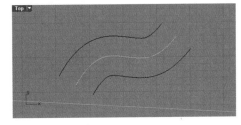

图 3-45　偏移曲线　　　　　　　　　　图 3-46　两侧偏移复制

3.10　混　接　曲　线

"混接曲线"命令可以在两条曲线之间建立平滑的混接曲线。

调用命令的方式如下。

菜单: 执行"曲线"|"混接曲线"命令。

图标: 右击"主要 2"|"曲线"工具栏中的 图标按钮。

键盘命令: Blend。

操作步骤如下。

第 1 步,单击 图标按钮,调用"混接曲线"命令。

第 2 步,命令提示为"选取要混接的第一条曲线-点选要混接的端点处(垂直(P)　以角度(A)　连续性(C)=曲率):"时,在靠近要混接的端点处单击,选取第一条曲线。

第 3 步,命令提示为"选取要混接的第二条曲线-点选要混接的端点处(垂直(P)　以角度(A)　连续性(C)=曲率):"时,在靠近要混接的端点处单击,选取第二条曲线。

【例 3-3】　创建如图 3-49 所示杯子的三维模型。

第 1 步,在 Front 视图中单击图标 按钮,调用"控制点曲线"命令,绘制杯子外部轮廓曲线。

第 2 步,偏移曲线绘制杯子内部曲线。

操作如下:

命令: _Offset	单击 图标按钮,调用"偏移"命令
选取要偏移的曲线(距离(D)=1　角(C)=尖锐	选取曲线
通过点(T)　公差(O)=0.001　两侧(B)　与工	
作平面平行(I)=是 加盖(A)=无):	
偏移侧(距离(D)=0.1　角(C)=尖锐　通过点	输入 D,回车
(T)　公差(O)=0.01　两侧(B)　与工作平面平	
行(I)=是　加盖(A)=无):D↵	

偏移距离<0.1>：1↵   输入 1,回车
偏移侧(距离(D)=1 角(C)=尖锐 通过点(T)   选择法线方向向内侧,单击,如图 3-47 所示
公差(O)=0.01 两侧(B) 与工作平面平行(I)=
是 加盖(A)=无)：

图 3-47 偏移曲线

第 3 步,右击图标按钮,调用"混接曲线"命令,依次选择两条曲线,混接两条曲线,如图 3-48 所示。

第 4 步,单击图标按钮,调用"组合"命令[①],框选所有曲线,组合成为一条曲线。

第 5 步,单击图标按钮,调用"旋转成形"命令[②],选择曲线,旋转成形,如图 3-49 所示,完成杯子模型的创建。

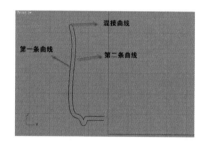

图 3-48 混接两条曲线

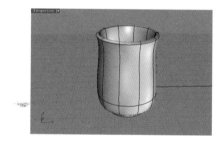

图 3-49 旋转成型

3.11 修 剪 对 象

"修剪"命令可以修剪掉一个对象与另一个对象相交处内侧或外侧的部分。

3.11.1 修剪

调用命令的方式如下。

菜单：执行"编辑"|"修剪"命令。

图标：单击"主要 1"工具栏中的图标按钮。

键盘命令：Trim。

---

① 参见第 7.7 节。
② 参见第 5.8 节。

操作步骤如下。

第 1 步，单击 图标按钮，调用"修剪"命令。

第 2 步，命令提示为"选取切割用物件（延伸直线（E）＝否　视角交点（A）＝否）："时，选取用于切割的曲线，如图 3-50 所示。

第 3 步，命令提示为"选取切割用物件。按 Enter 完成（延伸直线（E）＝否　视角交点（A）＝否）："时，回车。

第 4 步，命令提示为"选取要修剪的物件（延伸直线（E）＝否　视角交点（A）＝否）："时，单击要修剪掉的部分曲面，如图 3-51 所示。

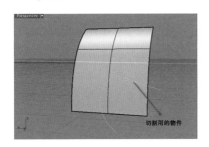 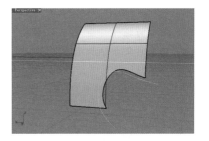

图 3-50　选择切割用的曲线　　　　图 3-51　单击要修剪掉的部分曲面

第 5 步，命令提示为"选取要修剪的物件。按 Enter 完成（延伸直线（E）＝否　视角交点（A）＝否　复原（U））："时，回车。

3.11.2　取消修剪

调用命令的方式如下。

菜单：执行"曲面"|"曲面编辑工具"|"取消修剪"命令。

图标：右击"主要 1"工具栏中的 图标按钮。

键盘命令：Untrim。

操作步骤如下。

第 1 步，右击 图标按钮，调用"取消修剪"命令。

第 2 步，命令提示为"选取要取消修剪的边缘（保留修剪物件（K）＝否　全部（A）＝否）："时，选取要取消修剪的对象边缘，如图 3-52 所示。

第 3 步，命令提示为"选取要取消修剪的边缘（保留修剪物件（K）＝否　全部（A）＝否　复原（U））："时，回车。

【例 3-4】　创建如图 3-63 所示瓶子的三维模型。

第 1 步，在 Front 视图中绘制出瓶子外轮廓曲线，如图 3-53 所示。

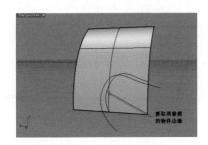 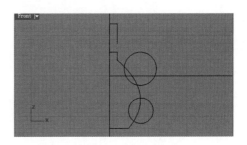

图 3-52　选取边缘线　　　　　　图 3-53　绘制曲线

第 2 步,单击![icon]图标按钮,调用"修剪"命令,修剪这些曲线。

操作如下:

命令: _Trim | 单击![icon]图标按钮,调用"修剪"命令
选取切割用物件(延伸直线(E)=否　视角交点(A)=否): | 利用圆修剪曲线,选取圆
选取切割用物件。按 Enter 完成(延伸直线(E)=否　视角交点(A)=是):↵ | 回车
选取要修剪的物件(延伸直线(E)=否　视角交点(A)=否): | 将曲线上不需要的部分修剪掉,如图 3-54 所示
选取要修剪的物件。按 Enter 完成(延伸直线(E)=否　视角交点(A)=是　复原(U)):↵ | 回车
命令: _Trim | 单击![icon]图标按钮,调用"修剪"命令
选取切割用物件(延伸直线(E)=否　视角交点(A)=否): | 利用上下曲线修剪圆,选取上下部分曲线
选取切割用物件。按 Enter 完成(延伸直线(E)=否　视角交点(A)=是):↵ | 回车
选取要修剪的物件(延伸直线(E)=否　视角交点(A)=否): | 将圆不需要的部分修剪掉,如图 3-55 所示
选取要修剪的物件。按 Enter 完成(延伸直线(E)=否　视角交点(A)=是　复原(U)):↵ | 回车

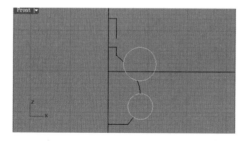

图 3-54　修剪上下曲线

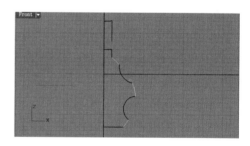

图 3-55　修剪圆形

第 3 步,单击![icon]图标按钮,调用"曲线圆角",命令,如图 3-56 所示。

第 4 步,单击![icon]图标按钮,调用"组合"命令,组合瓶身曲线,如图 3-57 所示。

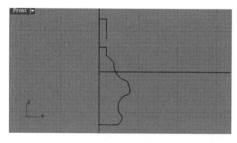

图 3-56　曲线圆角

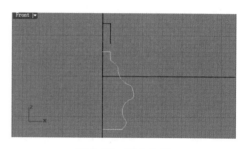

图 3-57　组合曲线

第 5 步，单击 ![icon] 图标按钮，调用"偏移"命令，瓶身曲线向外偏移距离 0.5。右击，重复以上命令，将瓶盖曲线则向外偏移 0.8，如图 3-58 所示。

第 6 步，单击 ![icon] 图标按钮，调用"曲线圆角"命令，瓶盖效果如图 3-59 所示。

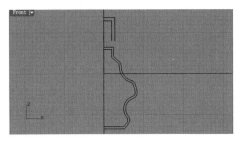

图 3-58 偏移上下两部分

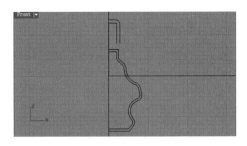

图 3-59 瓶盖曲线圆角

第 7 步，右击 ![icon] 图标按钮，调用"混接曲线"命令，混接两条曲线，如图 3-60 所示。

第 8 步，单击 ![icon] 图标按钮，调用"旋转成形"命令，分别旋转曲线，如图 3-61 所示。

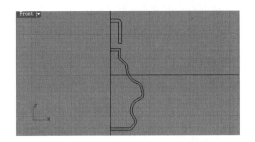

图 3-60 混接瓶盖两条线

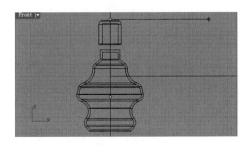

图 3-61 旋转成形

第 9 步，单击 ![icon] 图标按钮，调用"单轴缩放"命令，在 Top 视图操作，如图 3-62 所示。最终效果如图 3-63 所示。

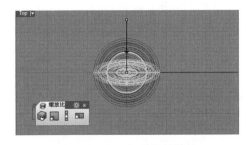

图 3-62 Top 视图单轴缩放

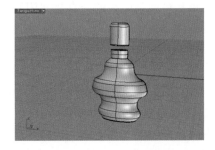

图 3-63 瓶子三维模型

3.12 分 割 对 象

分割对象是利用一个对象作为切割物将另一个对象分割打断。

调用命令的方式如下。

菜单：执行"编辑"|"分割"命令。

图标：单击"主要 2"工具栏中的 ![icon] 图标按钮。

键盘命令：Split。

操作步骤如下。

第 1 步，单击 ![icon] 图标按钮，调用"分割"命令。

第 2 步，命令提示为"选取要分割的物件（点(P)　结构线(I)）："时，选取要被分割的对象，如图 3-64 所示。

第 3 步，命令提示为"选取要分割的物件。按 Enter 完成（点(P)　结构线(I)）："时，回车。

第 4 步，命令提示为"选取切割用物件（结构线(I)　缩回(S)＝否）："时，选取切割用的曲线。

第 5 步，命令提示为"选取切割用物件，按 Enter 完成（结构线(I)　缩回(S)＝否）："时，回车，完成分割，如图 3-65 所示。

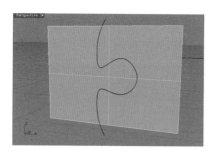
图 3-64　选取要分割的对象

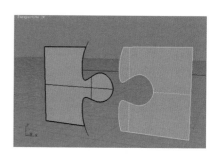
图 3-65　分割完成

注意：可以使用"取消修剪"命令删除曲面的修剪边界。

3.13　倒　　角

倒角是将两条曲线的交点之间用直线或圆弧连接起来。共有两种倒角，一种是倒圆角；另一种是倒斜角。

3.13.1　曲线圆角

曲线圆角用于将两条曲线的交点之间用圆弧连接起来。

1. 调用命令的方式和步骤

调用命令的方式如下。

菜单：执行"曲线"|"曲线圆角"命令。

图标：单击"主要 2"工具栏中的 ![icon] 图标按钮。

键盘命令：Fillet。

操作步骤如下。

第 1 步，单击 ![icon] 图标按钮，调用"曲线圆角"命令。

第 2 步，命令提示为"选取要建立圆角的第一条曲线（半径(R)＝0.5　组合(J)＝否　修剪(T)＝是　圆弧延伸方式(E)＝圆弧）："时，输入 R，回车。

第 3 步，命令提示为"圆角半径 ＜0.5＞："时，输入圆角半径值 3，回车。

第 4 步,命令提示为"选取要建立圆角的第一条曲线(半径(R)＝3 组合(J)＝否 修剪(T)＝是 圆弧延伸方式(E)＝圆弧):"时,选择第一条曲线。

第 5 步,命令提示为"选取要建立圆角的第二条曲线(半径(R)＝3 组合(J)＝否 修剪(T)＝是 圆弧延伸方式(E)＝圆弧):"时,选择第二条曲线,如图 3-66 所示。

2. 操作及选项说明

(1) 半径(R):通过输入数值确定连接圆弧的半径。

(2) 组合(J):选择"是",圆角后的曲线将组合起来。

(3) 修剪(T):选择"是",则圆角完成后,自动删除原曲线;选择"否",则圆角完成后,保留原曲线,如图 3-67 所示。

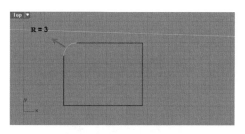

图 3-66 完成曲线圆角

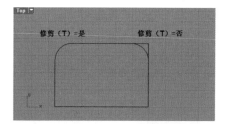

图 3-67 "修剪"选项示意

注意:圆角的半径太大,或曲线在建立圆角处可能不在同一平面上,将无法建立曲线圆角。

3.13.2 曲线斜角

倒斜角用于将两条曲线的交点之间用直线连接起来。

1. 调用命令的方式和步骤

调用命令的方式如下。

菜单:执行"曲线"|"曲线斜角"命令。

图标:单击"主要 2"|"曲线"工具栏中的 图标按钮。

键盘命令:Chamfer。

操作步骤如下。

第 1 步,单击 图标按钮,调用"曲线斜角"命令。

第 2 步,命令提示为"选取要建立斜角的第一条曲线(距离(D)＝1,1 组合(J)＝否 修剪(T)＝是 圆弧延伸方式(E)＝直线):"时,选择第一条曲线,如图 3-68 所示。

第 3 步,命令提示为"选取要建立斜角的第二条曲线(距离(D)＝1,1 组合(J)＝否 修剪(T)＝是 圆弧延伸方式(E)＝直线):"时,选择第二条曲线,如图 3-69 所示。

图 3-68 选择第一条曲线

图 3-69 完成曲线斜角

2. 操作及选项说明

距离(D):两条曲线交点至修剪点的距离。距离值可以相等,也可以不相等。

注意:"曲线圆角"或"曲线斜角"命令选择的两条曲线可以是直线,也可以是曲线,可以相交,也可以不相交。

3.14 上机操作实验指导二 创建印花底茶杯三维模型

创建如图 3-70 所示印花底茶杯三维模型,效果图如图 3-71 所示,主要涉及命令包括"偏移"命令、"镜像"命令、"修剪"命令、"组合"命令、"以平面曲线建立曲面"命令、"圆柱体"命令、"旋转"命令和"挤出曲面"命令等。

图 3-70 印花底茶杯三维模型

图 3-71 印花底茶杯效果图

操作步骤如下。

步骤 1 创建新文件

参见第 1 章,操作过程略。

步骤 2 绘制杯底图形线框

第 1 步,单击 ⊘ 图标按钮,调用"圆:中心点、半径"命令,在 Top 视图中绘制一个半径为 30 的圆,如图 3-72 所示。

第 2 步,偏移圆。

操作如下:

命令:_Offset	单击 图标按钮,调用"偏移曲线"命令
偏移侧(距离(D)=0.1 角(C)=尖锐 通过点(T)	输入 D,回车
公差(O)=0.01 两侧(B) 与工作面平行(I)=无	
加盖(A)=无):**D** ↵	
偏移距离<0.1>:**2** ↵	输入 2,回车
偏移侧(距离(D)=2 角(C)=平滑 通过点(T)	移动鼠标使法线方向向内,单击
公差(O)=0.001 两侧(B) 与工作面平行(I)=无	
加盖(A)=无):	

第 3 步,将新得到圆二次向内偏移,距离为 2,如图 3-73 所示。

注意:这里也可以第 1 步绘制半径为 28 的圆,第 2 步将圆向两侧偏移 2。

第 4 步,将新得到圆再次向内偏移,距离为 4。

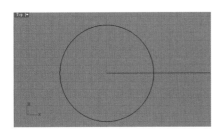

图 3-72　绘制半径为 30 的圆

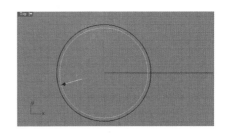

图 3-73　第二次向内偏移

第 5 步，将新得到圆再次向内偏移，距离为 2，如图 3-74 所示。

注意：这里偏移步骤也可用锁定中心点，用"圆：中心点、半径"绘制。

第 6 步，单击 圖 图标按钮，调用"矩形：中心点、角"命令，开启"物件锁点"|"中心点"，将圆的中心点作为矩形中心点，绘制长为 44、宽为 10 的矩形，如图 3-75 所示。

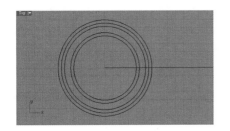

图 3-74　再次偏移

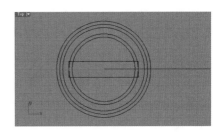

图 3-75　绘制矩形

第 7 步，倒圆角。

操作如下：

命令：**_Fillet**	单击 图标按钮，调用"曲线圆角"命令
选取要建立圆角的第一条曲线 (半径 (R) = 5　组合 (J) = 否　修剪 (T) = 是　圆弧延伸方式 (E) = 圆弧)：	点击半径 (R)
圆角半径 < 2.000 > ：**2** ↵	输入数值 2，回车
选取要建立圆角的第一条曲线 (半径 (R) = 2　组合 (J) = 否　修剪 (T) = 是　圆弧延伸方式 (E) = 圆弧)：	选取矩形一条边曲线 1
选取要建立圆角的第二条曲线 (半径 (R) = 2　组合 (J) = 否　修剪 (T) = 是　圆弧延伸方式 (E) = 圆弧)：	选取与矩形相切的圆曲线 2，如图 3-76 所示

注意：在曲线倒圆角时务必注意选择曲线的部位，以确定圆角方向。

第 8 步，利用"曲线圆角"命令，重复倒另外三个角，如图 3-77 所示。

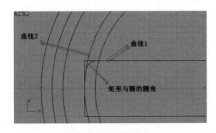

图 3-76　曲线圆角

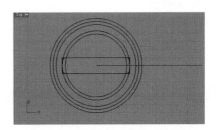

图 3-77　将 4 个角分别倒圆角

第 9 步,修剪多余线条。

操作如下:

命令: _Trim   单击 图标按钮,调用"修剪"命令

选取切割用物件(延伸直线(E)=是 视角交点(A)= 选中 4 个圆角

是):

选取切割用物件。按 Enter 完成(延伸直线(E)=否 回车

视角交点(A)=是):↵

选取要修剪的物件(延伸直线(E)=否 视角交点(A)= 分别选择矩形多余部分

否):

选取要修剪的物件。按 Enter 完成(延伸直线(E)= 回车,如图 3-78 所示

否 视角交点(A)=是 复原(U)):↵

第 10 步,分割圆。

操作如下:

命令: _Split   单击 图标按钮,调用"分割"命令

选取要分割的物件(点(P) 结构线(I)):   选择圆

选取要分割的物件。按 Enter 完成(点(P) 结构线 回车

(I)):↵

选取切割用物件(点(P)):   分别选择四个圆角

选取切割用物件。按 Enter 完成(点(P)):↵ 回车,如图 3-79 所示

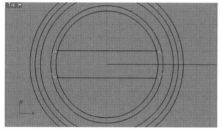

图 3-78 修剪矩形多余部分

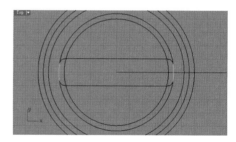

图 3-79 分割圆

第 11 步,组合矩形剩余部分、圆角和分割的曲线。

操作如下:

命令: _Join   单击 图标按钮,调用"组合"命令

选取要组合的物体: 分别选择矩形剩余部分、圆角部分和相连的曲线

                  分割部分,共 8 条曲线,如图 3-80 所示

有 8 条曲线组合为 1 条封闭的曲线   系统提示组合完成

第 12 步,单击 图标按钮,调用"偏移曲线"命令,将曲线向内偏移距离 2,如图 3-81
所示。

第 13 步,单击 图标按钮,调用"矩形:角对角"命令,分别绘制矩形 1、矩形 2、矩形 3,

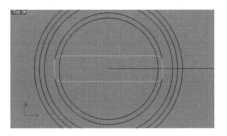

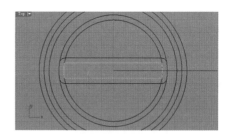

图 3-80　组合这 8 条曲线　　　　　　　　　　　图 3-81　向内偏移曲线

宽度都为 2,如图 3-82 所示 。

注意:矩形 1、矩形 2 要与两圆相交,便于后面的修剪。

第 14 步,镜像这 3 个矩形,如图 3-83 所示。

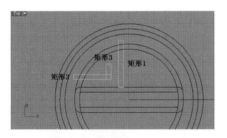

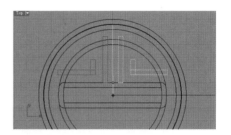

图 3-82　分别绘制 3 个矩形　　　　　　　　　　图 3-83　镜像这 3 个矩形

操作如下:

命令:`_Mirror`　　　　　　　　　　　　单击 ⚖ 图标按钮,调用"镜像"命令

选取要镜像的物件:　　　　　　　　　　　选中矩形 1、矩形 2、矩形 3

选取要镜像的物件。按 Enter 完成:↵　　　回车

镜像平面起点(三点(P)　复制(C)=是　　　开启"物件锁点"|"中点",选择刚才组合图形上的中点

X 轴(X)　Y 轴(Y)):

镜像平面终点(复制(C)=是):　　　　　　　按住 Shift 键或开启"正交"功能,延垂直方向确定镜

　　　　　　　　　　　　　　　　　　　　　像轴终点,见图 3-83

第 15 步,单击 ▣ 图标按钮,调用"矩形:中心点、角"命令,以中线方向一点作为中心点,绘制长 40、宽 2 的矩形,如图 3-84 所示。

第 16 步,单击 ▣ 图标按钮,调用"矩形:角对角"命令,在图形中线上绘制宽度为 2 的矩形,如图 3-85 所示 。

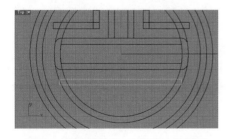

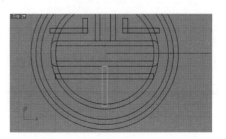

图 3-84　绘制长为 40 宽为 2 的矩形　　　　　　图 3-85　在中线方向绘制矩形

第 17 步,单击▣图标按钮,调用"矩形：中心点、角"命令,以中线方向一点作为中心点,再绘制两个宽度为 2 的矩形,如图 3-86 所示。

第 18 步,镜像这两个矩形,操作同第 14 步,如图 3-87 所示。

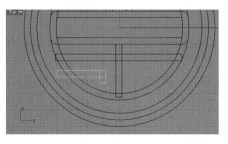

图 3-86　绘制宽为 2 的两个矩形

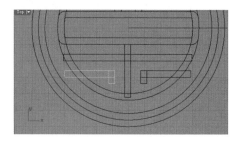

图 3-87　镜像两个矩形

第 19 步,在 Top 视图中检查初步绘制的线框图,如图 3-88 所示。

步骤 3　细化图形

第 1 步,单击🔍图标按钮,调用"修剪"命令,将图案多余线条进行修剪,如图 3-89 所示。

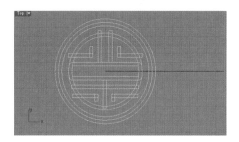

图 3-88　检查线框图形

图 3-89　细化图形

第 2 步,单击🧩图标按钮,调用"组合"命令,组合这个图形成为两条封闭曲线,如图 3-90 所示。

注意：当如图 3-82 所示的矩形 2 与矩形 3 进行修剪时,相交重叠的图线容易被忽视,没有被修剪掉,从而导致最后组合的失败。

步骤 4　创建厚度

第 1 步,单击◎图标按钮,调用"以平面曲线建立曲面"命令,选择最外围的曲线圆,回车,完成平面的创建,如图 3-91 所示。

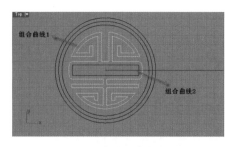

图 3-90　组合为两条封闭曲线

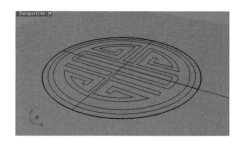

图 3-91　以外圆曲线建立曲面

第 2 步,根据图形分割面。

操作如下:

命令:_Split	单击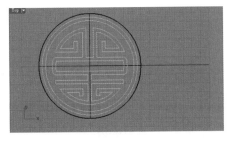图标按钮,调用"分割"命令
选取要分割的物件(点(P) 结构线(I)):	选择圆面
选取要分割的物件。按 Enter 完成(点(P)	回车
结构线(I)):↵	
选取切割用物件(点(P)):	分别选择圆面上的四条封闭曲线
选取切割用物件。按 Enter 完成(点(P)):↵	回车,如图 3-92 所示

第 3 步,单击 图标按钮,调用"挤出曲面"命令[①],选择要挤出的曲面部分,输入挤出距离为－6,如图 3-93 所示。

图 3-92 用四段封闭曲线分割曲面

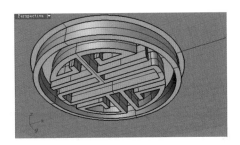

图 3-93 挤出曲面

步骤 5 创建茶杯杯身

第 1 步,单击 图标按钮,调用"圆柱体"命令[②],开启"物件锁点"|"中心点",半径 35、高度 80,创建圆柱体,如图 3-94 所示。

第 2 步,创建以第二个圆柱体,锁定圆柱体上面中心点,绘制半径 32、高度－75 的圆柱体,如图 3-95 所示。

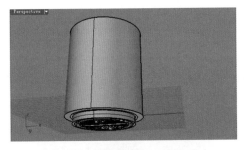

图 3-94 创建茶杯外壁圆柱体

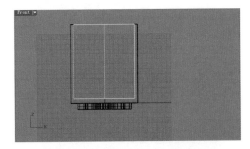

图 3-95 创建茶杯内壁圆柱体

第 3 步,单击 图标按钮,调用"布尔运算差集"命令[③],制作杯口,如图 3-96 所示。

---

① 参见第 7.2.1 小节。

② 参见第 7.1.7 小节。

③ 参见第 7.3.2 小节。

第 4 步,单击 图标按钮,调用"曲面圆角"命令①,杯口圆角半径数值为 1,杯底圆角半径为 3,如图 3-97 所示。

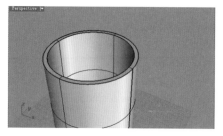

图 3-96　创建杯壁

图 3-97　圆角处理

第 5 步,单击 图标按钮,调用"旋转"命令,将茶杯倒置,完成印花底座茶杯创建。

步骤 6　保存模型文件

参见第 1 章,操作过程略。

3.15　上　机　题

创建如图 3-98 所示耳机三维模型,效果图如图 3-99 所示。主要涉及的命令包括"偏移"命令、"修剪"命令、"旋转"命令、"阵列"命令、"镜像"命令和"旋转成形"命令、"布尔运算"命令和"边缘圆角"命令等。

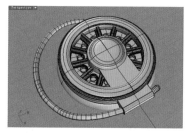

图 3-98　耳机三维模型

图 3-99　耳机效果图

建模提示:

第 1 步,在 Top 视图中视图绘制一条长度为 21 的直线,如图 3-100 所示。复制该直线,以原点为中心点将两条直线分别向两边旋转,旋转角度值为 15°、−15°,如图 3-101 所示。

图 3-100　绘制一条直线

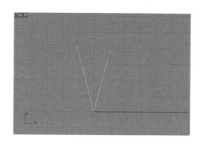

图 3-101　旋转角度

---

① 参见第 6.2.1 小节。

第 2 步,在 Top 视图中绘制两个圆,圆心为原点,圆的半径值分别为 9 和 18,如图 3-102 所示。

第 3 步,在 Top 视图中偏移曲线,偏移距离值为 1.5,如图 3-103 所示。

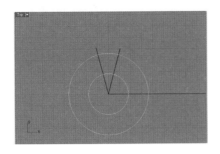

图 3-102　绘制两个圆

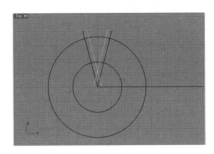

图 3-103　偏移两条直线

第 4 步,在 Top 视图中用"圆:与数条曲线相切"的方式创建圆,如图 3-104 所示。

第 5 步,执行"二轴缩放"命令,单击"复制(C)"选项,开启"中心点""物件锁点"功能,对所复制的圆形进行缩小,如图 3-105 所示。

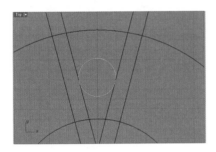

图 3-104　创建一个圆与直线相切

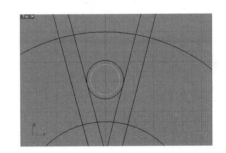

图 3-105　复制并缩小圆

第 6 步,执行"修剪"命令,对所创建的图形进行修剪并将封闭曲线进行组合,如图 3-106 所示。

第 7 步,删除图中两条直线,在 Top 视图中再创建一个圆,圆心为原点,半径值为 18,如图 3-107 所示。

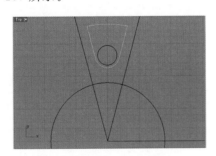

图 3-106　组合图线

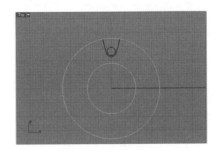

图 3-107　修剪多余部分

第 8 步,执行"环形阵列"命令,选取刚绘制的图形,阵列中心点为原点,阵列数目值为 12,阵列度数值为 360°,如图 3-108 所示。

第 9 步,在 Top 视图中绘制垂直方向上的矩形并旋转 15°,如图 3-109 所示。

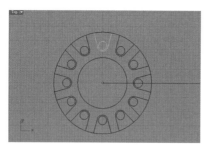

图 3-108　环形阵列

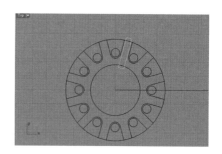

图 3-109　绘制矩形

第 10 步,执行"挤出封闭的平面曲线"命令,选取两个大圆,挤出距离值为－2,如图 3-110 所示。重复该命令,选取刚在圆上绘制的图形,挤出距离值为－0.8,如图 3-111 所示。

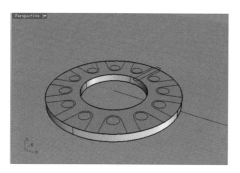

图 3-110　挤出圆

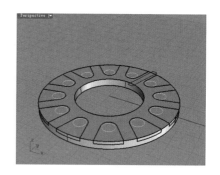

图 3-111　挤出圆上阵列图形

第 11 步,执行"布尔运算差集"命令。

第 12 步,选择阵列圆形重复"挤出封闭的平面曲线"命令,挤出距离值为－3,再次执行"布尔运算差集"命令,如图 3-112 所示。

第 13 步,执行"挤出封闭的平面曲线"命令,选取刚才绘制的矩形,挤出距离值为 2,如图 3-113 所示。

图 3-112　布尔运算差集

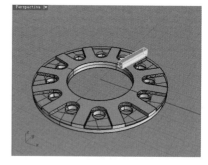

图 3-113　挤出曲线

第 14 步,执行"环形阵列"命令,对挤出的长方体阵列,阵列中线点为原点,阵列数目值为 12,阵列角度值为 360°,如图 3-114 所示。

第 15 步,在 Front 视图中利用"控制点绘曲线"命令绘制两条曲线,如图 3-115 所示。

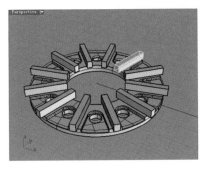

图 3-114　环形阵列

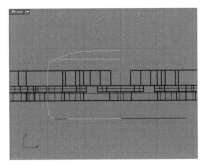

图 3-115　绘制曲线

第 16 步,执行"旋转成形"命令,选取两条曲线进行旋转,如图 3-116 所示。

第 17 步,在 Top 视图中绘制两个圆,选取该两个圆执行"挤出封闭的平面曲线"命令,挤出距离值为 4,如图 3-117 所示。

图 3-116　将曲线旋转成型

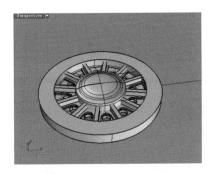

图 3-117　挤出两个圆形

第 18 步,在 Top 视图中绘制图形,如图 3-118 所示。选取该图形执行"挤出封闭的平面曲线"命令,挤出距离值为 1,如图 3-119 所示。

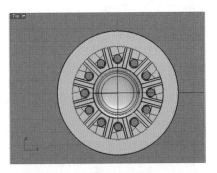

图 3-118　绘制曲线

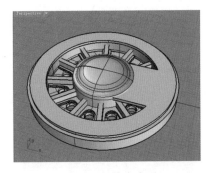

图 3-119　挤出成型

第 19 步,在 Front 视图中绘制如图 3-120 所示的曲线,执行"旋转成型"命令将曲线旋转生成曲面,如图 3-121 所示。

第 20 步,在 Front 视图中绘制如图 3-122 所示的曲线,执行"旋转成型"命令将曲线旋转生成曲面,如图 3-123 所示。

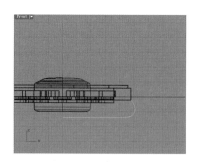

图 3-120　绘制曲线

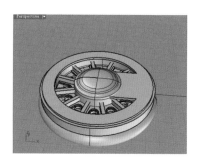

图 3-121　将曲线旋转成型

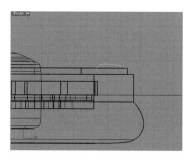

图 3-122　绘制曲线

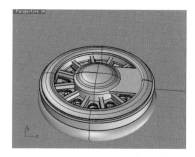

图 3-123　将曲线旋转成型

第 21 步,在 Front 视图中绘制如图 3-124 所示的曲线,执行"挤出封闭的平面曲线"命令,移动新生成的实体,如图 3-125 所示。

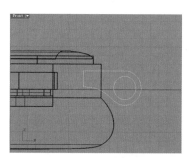

图 3-124　绘制曲线

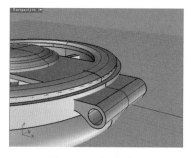

图 3-125　挤出成型

第 22 步,结合 Top 视图和 Right 视图,绘制如图 3-126 所示的曲线,执行"圆管"命令,如图 3-127 所示。

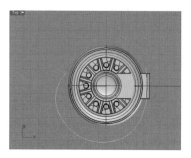

图 3-126　绘制耳夹曲线

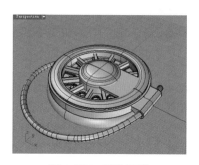

图 3-127　制作圆管

第 23 步,执行"边缘圆角"命令,选取如图 3-128 所示边缘,圆角值为 0.2,再次执行"边缘圆角"命令,选取如图 3-129 所示的边缘,圆角值为 0.4,完成耳机模型的创建。

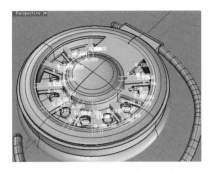

图 3-128　为内部边缘倒圆角

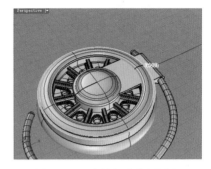

图 3-129　为外部边缘倒圆角

第4章 高级图形的绘制和编辑

在 Rhino 三维建模的过程中,掌握一些特殊且重要曲线绘制的方法非常重要。另外,为了获得更合理和更理想的曲线,通常还需要对已有曲线进行高级编辑。

本章内容如下。

(1) 线上等分点绘制的方法和步骤。

(2) 最近点绘制的方法和步骤。

(3) 面上曲线绘制的方法和步骤。

(4) 圆锥曲线绘制的方法和步骤。

(5) 抛物线绘制的方法和步骤。

(6) 弹簧线绘制的方法和步骤。

(7) 螺旋线绘制的方法和步骤。

(8) 通过控制点编辑曲线的方法和步骤。

(9) 曲线重建的方法和步骤。

(10) 曲线投影的方法和步骤。

(11) 提取交线的方法和步骤。

(12) 曲线连续性评测的方法和步骤。

4.1 点的高级绘制和编辑

4.1.1 线上等分点的绘制

1. 依线段长度分段曲线

"依线段长度分段曲线"命令可以将点对象从曲线一端起按指定的长度放置。

调用命令的方式如下。

菜单:执行"曲线"|"点物件"|"曲线分段"|"分段长度"命令。

图标:单击"主要 2"|"点"工具栏中的 图标按钮。

键盘命令:Divide。

操作步骤如下。

第 1 步,单击 图标按钮,调用"依线段长度分段曲线"命令。

第 2 步,命令提示为"选取要分段的曲线:"时,选择目标曲线,如图 4-1 所示。

第 3 步,命令提示为"选取要分段的曲线,按 Enter 完成:"时,回车。

第 4 步,命令提示为"分段数目<1>(长度(L) 分割(S)=否 标示端点(M)=是 输出成群组(G)=否):_Length 曲线长度为……输入曲线分段长度,点选曲线反转方向<1.000>(分割(S)=否 标示端点(M)=是 输出成群组(G)=否):"时,输入单元长度,回车,如图 4-2 所示。

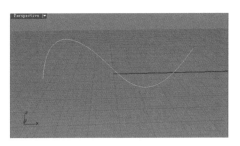

图 4-1　选择目标曲线

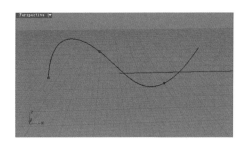

图 4-2　完成曲线分段

2. 依线段数目分段曲线

"依线段数目分段曲线"命令可以将点对象从曲线一端起以指定的分段数在等分点处放置。

调用命令的方式如下。

菜单：执行"曲线"|"点物件"|"曲线分段"|"分段数目"命令。

图标：右击"主要 2"|"点"工具栏中的 图标按钮。

键盘命令：Divide。

操作步骤如下。

第 1 步，右击 图标按钮，调用"依线段数目分段曲线"命令。

第 2 步，命令提示为"选取要分段的曲线："时，选择目标曲线。

第 3 步，命令提示为"选取要分段的曲线，按 Enter 完成："时，回车。

第 4 步，命令提示为"分段数目＜…＞（长度（L）　分割（S）＝否　标示端点（M）＝是　输出成群组（G）＝否）："时，输入分段段数，回车。

3. 操作及选项说明

标示端点（M）：选择"是"，则在曲线上创建等分点的同时会在曲线两端点创建点对象。

【例 4-1】　创建如图 4-6 所示手机保护壳模型。

第 1 步，在 Top 视图中绘制苹果 LOGO 平面形状的曲线，如图 4-3 所示。

第 2 步，将绘制的图形两部分分别 12 等分和 50 等分，如图 4-4 所示。

图 4-3　绘制苹果平面曲线

图 4-4　绘制曲线的等分点

操作如下：

命令：**_Divide**　　　　　　　　　右击 图标按钮，调用"依线段数目分段曲线"命令

选取要分段的曲线：　　　　　　　选择苹果叶子线段，回车

选取要分段的曲线，按 Enter 完成：↵　　回车

分段数目<…>(长度(L) 分割(S)=否 标 输入 12,回车

示端点(M)=是 输出成群组(G)=否):**12** ↵

命令:**_Divide** 右击 图标按钮,调用"依线段数目分段曲线"命令

选取要分段的曲线: 选择苹果下部分线段,回车

选取要分段的曲线,按 Enter 完成:↵ 回车

分段数目<…>(长度(L) 分割(S)=否 标 输入 50,回车

示端点(M)=是 输出成群组(G)=否):**50** ↵

第3步,单击 ◆ 图标按钮,调用"金字塔"命令,单击 ☜ 图标按钮,调用"修剪"命令创建出钻石形状。

第4步,单击 🔠 图标按钮,调用"复制"命令,将钻石复制在各个点上后,删除曲线,如图 4-5 所示。

第5步,单击 🔲 图标按钮,调用"挤出封闭平面曲线"命令、单击 ☜ 图标按钮,调用"修剪"命令完成手机保护壳模型的创建,如图 4-6 所示。

图 4-5　复制水钻

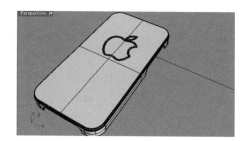

图 4-6　完成手机壳模型创建

4.1.2　最近点的绘制

"最接近点"命令可以在选取的对象上最接近指定点的位置创建一个点对象。

1. 调用命令的方式和步骤

调用命令的方式如下。

菜单:执行"曲线"|"点物件"|"最接近点"命令。

图标:单击"主要 2"|"点"工具栏中的 🖉 图标按钮。

键盘命令:ClosestPt。

操作步骤如下。

第1步,单击 🖉 图标按钮,调用"最接近点"命令。

第2步,命令提示为"选取要产生最接近点的目标物件:"时,选择目标曲线,如图 4-7 所示。

第3步,命令提示为"选取要产生最接近点的目标物件,按 Enter 完成:"时,回车。

第4步,命令提示为"最接近点的基准点(物件(O) 建立直线(C)=否):"时,选择圆的中心点,回车。在曲线上距圆心最近点创建一点对象,如图 4-8 所示。

2. 操作及选项说明

(1) 物件(O):可以创建最接近指定曲线的最接近点。

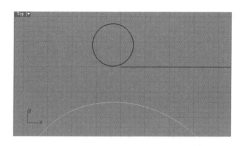

图 4-7　选择目标曲线

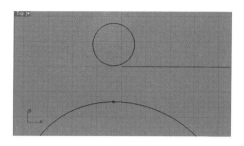

图 4-8　距圆心最近点

（2）建立直线（C）：如果选择"是"，可以在基准点与对象上的最近点之间创建一条直线。

4.2　高级曲线的绘制

4.2.1　面上曲线的绘制

"曲面上的内插点曲线"命令可以通过曲面上的指定点绘制曲线。

调用命令的方式如下。

菜单：执行"曲线"|"自由造型"|"曲面上内插点"命令。

图标：单击"主要 2"|"曲线"工具栏中的 图标按钮。

键盘命令：InterpcrvOnSrf。

操作步骤如下。

第 1 步，打开文件 4-9.3dm，如图 4-9 所示。

第 2 步，单击 图标按钮，调用"曲面上的内插点曲线"命令。

第 3 步，命令提示为"选取要在其上画曲线的曲面："时，选择要在其上绘制曲线的面，即卡通青蛙的面部，如图 4-10 所示。

图 4-9　卡通青蛙源模型

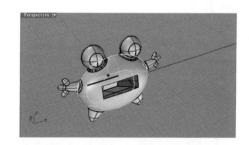

图 4-10　选择要在其上绘制曲线的面

第 4 步，命令提示为"曲线起点："时，指定点，开始绘制曲线。

第 5 步，命令提示为"下一点（复原（U））："，指定下一个点。

第 6 步，命令提示为"下一点，按 Enter 完成（复原（U））："时，指定下一个点。

第 7 步，命令提示为"下一点，按 Enter 完成（封闭（C）　复原（U））："时，再指定下一个点。

⋮

第 n 步,命令提示为"下一点,按 Enter 完成(封闭(C) 复原(U)):"时,回车,完成曲线的绘制,如图 4-11 所示。

最后,单击 图标按钮,调用"分割"命令,用绘制的内插点曲线将卡通青蛙嘴的部分分离出来,如图 4-12 所示。

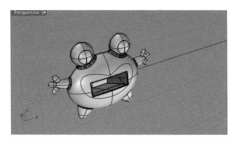 

图 4-11　在曲面上绘制内插点曲线　　　　　图 4-12　利用曲线分割面

4.2.2　圆锥曲线的绘制

"圆锥线"命令可以在平面内绘制圆锥曲线。

1. 调用命令的方式和步骤

调用命令的方式如下。

菜单:执行"曲线"|"圆锥线"命令。

图标:单击"主要 2"|"曲线"工具栏中的 图标按钮。

键盘命令:Conic。

操作步骤如下。

第 1 步,单击 图标按钮,调用"圆锥线"命令。

第 2 步,命令提示为"圆锥线起点(相切(T) 垂直(P)):"时,指定圆锥曲线的起点 A。

第 3 步,命令提示为圆锥线终点(顶点(A) 相切(T) 垂直(P)):"时,指定圆锥曲线的终点 B。

第 4 步,命令提示为"顶点:"时,指定圆锥曲线的顶点 C,如图 4-13 所示。

第 5 步,命令提示为"曲率点或 Rho ＜…＞:"时,输入曲线的曲率,回车,或指定圆锥线的通过点(率曲点),如图 4-14 所示。

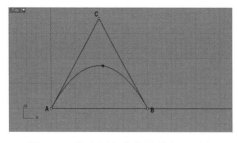 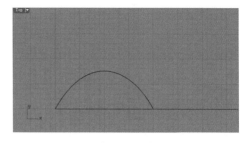

图 4-13　指定圆锥曲线的端点和顶点　　　　　图 4-14　完成圆锥曲线的绘制

注意:Rho 为 0.0～0.5 是椭圆;Rho 为 0.5 是抛物线;Rho 为 0.5～1 为双曲线。

2．操作及选项说明

（1）相切（T）：指定与曲线相切的点。

（2）垂直（P）：指定与曲线垂直的点。

4.2.3 抛物线的绘制

1．从焦点建立抛物线

"从焦点建立抛物线"命令是指定焦点、方向和终点绘制抛物线。

调用命令的方式如下。

菜单：执行"曲线"|"抛物线"|"焦点、方向"命令。

图标：单击"主要 2"|"曲线"工具栏中的 图标按钮。

键盘命令：Parabola。

操作步骤如下。

第 1 步，单击 图标按钮，调用"从焦点建立抛物线"命令。

第 2 步，命令提示为"抛物线焦点（顶点（V）　标示焦点（M）＝否　单侧（H）＝否）："时，指定抛物线的焦点。

第 3 步，命令提示为"抛物线方向（标示焦点（M）＝否　单侧（H）＝否）："时，指定抛物线的方向，如图 4-15 所示。

第 4 步，命令提示为"抛物线终点（标示焦点（M）＝否　单侧（H）＝否）："时，指定抛物线的终点，回车，如图 4-16 所示。

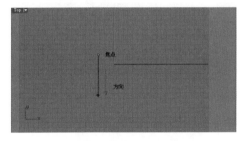 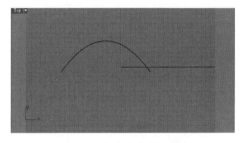

图 4-15　确定抛物线方向　　　　　图 4-16　完成抛物线的绘制

2．从顶点建立抛物线

"从顶点建立抛物线"命令是指定顶点、焦点和终点绘制抛物线。

调用命令的方式如下。

菜单：执行"曲线"|"抛物线"|"顶点、焦点"命令。

图标：右击"主要 2"|"曲线"工具栏中的 图标按钮。

键盘命令：Parabola。

操作步骤如下。

第 1 步，右击 图标按钮，调用"从顶点建立抛物线"。

第 2 步，命令提示为"抛物线顶点（标示焦点（M）＝否　单侧（H）＝否）：_Vertex"时，指定抛物线的顶点。

第 3 步，命令提示为"抛物线焦点（方向（D）　标示焦点（M）＝否　单侧（H）＝否）："

时,指定抛物线的焦点,顶点与焦点决定了抛物线的方向,如图 4-17 所示。

第 4 步,命令提示为"抛物线终点(标示焦点(M)=否　单侧(H)=否):"时,指定抛物线的终点,回车,如图 4-18 所示。

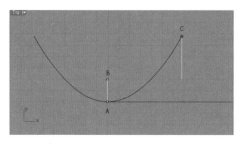

图 4-17　确定抛物线顶点与焦点

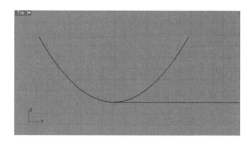

图 4-18　完成抛物线的绘制

3. 操作及选项说明

(1)标示焦点(M):完成抛物线的绘制保留焦点。

(2)单侧(H):只绘制一半的抛物线。

【例 4-2】　创建如图 4-22 所示的手电筒模型。

第 1 步,打开文件 4-19.3dm,如图 4-19 所示。

第 2 步,隐藏多余的部分,单击 图标按钮,调用"从焦点建立抛物线"命令,在手电筒的中轴线上捕捉合适的点作为焦点,确定抛物线的方向和终点完成抛物线的绘制,如图 4-20 所示。

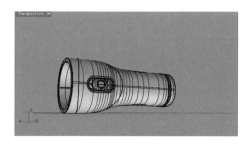

图 4-19　手电筒源模型

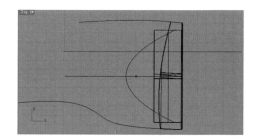

图 4-20　绘制抛物线

第 3 步,单击 图标按钮,调用"旋转成形"命令,将抛物线旋转 360°完成聚光罩的创建,如图 4-21 所示。

第 4 步,单击 图标按钮,调用"球"命令创建一个球形灯泡,并将其移动到抛物线的焦点处,完成手电筒模型的创建,如图 4-22 所示。

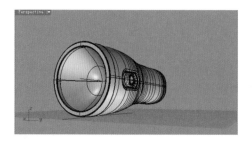

图 4-21　将抛物线旋转成形

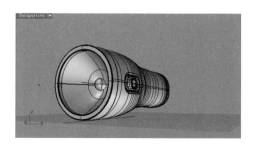

图 4-22　完成手电筒模型的创建

4.2.4　弹簧线的绘制

已知轴的起点、终点和半径绘制弹簧线。

1. 调用命令的方式和步骤

调用命令的方式如下。

菜单：执行"曲线"｜"弹簧线"命令。

图标：单击"主要 2"｜"曲线"工具栏中的 图标按钮。

键盘命令：Helix。

操作步骤如下。

第 1 步，单击 图标按钮，调用"弹簧线"命令。

第 2 步，命令提示为"轴的起点（垂直（V）　环绕曲线（A））："时，在 TOP 视图中指定螺旋线中心轴的起点，如图 4-23 所示。

第 3 步，命令提示为"轴的终点："时，指定螺旋线中心轴的终点，如图 4-23 所示。

第 4 步，命令提示为"半径和起点＜…＞（直径（D）　模式（M）＝圈数　圈数（T）＝5　螺距（P）＝10.4039　反向扭转（R）＝否）："时，输入半径值，完成弹簧线的绘制，如图 4-24 所示。

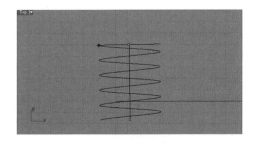　　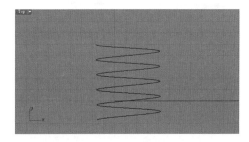

图 4-23　确定弹簧线的轴　　　　　　　　　图 4-24　完成弹簧线的绘制

4.2.5　螺旋线的绘制

螺旋线的绘制是在三维空间中或平面中绘制螺旋线。

1. 调用命令的方式和步骤

调用命令的方式如下。

菜单：执行"曲线"｜"螺旋线"命令。

图标：单击"主要 2"｜"曲线"工具栏中的 图标按钮。

键盘命令：Spiral。

操作步骤如下。

第 1 步，单击 图标按钮，调用"螺旋线"命令。

第 2 步，命令提示为"轴的起点（平坦（F）　垂直（V）　环绕曲线（A））："时，在 TOP 视图中指定螺旋线中心轴的起点，如图 4-25 所示。

第 3 步，命令提示为"轴的终点："时，指定螺旋线中心轴的终点，或通过输入数值确定终点位置。

第4步,命令提示为"第一半径和起点 <…>(直径(D) 模式(M)＝圈数 圈数(T)＝2 螺距(P)＝28.076 反向扭转(R)＝否):"时,指定螺旋线起点所在位置的半径。

第5步,命令提示为"第二半径 <…>(直径(D) 模式(M)＝圈数 圈数(T)＝2 螺距(P)＝28.076 反向扭转(R)＝否):时,指定螺旋线的终点所在位置的半径,完成螺旋线的绘制,如图4-26所示。

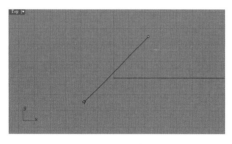

图4-25 确定螺旋线的轴

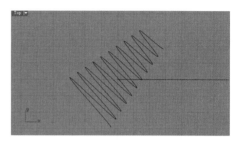

图4-26 完成螺旋线的绘制

2. 操作及选项说明

(1) 平坦(F):绘制平面螺旋线。

(2) 垂直(V):绘制的螺旋线轴线与工作平面垂直。

(3) 环绕曲线(A):绘制环绕选定曲线的螺旋线。

(4) 圈数(T):输入数值来控制螺旋线的圈数,螺距会自动调整。

(5) 螺距(P):输入数值来控制螺旋线的螺距,圈数会自动调整。

(6) 反向扭转(R):选择"是",反转扭转方向为逆时针方向。

【例4-3】 创建如图4-33所示小猫便签夹三维模型。

第1步,打开文件4-27.3dm,如图4-27所示。

第2步,在Front视图中绘制螺旋线,如图4-28所示。

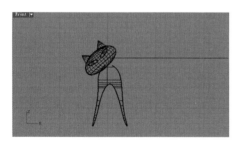

图4-27 小猫便签夹源模型

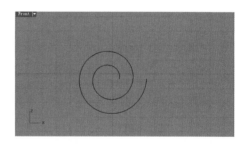

图4-28 绘制平坦螺旋线

操作如下:

命令:_Spiral	右击 ⊙ 图标按钮,调用"平坦螺旋线"命令
螺旋线中心:	指定平坦螺旋线中心点
第一半径和起点<2.91>(直径(D)):	输入第一半径值,回车
第二半径<…>(直径(D) 模式(M)＝圈数 圈数	输入第二半径值,回车
(T)＝2 反向扭转(R)＝否):	

第 3 步，单击 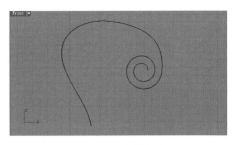 图标按钮，调用"控制点曲线"命令，捕捉螺旋线的端点绘制一条曲线，如图 4-29 所示。

第 4 步，单击 图标按钮，调用"衔接曲线"命令，将绘制的曲线和螺旋线衔接并组合，如图 4-30 所示。单击 图标按钮，调用"开启控制点"命令①，选择组合后的曲线在 Right 视图和 Top 视图中调整，使其成为自然的空间曲线，如图 4-31 所示。

图 4-29　绘制曲线

第 5 步，单击 图标按钮，调用"圆头圆管"命令，沿螺旋线轨道创建曲面完成小猫尾巴的建模，如图 4-32 所示。

图 4-30　"衔接曲线"对话框

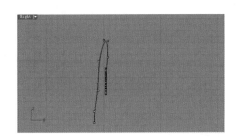

图 4-31　在其他视图中调整曲线

第 6 步，单击 图标按钮，调用"移动"命令，将小猫尾巴移动到小猫的身上，完成小猫便签夹三维模型的创建，如图 4-33 所示。

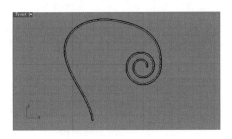

图 4-32　调用圆管命令

图 4-33　完成小猫便签夹模型创建

4.3　曲线的高级编辑

4.3.1　通过控制点编辑曲线

通过控制点编辑曲线是通过显示曲线的控制点并对控制点进行编辑来编辑曲线。

————————————

① 参见第 4.3.1 小节。

调用命令的方式如下。

菜单：执行"编辑"|"控制点"|"开启控制点"命令。

图标：单击"主要 2"工具栏中的 图标按钮。

键盘命令：PointsOn。

操作步骤如下。

第 1 步，在 Top 视图中，绘制圆，如图 4-34 所示。

第 2 步，单击 图标按钮，调用"开启控制点"命令。

第 3 步，命令提示为"选取要显示控制点的物体："时，选择圆曲线，显示圆的控制点，如图 4-35 所示。

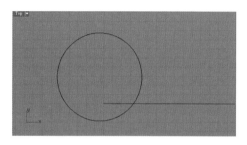

图 4-34　绘制圆

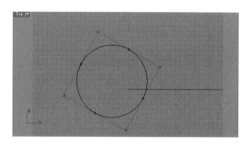

图 4-35　显示曲线控制点

第 4 步，命令提示为"选取要显示控制点的物体，按 Enter 完成："时，回车。

第 5 步，选择控制点，进行拖动，通过对控制点的编辑，将曲线的形态改变为心型，如图 4-36 所示。

第 6 步，按 Esc 键或右击 图标按钮，退出控制点编辑，关闭曲线控制点，完成曲线编辑，如图 4-37 所示。

图 4-36　调整控制点

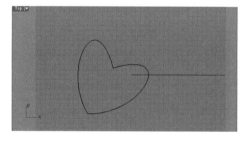

图 4-37　完成曲线编辑

4.3.2　曲线的重建

曲线的重建是重新构建选定曲线，从而获得指定的控制点数和阶数。

1. 调用命令的方式和步骤

调用命令的方式如下。

菜单：执行"编辑"|"重建"命令。

图标：单击"主要 2"|"曲线工具"工具栏中的 图标按钮。

键盘命令：Rebuild。

操作步骤如下。

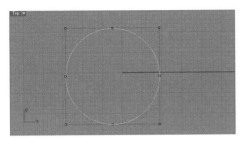

图 4-38　目标曲线

第1步，单击图标按钮，调用"重建曲线"命令。

第2步，命令提示为"选取要重建的曲线或曲面："时，选择要进行重建的曲线，如图 4-38所示。

第3步，命令提示为"选取要重建的曲线或曲面，按 Enter 完成："时，可以继续选择曲线或回车。
……

第 n 步，弹出如图 4-39 所示"重建曲线"对话框，输入曲线重建的相关参数，单击"确定"按钮，完成曲线的重建，如图 4-40 所示。

图 4-39　"重建曲线"对话框

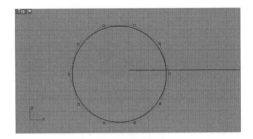

图 4-40　完成曲线重建

2. 操作及选项说明

(1)"删除输入物件(D)"复选框：选中该复选框，曲线重建完毕，删除输入物件。

(2)"点数"文本框：可以控制再生成曲线的控制点数。

(3)"阶数"文本框：可以控制再生成曲线控制点的阶数，可输入数值范围是 1～11。

【例 4-4】　创建如图 4-47 所示音箱主体部分三维模型。

第1步，单击图标按钮，调用"椭圆"命令。在 Top 视图中绘制椭圆，如图 4-41 所示。

第2步，单击图标按钮，调用"重建曲线"命令。设置重建曲线对话框，将点数设置为 10，阶数设置为 3，完成曲线的重建，如图 4-42 所示。

第3步，单击图标按钮，调用"开启控制点"命令。对曲线控制点进行编辑，将曲线调整成合适的形态，如图 4-43 所示。

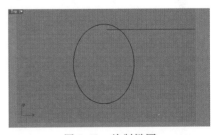

图 4-41　绘制椭圆

第4步，在曲线中间画一条直线作为辅助线，如图 4-44 所示。单击图标按钮，调用"修剪"命令，修剪掉曲线的一半，如图 4-45 所示。

第5步，选择曲线，单击图标按钮，调用"旋转成形"命令，以曲线的两端点为旋转轴的两个端点创建主体模型，如图 4-46 所示。

第6步，对旋转成型的主体进行分割等操作，完成音响模型主体部分的创建，如图 4-47 所示。

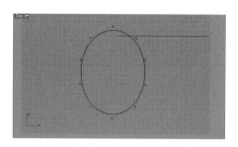

图 4-42　曲线重建

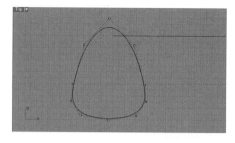

图 4-43　编辑曲线控制点

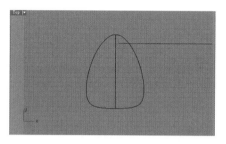

图 4-44　绘制辅助线

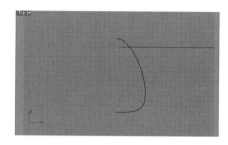

图 4-45　修剪曲线

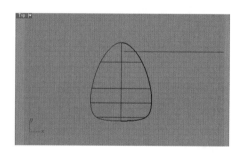

图 4-46　旋转成形

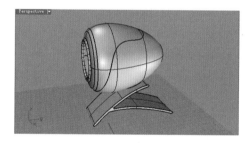

图 4-47　完成音箱模型主体部分的创建

4.3.3　曲线的投影

1. 投影至曲面

"投影至曲面"命令可以将曲线往工作平面的方向投影到曲面上。

调用命令的方式如下。

菜单：执行"曲线"|"从物体建立曲线"|"投影"命令。

图标：单击"主要 1" 图标按钮。

键盘命令：Project。

操作步骤如下。

第 1 步，打开文件 4-48.3dm，如图 4-48 所示。

第 2 步，在合适位置绘制 4 个圆形，如图 4-49 所示。

第 3 步，单击 图标按钮，调用"投影至曲面"命令。

图 4-48　卡通兔子源模型

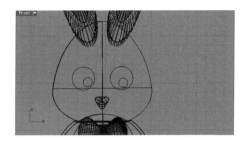

图 4-49　绘制圆形

第 4 步,命令提示为"选取要投影的曲线或点物件(松弛(L)＝否　删除输入物件(D)＝否　目的图层(O)＝目前的):"时,选择绘制的圆,如图 4-50 所示。

第 5 步,命令提示为"选取要投影的曲线或点物件,按 Enter 完成(松弛(L)＝否　删除输入物件(D)＝否　目的图层(O)＝目前的):"时,回车。

第 6 步,命令提示为"选取要投影至其上的曲面、多重曲面和网格(松弛(L)＝否　删除输入物件(D)＝否　目的图层(O)＝目前的):"时,选择兔子的头部,如图 4-51 所示。

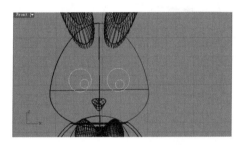

图 4-50　选择要投影的曲线

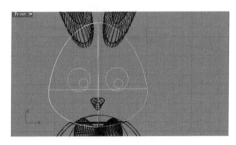

图 4-51　选择要投影的曲面

第 7 步,命令提示为"选取要投影至其上的曲面、多重曲面和网格,按 Enter 完成(松弛(L)＝否　删除输入物件(D)＝否　目的图层(O)＝目前的):"时,回车,完成投影曲线的创建。

注意:因为工作平面与当前激活的视图相关,所以要根据需要的投影方向,在相应的视图中操作该命令。

2. 将曲线拉至曲面

"将曲线拉至曲面"命令可以将曲线以曲面的法线方向拉回到曲面上。

调用命令的方式如下。

菜单:执行"曲线"|"从物体建立曲线"|"拉回"命令。

图标:单击"主要 1"|"从物件建立曲线"图标按钮。

键盘命令:Pull。

操作步骤如下。

第 1 步,打开文件 4-52.3dm,如图 4-52 所示。

第 2 步,单击图标按钮,调用"将曲线拉至曲面"命令。

第 3 步,命令提示为"选取要拉回的曲线或点物件(松弛(L)＝否　删除输入物件(D)＝否　目的图层(O)＝目前的):"时,选择要投影的花型曲线。

第 4 步,命令提示为"选取要拉回的曲线或点物件,按 Enter 完成(松弛(L)＝否　删除输入物件(D)＝否　目的图层(O)＝目前的):"时,回车。

第 5 步,命令提示为"选取要拉至其上的曲面或网格(松弛(L)＝否　删除输入物件(D)＝否　目的图层(O)＝目前的):"时,选择圆柱灯罩。

第 6 步,命令提示为"选取要拉至其上的曲面或网格,按 Enter 完成(松弛(L)＝否　删除输入物件(D)＝否　目的图层(O)＝目前的):"时,回车,完成将曲线拉至曲面的创建,如图 4-53 所示。

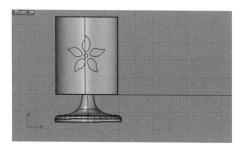

图 4-52　灯源模型

图 4-53　完成曲线拉至曲面

注意:"投影至曲面"命令是垂直于工作平面投影,在不同视图得到的投影可能会不同;"将曲线拉至曲面"命令是垂直于曲面投影,在不同视图得到的投影是一样的。

4.3.4　交线的提取

"物件交集"命令可以在曲线或曲面相交处创建点或曲线。

调用命令的方式如下。

菜单:执行"曲线"|"从物件建立曲线"|"交集"命令。

图标:单击"主要 1"|"从物件建立曲线"工具栏中的 图标按钮。

键盘命令:Intersect。

操作步骤如下。

第 1 步,打开文件 4-54.3dm,如图 4-54 所示。

第 2 步,单击 图标按钮,调用"物件交集"命令。

第 3 步,命令提示为"选取要计算相交的物件:"时,选取如图 4-55 所示的三个曲面,回车,生成两条交线,如图 4-56 所示。

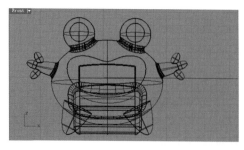

图 4-54　卡通青蛙源模型

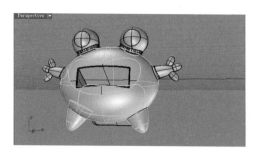

图 4-55　选择相交曲面

第4步，单击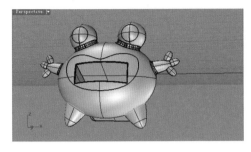图标按钮，调用"圆管"命令，沿两条交线绘制圆管如图 4-57 所示，调用修剪命令，用圆管将卡通青蛙脚和身体修剪成如图 4-58 所示。

图 4-56　生成交线

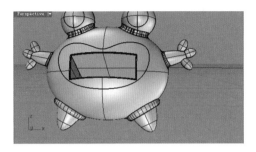

图 4-57　沿交线创建圆管

第5步，单击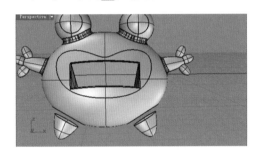图标按钮，调用"混接曲面"命令，完成创建圆角，如图 4-59 所示。

图 4-58　用圆管修剪

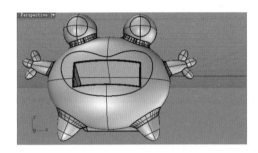

图 4-59　混接曲面

4.4　曲线连续性的评测

"开启曲率图形命令"可以以图形化的方式显示曲线或曲面的曲率，以便对曲线或曲面的连续性进行评测。

1. 调用命令的方式和步骤

调用命令的方式如下。

菜单：执行"分析"|"曲线"|"打开曲率图形"命令。

图标：单击"主要 2"|"分析"工具栏中的图标按钮。

键盘命令：CurvatureGraph。

操作步骤如下。

第1步，单击图标按钮，调用"打开曲率图形"命令。

第2步，命令提示为"选取要显示曲率图形的物件："时，选择要进行评测的曲线。

第3步，命令提示为"选取要显示曲率图形的物件，按 Enter 完成："时，可以继续选择需要评测的曲线或回车，弹出如图 4-60 所示的"曲率图形"对话框。

图 4-60　"曲率图形"
对话框

第4步，调整"曲率图形"对话框中的有关参数，观察所显示出的曲线的曲率,以便对曲线的连续性进行评测。

2. 操作及选项说明

(1)显示缩放比:设置曲率指示线的长度大小,数值指示线显示被增大,当数值为 100 时,比例为 1:1。

(2)密度:设置曲率图形指示线的数量,数量愈多,密度越高。

(3)曲线指示线:单击曲线指示线色彩条,可以设置曲率指示线的颜色。

(4)曲面指示线:单击曲面指示线色彩条,可以设置曲面指示线的颜色。

(5)U/V:显示曲面 U/V 两个方向上的曲率图。

(6)新增物件:加入要显示曲率图形的对象。

(7)移除物件:关闭选定对象的曲率图形。

注意:曲线的连续类型主要有三种:GO 连续(位置连续)、G1 连续(相切连续)和 G2(曲率连续)。

(1)位置连续:当曲线间保持了位置连续时,曲线的端点是直接碰触在一起的,位置连续性保证了一条曲线的端点与另一条曲线的端点是完全处于同一位置,如图 4-61 所示,红色曲线与蓝色曲线是位置连续。

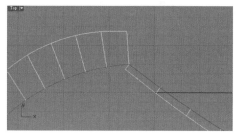

图 4-61　位置连续

(2)相切连续:当曲线保持了相切连续时,同时也保证了位置连续,并且在曲线的公共点曲线具有相同的切线方向,如图 4-62 所示,红色曲线与蓝色曲线是相切连续。

(3)曲率连续:当曲线保持了曲率连续时,同时也保证了相切连续,而且在它们相交处的曲率也是相等的,如图 4-63 所示,红色曲线与蓝色曲线是曲率连续。

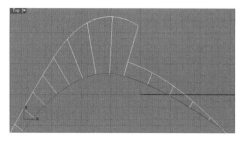

图 4-62　相切连续

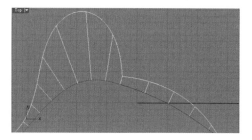

图 4-63　曲率连续

4.5　上机操作实验指导三　创建台灯三维模型

创建如图 4-64 所示的台灯三维模型,效果图如图 4-65 所示,主要涉及包括"控制点曲线"命令、"控制点编辑曲线"命令、"偏移曲线"命令、"混接曲线"命令、"旋转成形"命令、"曲面重建"命令,"重建曲面"命令、"旋转"命令、"螺旋线"命令、"依线段数目分段曲线"命令、"球体"命令、"挤出"命令、"单轨扫掠"命令和"镜像"命令等。

图 4-64 台灯三维模型

图 4-65 台灯效果图

操作步骤如下。

步骤 1 创建新文件

参见本书第 1 章,操作过程略。

步骤 2 制作灯罩外形

第 1 步,单击 图标按钮,调用"控制点曲线"命令,绘制曲线,如图 4-66 所示。

第 2 步,单击 图标按钮,调用"偏移曲线"命令,偏移出一条曲线,如图 4-67 所示。

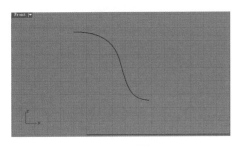

图 4-66 绘制曲线

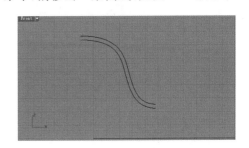

图 4-67 偏移曲线

第 3 步,单击 图标按钮,调用"混接曲线"命令,选中"曲率"和"组合",如图 4-68 所示,确定完成曲线的混接,如图 4-69 所示。

图 4-68 "调整曲线混接"对话框

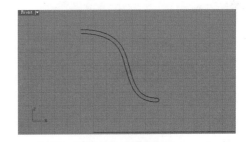

图 4-69 混接曲线

第 4 步,单击 图标按钮,调用"旋转成形"命令,将曲线旋转成形如图 4-70 所示。

第 5 步,单击 图标按钮,调用"重建曲面"命令,在"重建曲面"对话框中设置如图 4-71 所示。对成形的曲面重建,如图 4-72 所示。

第 6 步,单击 图标按钮,调用"开启控制点"命令,如图 4-73 所示。在 Top 视图中间隔选取最外圈的控制点,如图 4-74 所示,在 Front 视图中将选中的控制点向下移动如图 4-75 所示。

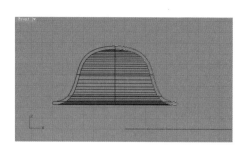

图 4-70 旋转成形

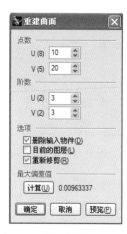

图 4-71 "重建曲面"对话框

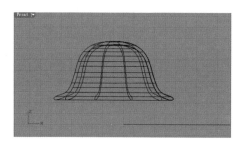

图 4-72 完成重建

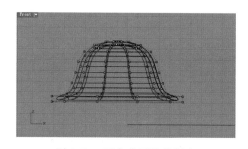

图 4-73 开启曲面的控制点

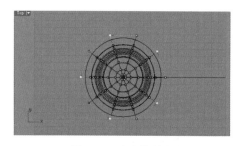

图 4-74 选取控制点

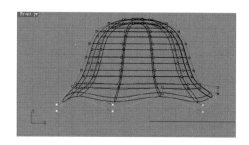

图 4-75 移动控制点

第 7 步,间隔选取最外圈控制点,如图 4-76 所示。在 Front 视图中将选中的控制点向上移动,如图 4-77 所示。

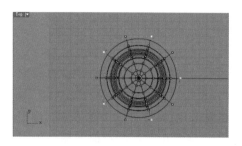

图 4-76 选取控制点

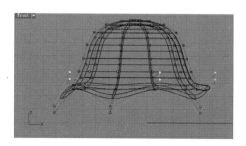

图 4-77 移动控制点

第 8 步,依据第 6 和第 7 步将曲面调整成如图 4-78 所示的形状,旋转合适角度如图 4-79 所示,完成灯罩创建。

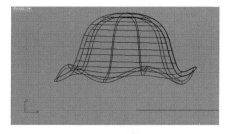

图 4-78 完成调整

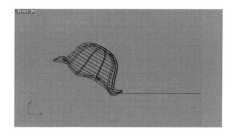

图 4-79 旋转灯罩

步骤 3 制作灯杆和电源线

第 1 步,单击 图标按钮,调用"控制点曲线"命令,绘制一条曲线,如图 4-80 所示。单击 图标按钮,调用"螺旋线"命令沿曲线建立螺旋线,如图 4-81 所示。

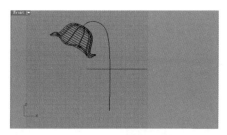

图 4-80 绘制曲线

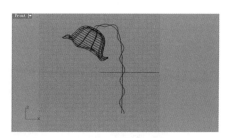

图 4-81 创建螺旋线

第 2 步,绘制圆柱形底座,如图 4-82 所示。打开螺旋线的控制点,调整螺旋线接近两个端点处的控制点,使其和灯罩、灯座自然连接,如图 4-83 和图 4-84 所示。

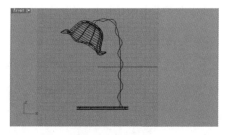

图 4-82 创建底座

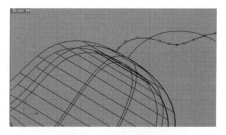

图 4-83 调整螺旋线

第 3 步,单击 图标按钮,调用"圆管"命令,沿曲线和螺旋线建立圆管,如图 4-85 所示。

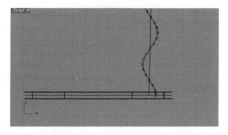

图 4-84 调整螺旋线

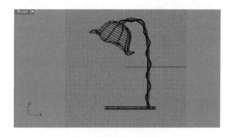

图 4-85 创建圆管

步骤 4　制作灯泡

第 1 步,绘制一个圆形和一个矩形,如图 4-86 所示。单击 ![icon] 图标按钮,调用"修剪"命令,互相修剪,如图 4-87 所示。

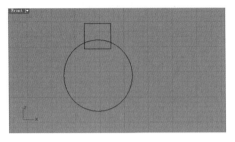

图 4-86　绘制圆和矩形

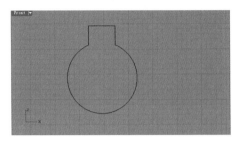

图 4-87　相互修剪

第 2 步,开启"物件锁点"|"四分点",捕捉圆的四分点,绘制垂直线作为辅助线,如图 4-88 所示。利用辅助线将图像修剪掉一半,如图 4-89 所示。

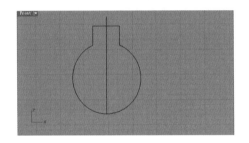

图 4-88　绘制辅助线

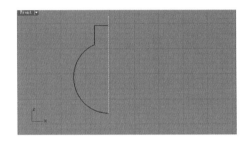

图 4-89　修剪图像

第 3 步,删除辅助线,单击 ![icon] 图标按钮,调用"曲线圆角"命令,在直线和圆弧相连处建立曲线圆角,如图 4-90 所示。单击 ![icon] 图标按钮,调用"偏移曲线"命令,偏移直线部分如图 4-91 所示。

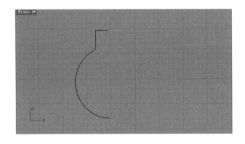

图 4-90　绘制圆角

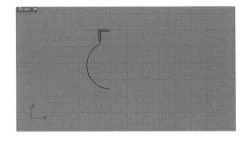

图 4-91　偏移直线

第 4 步,删除原有直线 ,单击 ![icon] 图标按钮,调用"直线"命令连接直线和圆弧并组合如图 4-92 所示。单击 ![icon] 图标按钮,调用"旋转成形"命令,完成灯泡创建,如图 4-93 所示。

第 5 步,旋转灯泡并将其移动到灯罩中,如图 4-94 所示。

步骤 5　制作台灯拉绳

第 1 步,单击 ![icon] 图标按钮,调用"直线"命令绘制一条垂直线,右击 ![icon] 图标按钮,调用"依线段数目分段曲线"将直线等分成 16 段,如图 4-95 所示。

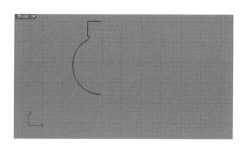

图 4-92　绘制灯泡轮廓线

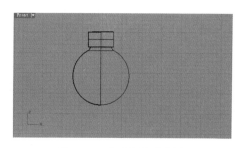

图 4-93　完成灯泡的创建

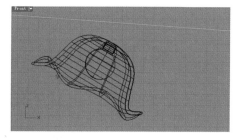

图 4-94　旋转并移动灯泡

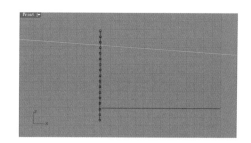

图 4-95　等分直线

第 2 步,单击 图标按钮,调用"圆管"命令沿直线建立圆管,如图 4-96 所示。单击 图标按钮,调用"球体"命令,建立球体并将其复制到各个等分点上,如图 4-97 所示。

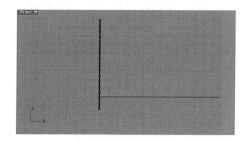

图 4-96　建立圆管

图 4-97　复制球体

第 3 步,绘制一个椭圆,如图 4-98 所示。开启椭圆的控制点,移动控制点形成如图 4-99 所示的水滴形。

图 4-98　绘制椭圆

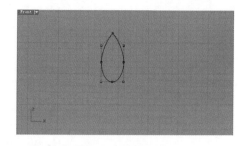

图 4-99　调整控制点

第 4 步,单击 图标按钮,调用"二轴缩放"命令,保留原曲线缩放,如图 4-100 所示。

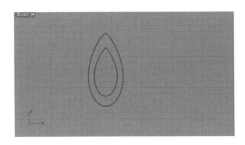

图 4-100　二轴缩放

注意:

(1) 调用"二轴缩放"命令时,命令选项"复制(C)=是",使其缩放后保留原曲线。

(2) 缩放时可以绘制辅助线帮助确定缩放的基点。

第 5 步,在 Right 视图中移动两条曲线的位置,并捕捉两条曲线最上边的端点,绘制直线,如图 4-101 所示。单击 ![图标] 图标按钮,调用"双轨扫掠"命令,以两条曲线为路径,直线为断面曲线建立曲面,单击 ![图标] 图标按钮,调用"平面曲线建立曲面"命令,选择曲线,回车,将两部分曲面组合在一起,如图 4-102 所示。

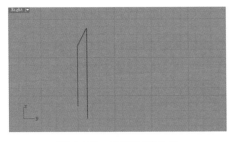

图 4-101　绘制断面曲线

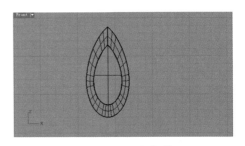

图 4-102　双轨扫掠

第 6 步,单击 ![图标] 图标按钮,调用"镜像"命令,将第 5 步完成的部分镜像并组合,如图 4-103 所示。

第 7 步,将拉绳移动到合适位置,完成台灯三维模型的创建,如图 4-104 所示。

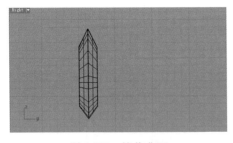

图 4-103　镜像曲面

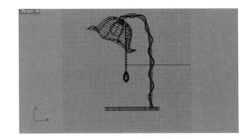

图 4-104　移动拉绳

4.6　上　机　题

创建如图 4-105 所示搅蛋器的三维模型,效果图如图 4-106 所示,主要涉及的命令包括"开启控制点"命令、"投影至曲面"命令和"弹簧线"命令等。

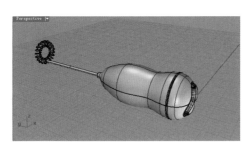

图 4-105　搅蛋器三维模型

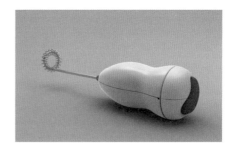

图 4-106　搅蛋器效果图

建模提示：

步骤 1　制作搅蛋器把手

第 1 步，在 Top 视图中绘制一条曲线，作为搅蛋器把手的侧面轮廓曲线，如图 4-107 所示。

第 2 步，单击 图标按钮，调用"开启控制点"命令，调整曲线，如图 4-108 所示。

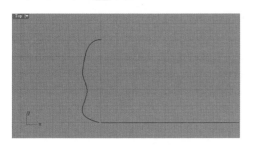

图 4-107　绘制侧面轮廓曲线

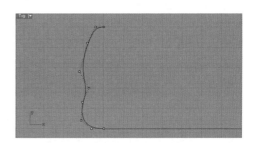

图 4-108　通过控制点调整曲线

注意：调整控制点时保证曲线端点的控制点和相邻的控制点在一水平线上，否则旋转体头部会有尖锐点。

第 3 步，单击 图标按钮，调用"旋转成形"命令，将侧面曲线旋转成形，如图 4-109 所示。

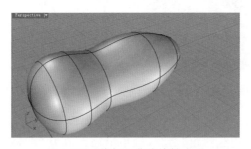

图 4-109　将侧面曲线旋转成形

步骤 2　制作搅蛋器把手按钮

第 1 步，在 Front 视图中绘制一条封闭曲线，调用"开启控制点"命令，调整曲线，如图 4-110 所示。

第 2 步，在 Front 视图中，调用"投影曲线至曲面"命令，将曲线投影至曲面，如图 4-111 所示，将原曲线和右端的投影删除。

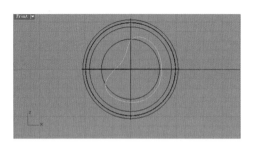

图 4-110　绘制曲线

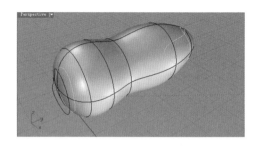

图 4-111　曲线投影至曲面

第 3 步,调用"分割"命令,用曲面上曲线分割曲面,如图 4-112 所示。

第 4 步,在 Right 视图中,调用"挤出曲面"命令,选择"加盖"和"删除输入物件"命令选项,距离数值为 2,如图 4-113 所示。

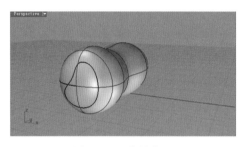

图 4-112　分割曲面

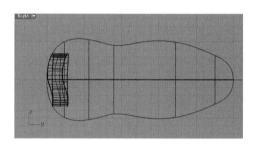

图 4-113　挤出曲面

第 5 步,调用"复制"命令,选择"原地复制"命令选项,复制挤出的多重曲面后将其隐藏。

第 6 步,调用"抽离曲面"命令,单击如图 4-114 所示的曲面将其抽离并删除,如图 4-115 所示。

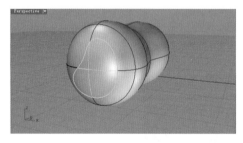

图 4-114　抽离曲面

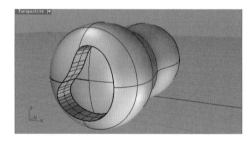

图 4-115　组合曲面

第 7 步,调用"组合"命令,将抽离曲面后的剩余曲面组合。

第 8 步,调用"不等距边缘圆角"命令,倒角半径数值为 0.2,将第 7 步中组合的两部分结合处的边缘倒圆角,如图 4-116 所示。

第 9 步,显示第 5 步中复制的多重曲面,重复"不等距边缘圆角"命令,倒角半径数值为 0.8,选择按钮边缘进行倒圆角,如图 4-117 所示。

第 10 步,将按钮部分延 Y 轴方向移出一段距离,如图 4-118 所示。

步骤 3　分割把手

第 1 步,在 Top 视图中绘制一条直线,如图 4-119 所示。

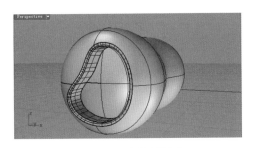

图 4-116　边缘倒圆角

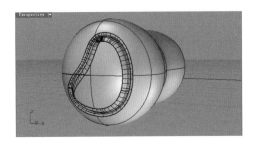

图 4-117　按钮边缘倒圆角

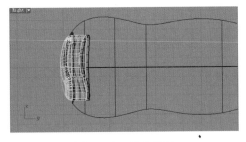

图 4-118　移动按钮

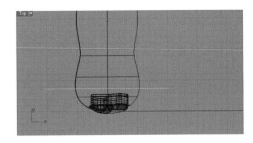

图 4-119　绘制直线

第 2 步,调用"分割"命令,用直线分割把手部分。

第 3 步,调用"以平面曲线建立曲面"命令,将分割的两部分分别封口并组合。

第 4 步,调用"不等距边缘圆角"命令,倒圆角半径数值为 0.2,选择两个组合体的边缘,如图 4-120 所示。将两部分分割体边缘倒圆角,如图 4-121 所示。

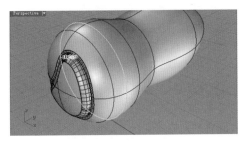

图 4-120　选择边缘

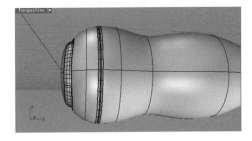

图 4-121　给分割后的两曲面封口

步骤 4　制作搅蛋器金属杆

第 1 步,调用"平顶椎体"命令,在把手顶端创建圆锥体,如图 4-122 所示。

第 2 步,开启"物件锁点"|"中心点",调用"圆柱体"命令,锁定圆锥体顶面的中心点,创建一个半径为 0.4,长度为 42 的圆柱体,如图 4-123 所示。

步骤 5　制作搅蛋器头部

第 1 步,调用"圆:直径"命令,在 Front 视图中,锁定圆柱体顶面的中心点,绘制直径为 5 的圆形,如图 4-124 所示。

第 2 步,调用"圆管"命令,选择绘制的圆形,设置圆管半径数值为 0.3,如图 4-125 所示。

第 3 步,调用"弹簧线"命令,选择"环绕曲线"命令选项,选择绘制的圆形,设置圈数数值为 20,半径数值为 0.8,如图 4-126 所示。

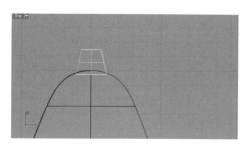

图 4-122　创建圆锥体

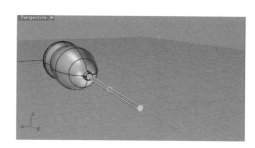

图 4-123　创建圆柱体

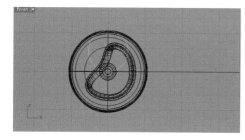

图 4-124　绘制圆

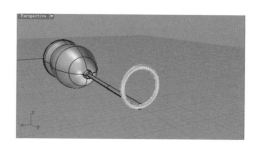

图 4-125　环绕圆形制作圆环体

第 4 步,调用"圆管"命令,选择弹簧线,设置半径数值为 0.15,创建如图 4-127 所示的环绕曲线。

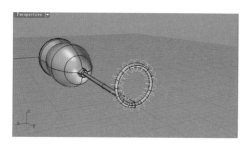

图 4-126　创建弹簧线

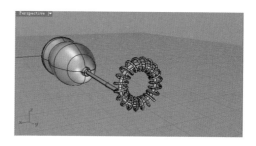

图 4-127　沿弹簧线创建圆管

第5章 曲面的创建

Rhino 是以 NURBS 为核心的曲面建模软件,这和其他实体建模有本质的区别,因此 Rhino 在构建自由形态的曲面方面具有灵活简单的优势。曲面的创建是 Rhino 的精髓部分,Rhino 提供的曲面创建工具可以满足各种曲面建模的需要,对于同一种曲面可以采用多种方式来构建。

本章内容如下。

(1) 角点曲面创建的方法和步骤。

(2) 2、3 或 4 个边缘曲线建立曲面的方法和步骤。

(3) 以平面曲线创建曲面的方法和步骤。

(4) 矩形平面创建的方法和步骤。

(5) 挤出曲线创建曲面的方法和步骤。

(6) 放样曲面创建的操作方法和步骤。

(7) 从网线创建曲面的方法和步骤。

(8) 旋转曲面创建的方法和步骤。

(9) 嵌面创建的操作方法和步骤。

(10) 单轨扫描曲面创建的方法和步骤。

(11) 双轨扫描曲面创建的方法和步骤。

5.1 角点曲面的创建

"角点"命令是通过指定 3 个或 4 个角点来创建曲面。

调用命令的方式如下。

菜单:执行"曲面"|"角点"命令

图标:单击"主要 1"|"曲面"工具栏中的 图标按钮。

键盘命令:SrfPt。

操作步骤如下。

第 1 步,单击 图标按钮,调用"角点"命令。

第 2 步,命令提示为"曲面的第一角:"时,指定第一个点。

第 3 步,命令提示为"曲面的第二角:"时,指定第二个点。

第 4 步,命令提示为"曲面的第三角:"时,指定第三个点,如图 5-1 所示。

第 5 步,命令提示为"曲面的第四角:"时,回车,完成曲面创建,如图 5-2 所示。

注意:

(1) 该命令可用于封闭未封口的形体,如图 5-3 所示,开启"物件锁点"|"端点",捕捉儿童桌置物槽底部的 4 个角点,完成曲面的创建,如图 5-4 所示。

(2) 指定点时跨越到其他视图中或使用垂直模式,可以建立非平面的曲面。

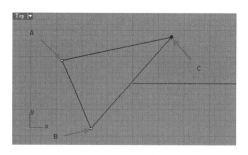

图 5-1　指定角点

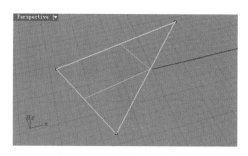

图 5-2　完成角点曲面的创建

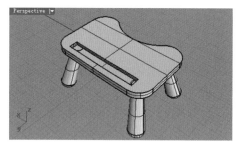

图 5-3　儿童桌置物槽底部未封闭

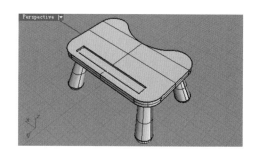

图 5-4　创建的曲面

5.2　以 2、3 或 4 个边缘曲线创建曲面

"边缘曲线"命令是通过指定的 2、3 或 4 个边缘曲线来创建曲面。

调用命令的方式如下。

菜单：执行"曲面"|"边缘曲线"命令

图标：单击"主要 1"|"曲面"工具栏中的 ![icon] 图标按钮。

键盘命令：EdgeSrf。

操作步骤如下。

第 1 步，单击 ![icon] 图标按钮，调用"边缘曲线"命令。

第 2 步，命令提示为"选取 2、3 或 4 条曲线"时，连续选择 2、3 或 4 条边线，如图 5-5 所示。

第 3 步，完成曲面创建，如图 5-6 所示。

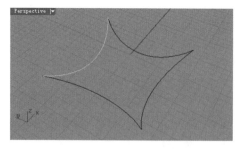

图 5-5　连续选择边缘曲线

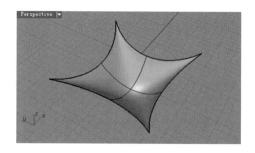

图 5-6　创建的曲面

注意：

（1）该命令可以在空间创建自由曲面，且曲线不一定封闭。

（2）可直接使用曲面的边线作为新曲面的边线。

5.3 以平面曲线创建曲面

"平面曲线"命令是通过处于同一平面的封闭曲线来创建曲面。

调用命令的方式如下。

菜单：执行"曲面"|"平面曲线"命令。

图标：单击"主要1"|"曲面"工具栏中的 ◎ 图标按钮。

键盘命令：PlanarSrf。

操作步骤如下。

第1步，打开5-7.3dm文件，如图5-7所示。

第2步，单击 ◎ 图标按钮，调用"平面曲线"命令。

第3步，命令提示为"选取要建立曲面的平面曲线："时，选择手持梳妆镜镜子边缘封闭的花型平面曲线，如图5-7所示，

第4步，命令提示为"选取要建立曲面的平面曲线，按Enter完成："时，回车，完成曲面创建，如图5-8所示。

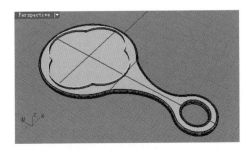

图 5-7　手持梳妆镜镜子边缘花型平面曲线

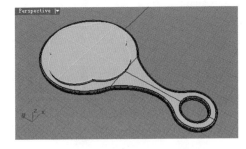

图 5-8　创建镜子平面

注意：

（1）若曲线有重叠的部分，则每条曲线独立形成平面。

（2）如果一条曲线完全在另一条曲线内，如图5-9所示，则会作为洞的边界来处理，如图5-10所示。

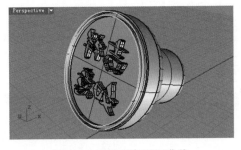

图 5-9　选择多条平面曲线

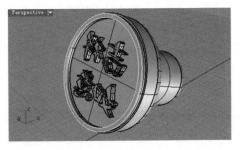

图 5-10　创建的平面

5.4　矩形平面的创建

"平面"命令可以以对角点、两个相邻的角点和距离、垂直于工作平面或以中心点等方式来创建矩形平面。

5.4.1　两点矩形平面的创建

调用命令的方式如下。

菜单：执行"曲面"|"平面"命令。

图标：单击"主要 1"|"曲面"工具栏中的▣图标按钮。

键盘命令：Plane。

操作步骤如下。

第 1 步，单击▣图标按钮，调用"矩形平面：角对角"命令。

第 2 步，命令提示为"平面的第一角（三点（P）垂直（V）中心点（C）可塑形的（D））："时，指定矩形平面第一角点，如图 5-11 所示。

第 3 步，命令提示为"另一角或长度："时，指定相对的另一角点或输入长度值及宽度值，完成矩形平面的创建，如图 5-12 所示。

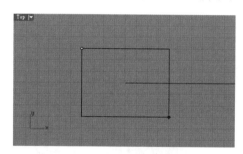

图 5-11　指定矩形平面一个角点

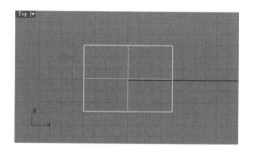

图 5-12　指定矩形平面另一角点

5.4.2　三点矩形平面的创建

通过两个相邻的角点和对边上的一个点（两个相邻角点和一段距离）创建矩形平面。

调用命令的方式如下。

菜单：执行"曲面"|"平面"|"三点"命令。

图标：单击"主要 1"|"曲面"|"平面"工具栏中的▣图标按钮。

键盘命令：Plane。

操作步骤如下。

第 1 步，单击▣图标按钮，调用"矩形平面：三点"命令。

第 2 步，命令提示为"边缘起点（可塑形的（D））："时，指定起始点 A。

第 3 步，命令提示为"边缘的终点："时，指定另一角点 B，如图 5-13 所示。

第 4 步，命令提示为"宽度。按 Enter 套用长度："时，输入矩形平面宽度或指定一点，如图 5-14 所示。

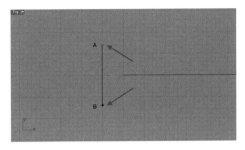

图 5-13　指定矩形平面相邻两角点

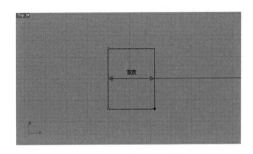

图 5-14　输入宽度值

5.4.3　垂直平面的创建

创建与工作平面垂直的矩形平面。

调用命令的方式如下。

菜单：执行"曲面"|"平面"|"垂直"命令。

图标：单击"主要1"|"曲面"|"平面"工具栏中的 图标按钮。

键盘命令：Plane。

操作步骤如下。

第1步，单击 图标按钮，调用"垂直平面"命令。

第2步，命令提示为"边缘起点（可塑形的(D)）："时，指定起始点。

第3步，命令提示为"边缘终点："时，指定另一角点。

第4步，命令提示为"高度，按 Enter 套用宽度："时，输入矩形平面高度，如图5-15所示。完成矩形平面创建，如图5-16所示。

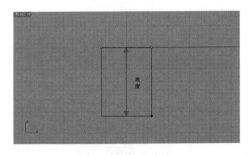

图 5-15　输入高度

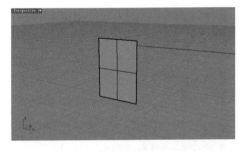

图 5-16　完成矩形平面的创建

5.4.4　中心点矩形平面的创建

以矩形中心点创建矩形平面。

调用命令的方式如下。

菜单：执行"曲面"|"平面"命令。

键盘命令：Plane。

操作步骤如下。

第1步，单击 图标按钮，调用"平面：角对角"命令。

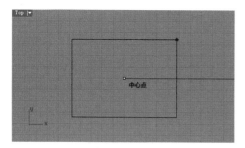

图 5-17　指定矩形平面的中心点

第 2 步,命令提示为"平面的第一角(三点(P)　垂直(V)　中心点(C)　可塑形的(D)):"时,单击"中心点(C)"命令选项。

第 3 步,命令提示为"平面中心点(可塑形的(D)):"时,指定中心点,如图 5-17 所示。

第 4 步,命令提示为"另一角或长度:"时,指定一角点,或输入长度数值及宽度值,完成矩形平面创建。

5.5　挤出曲线创建曲面

"挤出曲线"命令是曲线沿曲线方向挤出一段距离形成曲面,右击 图标按钮,弹出"挤出"子工具栏,如图 5-18 所示。

5.5.1　直线挤出曲面

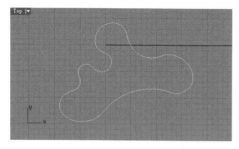

图 5-18　"挤出"子工具栏

1. 调用命令的方式和步骤

调用命令的方式如下。

菜单:执行"曲面"|"挤出曲线"|"直线"命令。

图标:单击"主要 1"|"曲面"工具栏的中的 图标按钮。

键盘命令:ExtrudeCrv。

操作步骤如下。

第 1 步,单击 图标按钮,调用"挤出曲线"命令。

第 2 步,命令提示为"选取要挤出的曲线:"时,选择拉伸曲线,如图 5-19 所示。

第 3 步,命令提示为"选取要挤出的曲线,按 Enter 完成:"时,回车,完成曲线选择。

第 4 步,命令提示为"挤出长度 ＜…＞(方向(D)　两侧(B)＝是　实体(S)＝否　删除输入物件(L)＝否　至边界(T)　分割正切点(P)＝否　设定基准点(A)):"时,在命令行输入数值,完成拉伸曲面的创建,如图 5-20 所示。

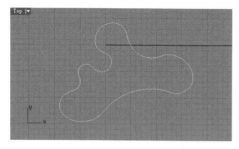

图 5-19　选择拉伸曲线

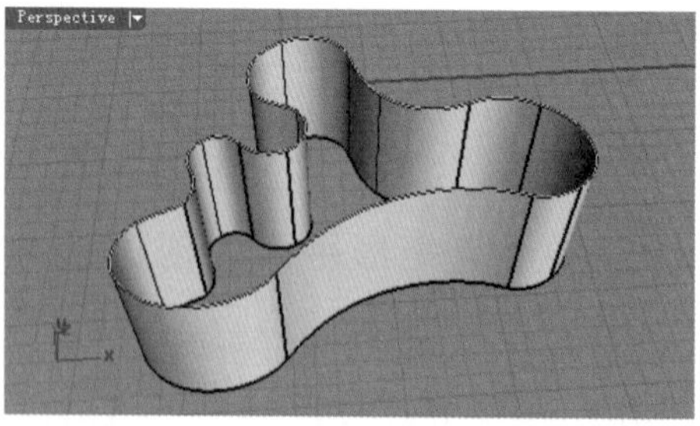

图 5-20　完成拉伸曲面的创建

2. 操作及选项说明

(1)"方向(D)":默认情况下是垂直于作图平面。也可以单击,先定义一个参考点,然后再单击一点确定拉伸方向。

（2）"两侧（B）"：默认情况下是"否"，为单向拉伸。单击"两侧（B）"或输入 B 后，回车，则为双向拉伸。

（3）"删除输入物件（L）"：拉伸曲面后是否删除原始曲线。

【例 5-1】 创建如图 5-21 所示钥匙模型。

第 1 步，在 Front 视图中绘制拉伸的曲线，如图 5-22 所示。

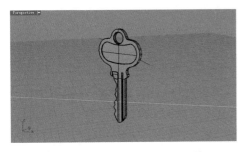

图 5-21　利用布尔运算功能完成细节

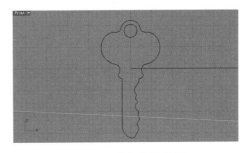

图 5-22　绘制拉伸曲线

第 2 步，挤出曲线。

操作如下：

命令：**ExtrudeCrv**	单击 📷 图标按钮，调用"直线挤出"命令
选取要挤出的曲线：	选择挤出曲线
选取要挤出的曲线。按 Enter 完成：↵	回车，完成曲线选择
挤出长度<20>(方向(D)　两侧(B)=否　实体(S)=否	系统提示
删除输入物体(L)=否)至边界(T)　分割正切点(P)=否	
设定基准点(A))：**_Solid=_No**	
挤出长度<20>(方向(D)　两侧(B)=否　实体(S)=否	单击实体(S)命令选项
删除输入物体(L)=否)至边界(T)　分割正切点(P)=否	
设定基准点(A))：**实体=是**	
挤出长度<20>(方向(D)　两侧(B)=否　实体(S)=是	输入挤出长度 1，回车，完成曲面创建，如
删除输入物体(L)=否)至边界(T)　分割正切点(P)=否	图 5-23 所示
设定基准点(A))：**1** ↵	

图 5-23　完成曲面的创建

5.5.2　沿曲线挤出曲面

1. 调用命令的步骤

调用命令的方式如下。

菜单：执行"曲面"|"挤出曲线"|"沿着曲线"命令。

图标：单击"主要1"|"曲面"|"挤出"工具栏中的 图标按钮。

键盘命令：ExtrudeCrvAlongCrv。

操作步骤如下。

第1步，单击 图标按钮，调用"沿着曲线挤出"命令。

第2步，命令提示为"选取要挤出的曲线："时，选择挤出曲线，如图 5-24 所示。

第3步，命令提示为"选取要挤出的曲线，按 Enter 完成："时，回车，完成曲线选择。

第4步，命令提示为"选取路径曲线在靠近起点处(实体(S)＝否　删除输入物体(D)＝否　子曲线(U)＝否　至边界(T)　分割正切点(P)＝否)："时，选择路径曲线，完成曲面创建，如图 5-25 所示。

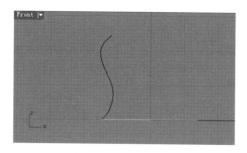

图 5-24　选择挤出曲线

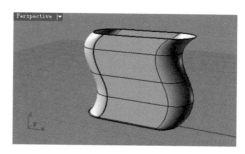

图 5-25　完成沿曲线挤出曲面

2. 操作及选项说明

(1)"实体(S)"和"删除输入物体(D)"选项同"直线挤出"命令相关选项。

(2)"子曲线(U)"：在路径曲线上指定曲线上的起点和终点作为曲线挤出的距离，如图 5-26 所示。完成曲面创建，如图 5-27 所示。

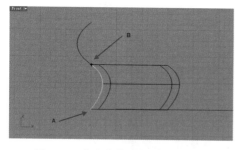

图 5-26　指定曲线上的起点和终点

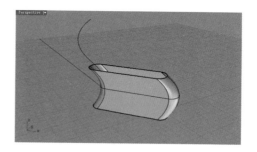

图 5-27　完成沿曲线挤出

5.5.3　挤出至点曲面

调用命令的方式如下。

菜单：执行"曲面"|"挤出曲线"|"至点"命令。

图标：单击"主要1"|"曲面"|"挤出"工具栏中的▲图标按钮。

键盘命令：ExtrudeCrvToPoint。

操作步骤如下。

第1步，单击▲图标按钮，调用"挤出至点"命令。

第2步，命令提示为"选取要挤出的曲线："时，选择挤出曲线，如图5-28所示。

第3步，命令提示为"选取要挤出的曲线。按Enter完成："时，回车，完成曲线选择。

第4步，命令提示为"挤出的目标点(实体(S)＝否　删除输入物体(D)＝否　至边界(T)　分割正切点(P)＝否)："时，指定点，完成跳棋的创建，如图5-29所示。

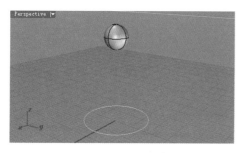 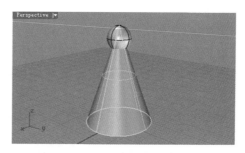

图5-28　选择拉伸曲线　　　　　　　　图5-29　完成挤出至点曲面

5.5.4　彩带曲面

调用命令的方式如下。

菜单：执行"曲面"|"挤出曲线"|"彩带"命令。

图标：单击"主要1"|"曲面"|"挤出"工具栏中的图标按钮。

键盘命令：Ribbon。

操作步骤如下：

第1步，单击图标按钮，调用"彩带"命令。

第2步，命令提示为"选取要建立彩带的曲线(距离(D)＝1　角(C)＝尖锐　通过点(T)　公差(O)＝0.001　两侧(B)　与工作平面平行(I)＝否)："时，选择彩带曲线，如图5-30所示。

第3步，命令提示为"偏移侧(距离(D)＝1　角(C)＝尖锐　通过点(T)　公差(O)＝0.001　两侧(B)　与工作平面平行(I)＝否)："时，在曲线的一侧拖曳光标并单击指定一点，完成彩带创建，如图5-31所示。

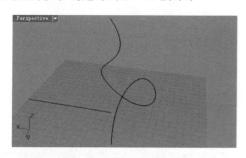 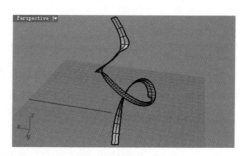

图5-30　选择彩带曲线　　　　　　　　图5-31　完成彩带曲面

5.6 放样曲面的创建

"放样"命令是通过一系列选择的断面曲线轮廓来形成曲面。

1. 调用命令的方式和步骤

调用命令的方式如下。

菜单：执行"曲面"|"放样"命令。

图标：单击"主要 1"|"建立曲面"工具栏中的🔲图标按钮。

键盘命令：Loft。

操作步骤如下。

第 1 步，打开文件 5-31.3dm，如图 5-32 所示。

第 2 步，单击🔲图标按钮，调用"放样"命令。

第 3 步，命令提示为"选取要放样的曲线（点（P））："时，选择放样曲线 1，如图 5-32 所示。

第 4 步，命令提示为"选取要放样的曲线，按 Enter 完成（点（P））："时，选择放样曲线 2，回车。

第 5 步，命令提示为"移动曲线接缝点，按 Enter 完成（反转（F）　自动（A）　原本的（N））："时，可以选择接缝点沿所在曲线拖动，调整其位置，如图 5-33 所示。

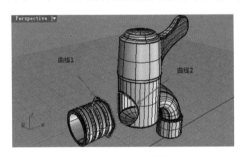

图 5-32　选择放样曲线

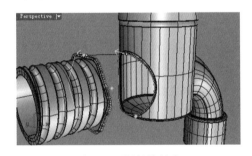

图 5-33　调整接缝点

注意：接缝点的方向可以改变，但会影响曲面的质量。每条曲线上接缝点的方向应尽量对齐并且保持方向一致，否则会产生扭曲现象。

第 6 步，回车，弹出"放样选项"对话框，如图 5-34 所示。选择"造型"下拉列表框中的"松弛"，单击"确定"按钮，完成曲面创建，如图 5-35 所示。

2. 操作及选项说明

1）"调整曲线接缝"选项

（1）"反转（F）"：可反转接缝点方向。

（2）"自动（A）"：可自行对齐接缝点及曲线方向。

（3）"原本的（N）"：使用原来的曲线接缝位置及曲线方向。

2）"放样选项"对话框中的选项

（1）"造型（S）"选项组。

① 标准样式：曲面将在曲线之间正常延伸，适用于要放样曲线平缓，距离比较远的情况。

图 5-34　"放样选项"对话框

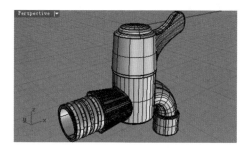

图 5-35　完成放样曲面

② 松弛样式：曲面的控制点与放样曲线的控制点在同一位置，因此比较平滑。但放样曲面不通过所有的断面曲线。

③ 紧绷样式：曲面较接近通过放样曲线，适用于建立转角处的锐利转折曲面。

④ 平直区段样式：在放样曲线之间形成平直曲面。

⑤ 可展开的样式：在每相邻两放样曲线之间创建可展开的曲面或多重曲面。

⑥ 均匀的样式：曲面的控制点以相同的方式影响曲面。

（2）"封闭放样（C）"复选框。

可以建立封闭的放样曲面，曲面在通过最后一条放样曲线后会绕回第一条放样曲线，但必须要有三条以上放样曲线才可以使用。

（3）"与起始端边缘相切（T）"复选框和"与结束端边缘相切（E）"复选框。

如果起始（结束）放样曲线是一个曲面的边缘，放样曲面将与该曲面相切，但必须要有三条以上放样曲线才可以使用。

（4）"断面曲线选项"选项组。

① "对齐曲线"按钮：放样曲面扭转时，可通过点击放样曲线靠近端点处来改变曲线的对齐方向。

② "不要简化（D）"单选按钮：放样曲线不会被重建。

③ "重建点数（R）"单选按钮：放样曲面前以设置的控制点数重建放样曲线。

④ "以公差整修（F）"单选按钮：放样曲线将适应设置的公差值。

【例 5-2】　创建如图 5-47 所示漏斗的三维模型。

第 1 步，在 Top 视图中，单击 图标按钮，调用"多边形"命令，绘制十边形，如图 5-36 所示。

第 2 步，挤出曲线。

操作如下：

命令：**ExtrudeCrv**	单击 图标按钮，调用"直线挤出"命令
选取要挤出的曲线：	选择挤出曲线
选取要挤出的曲线。按 Enter 完成：↵	回车，完成曲线选择

挤出长度<20>(方向(D) 两侧(B)=否 实体(S)=否 系统提示
删除输入物体(L)=否)至边界(T) 分割正切点(P)=否
设定基准点(A)):_Solid=_No
挤出长度<20>(方向(D) 两侧(B)=否 实体(S)=否 输入挤出长度3,回车,完成曲面创建,如
删除输入物体(L)=否)至边界(T) 分割正切点(P)=否 图5-37所示
设定基准点(A)):3↵

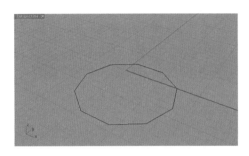

图5-36 绘制十边形

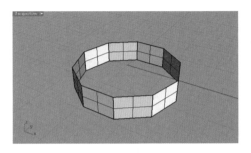

图5-37 挤出曲线

第3步,单击 图标按钮,调用"曲面圆角"命令,对棱线圆角处理,输入圆角半径为1,如图5-38所示。

第4步,绘制平行圆,如图5-39所示。单击 图标按钮,调用"放样"命令,对十边形和圆放样,如图5-40所示。

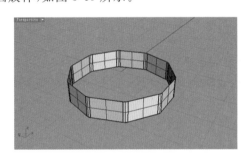

图5-38 圆角处理

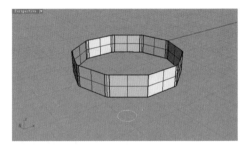

图5-39 绘制平行圆形曲线

第5步,绘制口部同轴小圆,如图5-41所示。

第6步,对两个平行大小不同的圆进行放样,如图5-42所示。

第7步,合并曲面,并对其衔接处进行圆角处理,如图5-43所示。

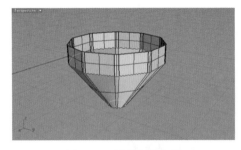

图5-40 创建放样曲面

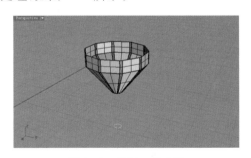

图5-41 绘制口部曲线

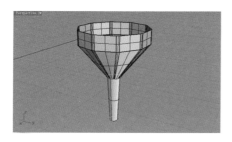

图 5-42　放样漏斗底部

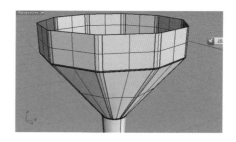

图 5-43　圆角衔接处

第 8 步，单击⟨图标按钮，调用"偏移曲面"命令，为漏斗建立厚度，单击"全部反转"命令选项，调整方向为向内，设置距离为 0.2，如图 5-44 所示。

第 9 步，单击⟨图标按钮，调用"混接曲面"命令，选择内外两曲面边缘，在"调整曲面混接"对话框设置参数如图 5-45 所示，完成混接曲面。

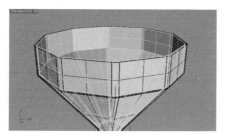

图 5-44　曲面偏移

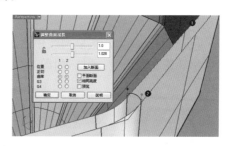

图 5-45　混接曲面

第 10 步，绘制把手曲线，如图 5-46 所示。

第 11 步，单击⟨图标按钮，调用"挤出封闭的平面曲线"命令，选定曲线，挤出距离为 0.3。

第 12 步，单击⟨图标按钮，调用"不等距边缘圆角"命令进行圆角处理，圆角半径为 0.1，如图 5-47 所示。

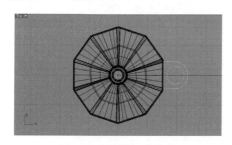

图 5-46　绘制把手曲线

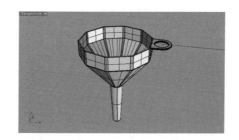

图 5-47　完成把手创建

5.7　从网线创建曲面

"从网线建立曲面"命令是通过一系列网格曲线创建曲面。

1. 调用命令的方式和步骤

调用命令的方式如下。

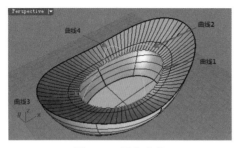

图 5-48　网格曲线

菜单：执行"曲面"|"网线"命令。

图标：单击"主要 1"|"建立曲面"工具栏中的图标按钮。

键盘命令：NetworkSrf。

操作步骤如下。

第 1 步，打开文件 5-48.3dm，如图 5-48 所示。

第 2 步，单击图标按钮，调用"从网线建立曲面"命令。

第 3 步，命令提示为"选取网线中的曲线(不自动排序(N))："时，依次选择曲线 1～曲线 4。

注意：所有同一方向的曲线必须与另一方向的曲线全部交叉，而同方向的曲线不能交叉。

第 4 步，命令提示为"选取网线中的曲线。按 Enter 完成(不自动排序(N))："时，回车，弹出"以网线建立曲面"对话框，如图 5-49 所示。单击"确定"按钮，完成曲面创建，如图 5-50 所示。

图 5-49　"以曲线建立曲面"对话框

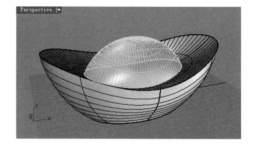

图 5-50　完成网格曲面的创建

注意：如果系统没有自动完成排序，则需要按方向选取曲线。

第 5 步，命令提示为"选取第一个方向的曲线："时，选取第一方向的曲线 1～曲线 3。

第 6 步，命令提示为"选取下一条开放曲线，按 Enter 开始选取第二个方向的曲线(复原(U))："时，回车，选取第二个方向的曲线 4。

2.　操作及选项说明

1)"不自动排序(N)"选项

关闭自动排序，手动选取曲线排序。

2)"以网线建立曲面"对话框中的选项

(1)"公差"选项组。

①"边缘曲线(E)"文本框：设置逼近边缘曲线的公差。

②"内部曲线(I)"文本框：设置逼近内部曲线的公差。

③"角度(N)"文本框：可使用曲线的原始起点作为接缝点。

（2）"边缘设置"选项组。

设置曲面边缘如何与输入的边缘曲线相匹配，包括松弛、位置、相切和曲率四个等级，与曲面连续性相对应。

5.8　旋转曲面的创建

"旋转成形"命令是将轮廓曲线围绕一轴旋转创建曲面。

5.8.1　旋转成形创建曲面

1. 调用命令的方式和步骤

调用命令的方式如下。

菜单：执行"曲面"|"旋转"命令。

图标：单击"主要1"|"建立曲面"工具栏中的 图标按钮。

键盘命令：Revolve。

操作步骤如下。

第1步，单击 图标按钮，调用"旋转成形"命令。

第2步，命令提示为"选取要旋转的曲线："时，选择要旋转的轮廓曲线，如图5-51所示。

第3步，命令提示为"选取要旋转的曲线，按Enter完成："时，回车，完成轮廓曲线的选择。

第4步，命令提示为"旋转轴起点："时，选择旋转轴起始点。

第5步，命令提示为"旋转轴终点（按Enter使用工作平面Z轴的方向）："时，选择旋转轴终止点。

第6步，命令提示为"起始角度 ＜0＞（删除输入物件(D)＝否　可塑形的(E)＝否 360度(U)　设置起始角度(A)＝是　分割正切点(S)＝否）："时，输入旋转的起始角度，或单击"360度(U)"命令选项，完成旋转曲面创建，如图5-52所示。

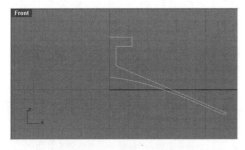

图5-51　选择轮廓曲线

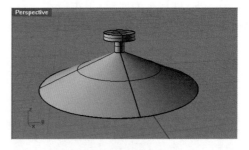

图5-52　完成旋转曲面的创建

第7步，命令提示为"旋转角度 ＜360＞（删除输入物件(D)＝否　可塑形的(E)＝否 360度(U)　分割正切点(S)＝否）："时，输入旋转的角度。

2. 操作及选项说明

(1)"删除输入物件(D)":旋转曲面后是否删除原始曲线。

(2)"360度(U)":指定旋转角度为360°。

【例5-3】 创建如图5-54所示的酒杯三维模型。

第1步,在Front视图中绘制轮廓曲线,如图5-53所示。

第2步,旋转曲面的创建。

操作如下:

命令:_Revolve   单击 🔑 图标按钮,调用"旋转成形"命令

选取要旋转的曲线: 选择轮廓曲线

选取要旋转的曲线,按Enter完成:↵   回车,完成曲线选择

旋转轴起点: 选择旋转轴起点

旋转轴终点(按 Enter 使用工作平面 Z 轴的方   选择旋转轴终点
向):

起始角度<0>(删除输入物件(D)=否   可塑形的   单击"360度(U)"命令选项,完成旋转成形曲面,
(E)=否   360度(U)   设置起始角度(A)=是 分   如图5-54所示
割正切点(S)=否):

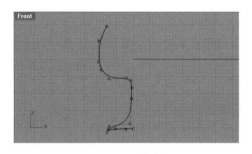

图5-53　绘制轮廓曲线

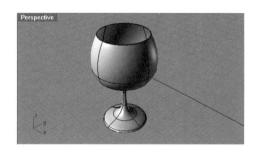

图5-54　完成旋转成形

注意:调用"旋转成形"命令之前,如果打开状态行中的"记录建构历史",可在旋转完成后通过编辑曲线同步修改曲面形状。

第3步,选择轮廓曲线,单击 📝 图标按钮,调用"开启编辑控制点"命令,调节轮廓曲线,如图5-55所示。最终得到旋转曲面,如图5-56所示。

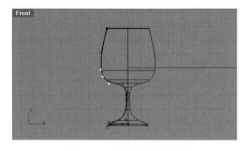

图5-55　调整轮廓曲线

图5-56　完成酒杯三维模型创建

第4步,右击 📝 图标按钮,调用"关闭编辑控制点"命令。

5.8.2 沿路径旋转创建曲面

调用命令的方式如下。

菜单：执行"曲面"|"沿路径旋转"命令。

图标：右击"主要 1"|"建立曲面"工具栏中的🔑图标按钮。

键盘命令：RailRevolve。

操作步骤如下。

第 1 步，右击🔑图标按钮，调用"沿路径旋转"命令。

第 2 步，命令提示为"选取轮廓曲线(缩放高度(S)＝否　分割正切点(P)＝否)："时，选择要旋转的一条轮廓曲线，如图 5-57 所示。

第 3 步，命令提示为"选取路径曲线(缩放高度(S)＝否　分割正切点(P)＝否)："时，选择旋转的一条路径曲线，如图 5-58 所示。

第 4 步，命令提示为"路径旋转轴起点："时，选择旋转轴起始点。

第 5 步，命令提示为"路径旋转轴终点："时，选择旋转轴终止点，完成曲面创建，如图 5-59 所示。

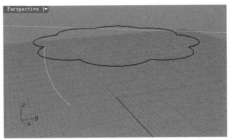

图 5-57　选择轮廓曲线

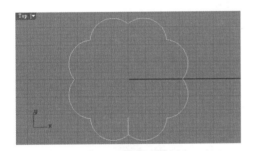

图 5-58　选择轨迹曲线

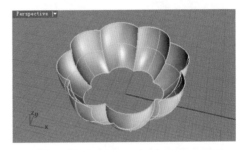

图 5-59　完成沿路径旋转曲面的创建

【例 5-4】　创建花瓶三维模型。

第 1 步，在 Top 视图中绘制轨迹曲线，如图 5-60 所示。

第 2 步，在 Front 视图中绘制轮廓曲线和旋转轴，如图 5-61 所示。

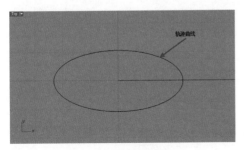

图 5-60　绘制轨迹曲线

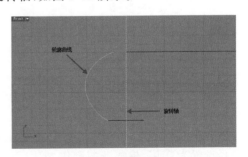

图 5-61　绘制轮廓曲线和旋转轴

第 3 步,调用"沿路径旋转"命令 🔑 创建曲面,完成曲面创建,如图 5-62 所示。

操作如下:

命令: _RailRevolve   右击 🔑 图标按钮,调用"沿路径旋转"命令

选取轮廓曲线(缩放高度(S) = 否   分割正切点   选择轮廓曲线

(P) = 否):

选取路径曲线(缩放高度(S) = 否   分割正切点   选择旋转轨迹曲线

(P) = 否):

路径旋转轴起点: 选择旋转轴起点

路径旋转轴终点: 选择旋转轴终点

第 4 步,对花瓶底面进行缩放后向上偏移一小段距离,单击 🔄 图标按钮,调用"混接曲面"命令,如图 5-63 所示。

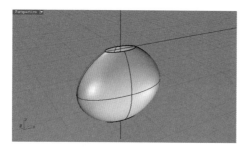

图 5-62　完成沿路径旋转

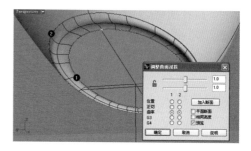

图 5-63　花瓶底部混接曲面

第 5 步,单击 🔶 图标按钮,调用"偏移曲面"命令,选择旋转曲面,为花瓶创建壁厚,输入偏移距离为 0.1,单击 🔄 图标按钮,"混接曲面"命令 处理花瓶口部,如图 5-64 所示。

第 6 步,单击 🔳 图标按钮,调用"挤出封闭的平面曲线"命令 ,拉伸至穿过花瓶,如图 5-65 所示。

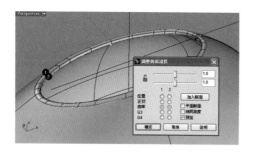

图 5-64　花瓶底部混接曲面

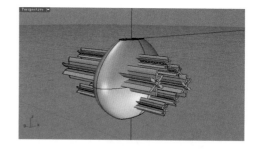

图 5-65　花瓶纹样体的创建

第 7 步,单击 🔵 图标按钮,调用"布尔运算差集"命令,将花瓶制作出镂空纹样,如图 5-66 所示。

第 8 步,单击 🔵 图标按钮,调用"不等距边缘圆角"命令,对镂空花纹进行圆角处理,圆角半径设置为 0.01,完成花瓶制作,如图 5-67 所示。

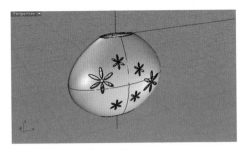

图 5-66　布尔运算创建镂空花纹

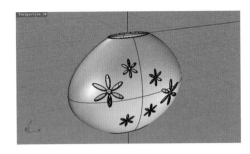

图 5-67　完成花瓶的创建

5.9　嵌面的创建

"嵌面"命令是通过选择的曲线和点补全曲面。

1. 调用命令的方式和步骤

调用命令的方式如下。

菜单：执行"曲面"|"嵌面"命令。

图标：单击"主要 1"|"建立曲面"工具栏中的 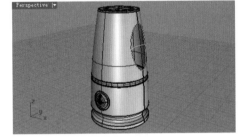 图标按钮。

图 5-68　选择嵌面曲线

键盘命令：Patch。

操作步骤如下。

第 1 步，打开文件 5-68.3dm，如图 5-68 所示。

第 2 步，单击 图标按钮，调用"嵌面"命令。

第 3 步，命令提示为"选取曲面要逼近的曲线或点："时，选择定义曲面的点、曲线和曲面边界。

第 4 步，命令提示为"选取曲面要逼近的曲线或点，按 Enter 完成："时，回车，弹出"嵌面曲面选项"对话框，如图 5-69 所示。

第 5 步，取消选中"调整切线"复选框，单击"确定"按钮，完成加湿器嵌面创建，如图 5-70 所示。

2. 操作及选项说明

（1）"取样点间距（M）"文本框：设置输入曲线上的采样点之间的距离，一条曲线最少放置八个采样点。

（2）"曲面的 U/V 方向跨距数"文本框：设置曲面 U/V 方向的跨距数。

（3）"硬度（F）"文本框：设置平面的变形程度，数值越大越接近平面。

（4）"调整切线（T）"复选框：如果输入曲线为曲面的边缘，选中该复选框，则生成的曲面方向与原曲面相切。

（5）"自动修剪（A）"复选框：选中该复选框，则生成的曲面边缘以外部分自动修剪掉。

图 5-69 "嵌面曲面选项"对话框

图 5-70 完成嵌面的创建

5.10 单轨扫掠创建曲面

"单轨扫掠"命令是一条或多条断面曲线沿一条路径曲线扫描而形成的曲面。

1. 调用命令的方式和步骤

调用命令的方式如下。

菜单：执行"曲面"|"单轨扫掠"命令。

图标：单击"主要 1"|"建立曲面"工具栏中的 图标按钮。

键盘命令：Sweep1。

操作步骤如下。

第 1 步，打开文件 5-71.3dm，如图 5-71 所示。

第 2 步，单击 图标按钮，调用"单轨扫掠"命令。

第 3 步，命令提示为"选取路径(连锁边缘(C))："时，选择一条路径曲线。

第 4 步，命令提示为"选取断面曲线(点(P))："时，选择断面曲线，如图 5-72 所示。

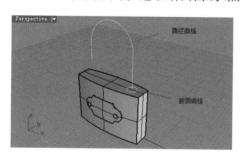

图 5-71 选择断面曲线

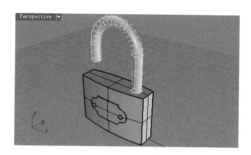

图 5-72 完成单轨扫掠曲面的创建

第 5 步，命令提示为"选取断面曲线，按 Enter 完成(点(P))："时，可以继续选择断面曲线或回车。

第 6 步，命令提示为"移动曲线接缝点，按 Enter 完成(反转(F) 自动(A) 原本的

图 5-73 "单轨扫掠选项"对话框

（N））："时，回车。

第 7 步，弹出"单轨扫掠选项"对话框，如图 5-73 所示。单击"确定"按钮。完成曲面创建。

注意：

（1）断面曲线可以为多条，如图 5-74 所示。选择多条断面曲线，创建的曲面如图 5-75 所示。

（2）断面曲线和路径曲线在空间上可以交叉，但断面曲线之间不能交叉。

（3）创建的扫掠曲面是从断面曲线开始的。

（4）路径曲线应避免形成太大角度的拐角，否则扫掠曲面容易出现错误。

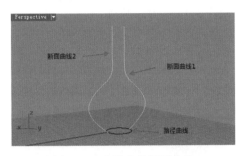

图 5-74　选择多条断面曲线

图 5-75　完成单轨扫掠曲面的创建

2. 操作及选项说明

1）"连锁边缘（C）"选项

选择该选项，可以选取数条相接的曲线作为一条路径曲线。

注意：按住 Ctrl 键单击可以取消选取自动连锁选取的最后一段曲线。

2）"点（P）"选项

创建的曲面可以以一点作为起点或终点截面。

3）"单轨扫掠选项"对话框

（1）"造型（S）"下拉列表框：选择不同方式扫掠曲面，如图 5-76 所示，可根据曲线具体情况选择。

（2）"封闭扫掠（C）"复选框：选中该复选框可以形成闭合的扫掠曲面，但必须要有两条以上的截面曲线且路径为封闭曲线。

自由扭转
自由扭转
走向 Top
走向 Front
走向 Right

图 5-76　"造型"下拉列表

（3）当创建的扫掠曲面与其他曲面相连接时，选择"对齐断面"按钮，如图 5-77 所示。保持扫掠曲面和其他曲面的连续性，如图 5-78 所示。

【例 5-5】　创建烟斗的三维模型。

第 1 步，在 Top 视图中绘制圆断面曲线，如图 5-79 所示；捕捉圆四分点，在 Front 视图中分别绘制路径曲线 1 和 2，如图 5-80 所示；单击 图标按钮，调用"圆：直径"命令，捕捉路径曲线 1 和 2 两端点绘制圆形，如图 5-81 所示。

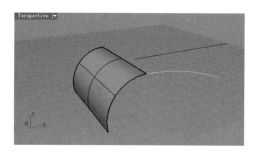

图 5-77 断面曲线与曲面相接

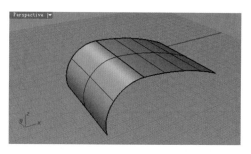

图 5-78 完成创建的曲面

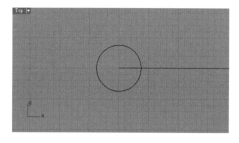

图 5-79 在 Top 视图中绘制断面曲线 1

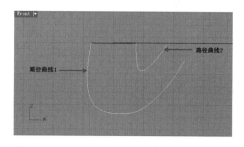

图 5-80 在 Front 视图中绘制两条路径曲线

第 2 步,单击 图标按钮,调用"双轨扫掠"命令①,创建烟斗曲面,如图 5-82 所示。

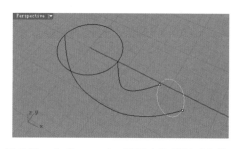

图 5-81 在 Perspective 视图中绘制断面曲线 2

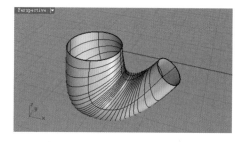

图 5-82 双轨扫掠创建烟斗曲面

第 3 步,单击 图标按钮,调用"偏移曲线"命令,将曲线向内偏移;单击 图标按钮,调用"移动"命令,将偏移好的曲线垂直移动。

第 4 步,捕捉偏移后的曲线边缘,在 Front 视图中绘制烟嘴放样路径曲线,如图 5-84 所示。

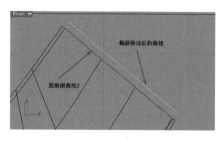

图 5-83 对断面曲线 2 进行偏移

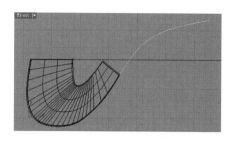

图 5-84 绘制烟嘴放样路径曲线

---

① 参见第 5.11 节。

第 5 步,在放样路径曲线的顶端绘制圆形截面,垂直于路径曲线,作为放样断面曲线 2,如图 5-85 所示。

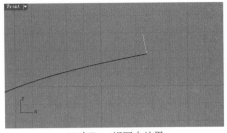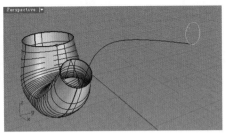

(a) 在 Front 视图中效果   (b) 在 Perspective 视图中效果

图 5-85   绘制口部圆形截面

第 6 步,单击 图标按钮,调用"单轨扫掠"命令,创建烟嘴曲面,如图 5-86 所示。操作如下:

命令: _Sweep1	单击 图标按钮,调用"单轨扫掠"命令
选取路径(连锁边缘(C)):	选择路径曲线
选取断面曲线(点(P)):	选择第一条断面曲线
选取断面曲线,按 Enter 完成(点(P)):	选择第二条断面曲线
移动曲线接缝点,按 Enter 完成(反转(F) 自动 (A) 原本的(N)):↵	回车
弹出"单轨扫掠选项"对话框:	单击"确定"按钮,完成曲面创建

第 7 步,单击 图标按钮,调用"混接曲面"命令,将烟斗部位和烟嘴部位结合,如图 5-87 所示。

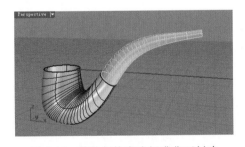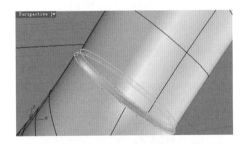

图 5-86   单轨扫掠完成烟嘴曲面创建   图 5-87   混接烟斗和烟嘴曲面

第 8 步,单击 图标按钮,调用"偏移曲面"命令,进行曲面偏移,如图 5-88 所示。

第 9 步,单击 图标按钮,调用"混接曲面"命令,将两层曲面进行混接处理,如图 5-89 所示。

第 10 步,单击 图标按钮,调用"挤出封闭平面曲线",单击 图标按钮,调用"不等距边缘圆角"命令,细化烟斗口部,如图 5-90 所示。完成烟斗三维模型创建,如图 5-91 所示。

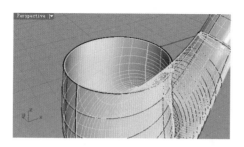

图 5-88 偏移曲面

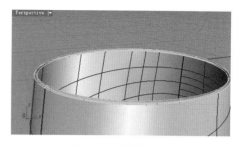

图 5-89 混接处理

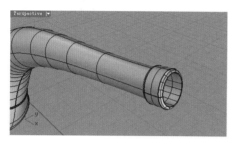

图 5-90 细化烟斗口部

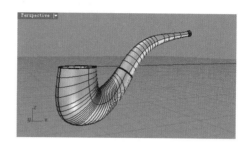

图 5-91 完成烟斗三维模型创建

5.11 双轨扫掠创建曲面

"双轨扫掠"命令是定义曲面形状的轮廓线沿两条路径扫掠创建曲面。

1. 调用命令的方式和步骤

调用命令的方式如下。

菜单：执行"曲面"|"双轨扫掠"命令。

图标：单击"主要 1"|"建立曲面"工具栏中的 图标按钮。

键盘命令：Sweep2。

操作步骤如下。

第 1 步，打开文件 5-92.3dm，如图 5-92 所示。

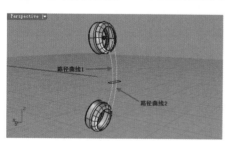

图 5-92 选择路径曲线

第 2 步，单击 图标按钮，调用"双轨扫掠"命令。

第 3 步，命令提示为"选取第一条路径（连锁边缘（C）)："时，选择第一条路径曲线。

第 4 步，命令提示为"选取路径："时，选择第二条路径曲线。

第 5 步，命令提示为"选取断面曲线，按 Enter 完成（点（P）)："时，选择断面曲线 1。

第 6 步，命令提示为"选取断面曲线，按 Enter 完成（点（P）)："时，选择断面曲线 2。

第 7 步，命令提示为"选取断面曲线，按 Enter 完成（点（P）)："时，继续选择断面曲线 3，如图 5-93 所示，回车。

第 8 步,命令提示为"移动曲线接缝点,按 Enter 完成(反转(F) 自动(A) 原本的(N)):",调整曲线接缝到位于同一位置点的同一方向,如图 5-94 所示。

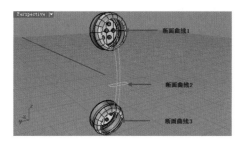

图 5-93　选择截面曲线

图 5-94　调整曲线接缝

第 9 步,弹出"双轨扫掠选项"对话框,如图 5-95 所示,单击"确定"按钮,完成曲面创建,如图 5-96 所示。

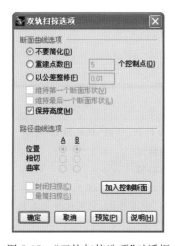

图 5-95　"双轨扫掠选项"对话框

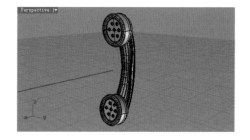

图 5-96　电话筒臂曲面创建完成

注意:在"双轨扫掠选项"对话框中,选中"保持高度"复选框。

2. 操作及选项说明

1)"连锁边缘(C)"选项

该选项可以选取数条相接的曲线作为一条路径曲线。

2)"点(P)"选项

该选项创建的曲面可以以一点作为起点或终点截面。

3)"双轨扫掠选项"对话框

(1)"断面曲线选项":用于调整截面曲线。

① 不要简化(D):在运算之前不做任何处理。

② 重建点数(R):在运算之前修改并重建轨迹曲线的控制点。

(2)"保持高度"复选框:可以固定扫掠曲面的断面高度不随着两条路径曲线的间距缩放。

(3)"路径曲线选项":用于调整轨迹曲线,只有在断面曲线为非有理曲线时才可以使用。"位置"表示曲面 G0 连续,"相切"为 G1 连续,"曲率"为 G2 连续。

（4）"加入控制断面"按钮：增加截面调节线来控制曲面断面结构线的方向。

【例 5-6】 创建眼镜的三维模型。

第 1 步，打开 5-97.3dm 模型文件，如图 5-97 所示。

第 2 步，在 Perspective 视图用"椭圆：直径"命令分别绘制曲线 1～曲线 4 椭圆截面曲线，如图 5-98 所示。

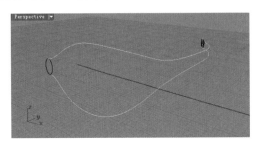

图 5-97　在 Top 视图中绘制路径曲线

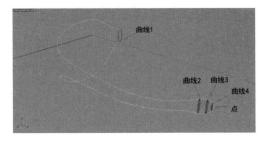

图 5-98　在 Perspective 视图中绘制断面曲线

注意：应开启"物件锁点"|"最近点"来确定椭圆的直径。

第 3 步，调用"点"命令，在曲线端点处绘制一点。

第 4 步，双轨扫掠曲面的创建，如图 5-99 所示。

操作如下：

命令：_Sweep2	单击 🔲 图标按钮，调用"双轨扫掠"命令
选取第一条路径(连锁边缘(C))：	选择第一条路径
选取路径：	选择第二条路径
选取断面曲线：	连续选择曲线 1、曲线 2、曲线 3、曲线 4
选取断面曲线，按 Enter 完成(点(P))：	单击"点(P)"命令选项，捕捉选择曲线端点
移动曲线接缝点，按 Enter 完成(反转(F)　自动 (A)　原本的(N))：↵	回车
弹出"双轨扫掠选项"对话框	单击"确定"按钮，完成曲面创建

第 5 步，在 Front 视图绘制镜片切割曲线，如图 5-100 所示。

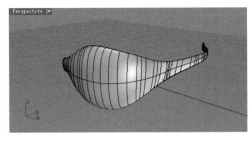

图 5-99　完成双轨扫掠

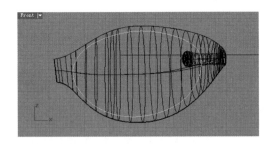

图 5-100　绘制镜片切割曲线

第 6 步，在 Top 视图绘制切割曲线，如图 5-101 所示。

第 7 步，单击 🔲 图标按钮，调用"直线挤出"命令，分别沿水平和垂直方向挤出两条曲线，挤出距离超出双轨扫掠曲面，如图 5-102 所示。

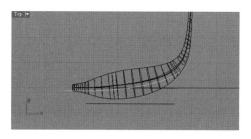

图 5-101　完成双轨扫掠

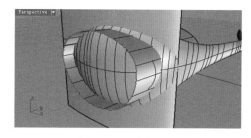

图 5-102　直线挤出

第 8 步,单击 图标按钮,调用"修剪"命令,挤出曲面修剪,如图 5-103 所示。

第 9 步,单击 图标按钮,调用"缩放"命令,在 Front 视图中缩小曲面,如图 5-104 所示。

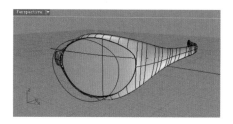

图 5-103　修剪曲面

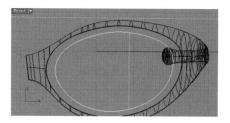

图 5-104　直线挤出

第 10 步,单击 图标按钮,调用"偏移"命令,创建镜片的另一面曲面。偏移距离为 2.5,如图 5-105 所示。

第 11 步,单击 图标按钮,调用"混接曲面"命令,连接曲面,当弹出"调整曲面混接"对话框时,调整滑块,如图 5-106 所示。

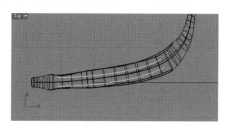

图 5-105　偏移曲面

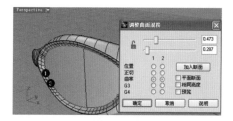

图 5-106　混接曲面

第 12 步,将整个曲面进行组合,单击 图标按钮,调用"镜像"命令,将眼镜曲面镜像,如图 5-107 所示。

第 13 步,单击 图标按钮,调用"混接曲面"命令将两曲面连接,最终完成模型创建,如图 5-108 所示。

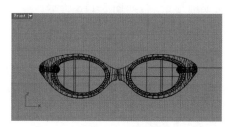

图 5-107　镜像

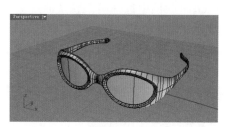

图 5-108　完成眼镜三维模型创建

5.12　上机操作实验指导四　创建奶瓶三维模型

创建如图 5-109 所示的奶瓶三维模型,效果图如图 5-110 所示,主要涉及命令包括"双轨扫掠"命令、"旋转成形"命令、"挤出曲线"命令、"放样"命令、"嵌面"命令和"以 2、3 或 4 个边缘曲线建立曲面"命令。

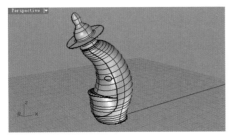

图 5-109　奶瓶三维模型

图 5-110　奶瓶效果图

操作步骤如下。

步骤 1　创建新文件

参见第 1 章,操作过程略。

步骤 2　轮廓曲线的绘制

第 1 步,单击图标按钮,调用"控制点曲线"命令,在 Front 视图中,绘制两条轨迹曲线,如图 5-111 所示。单击图标按钮,调用"开启控制点"命令,通过编辑控制点调整曲线形状并使两曲线底端两点保持在同一水平直线上,如图 5-112 所示。

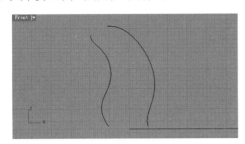

图 5-111　绘制轨迹曲线

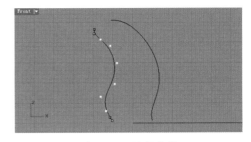

图 5-112　编辑曲线

注意:两条轨迹曲线保持点数与阶数一致,可以在创建后通过调用"改变阶数"与"重建曲线"命令。

第 2 步,单击图标按钮,调用"圆:中心点、半径"命令,单击"两点(P)"命令选项,在 Perspective 视图中选择两条轨迹曲线端点,回车,完成圆形绘制,如图 5-113 所示。

注意:选择两端点时,开启"物件锁点"|"端点"。

步骤 3　创建瓶身曲面

操作如下:

命令:**_Sweep2**　　　　　　　　　　　　　　　单击图标按钮,调用"双轨扫掠"命令

选取第一条路径(连锁边缘(C)):　　　　　　　　选择第一条路径

选取路径：	选择第二条路径
选取断面曲线(点(P))：	选择第一条断面曲线
选取断面曲线,按 Enter 完成(点(P))：	连续选择断面曲线
移动曲线接缝点,按 Enter 完成(反转(F) 自动	回车
(A) 原本的(N))：↵	
弹出"双轨扫掠选项"对话框：	单击"确定"按钮,完成曲面创建,如图 5-114 所示

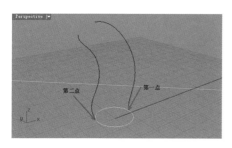

图 5-113 通过两点绘制圆形

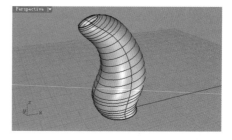

图 5-114 完成瓶身曲面的创建

步骤 4 创建瓶底曲面

第 1 步,单击 图标按钮,调用"复制"命令,在 Front 视图中,单击底面圆形曲线,向上复制一次,如图 5-115 所示。

注意：复制对象要中心对齐,开启"物件锁点"|"中心点"和"正交"。

第 2 步,单击 图标按钮,调用"二轴缩放"命令,在 Top 视图中,开启"物件锁点"|"中心点"捕捉要缩放的圆形曲线中点为基点,调整圆形曲线的大小,如图 5-116 和图 5-117 所示。

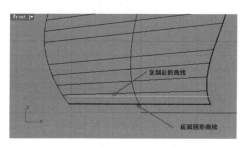

图 5-115 复制底面圆形曲线

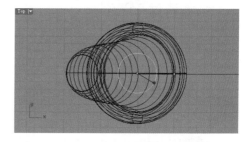

图 5-116 选择圆形曲线进行缩放

第 3 步,单击 图标按钮,调用"以平面曲线建立曲面"命令,在 Perspective 视图中选择小圆,回车,完成平面创建,如图 5-118 所示。

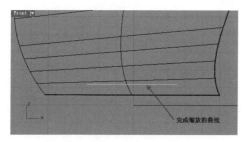

图 5-117 完成缩放

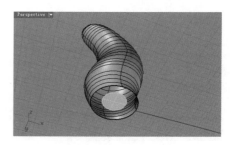

图 5-118 完成平面创建

第 4 步,创建底面曲面。

操作如下:

命令 : _Blend	单击 图标按钮,调用"混接曲面"命令
选取第一个边缘的第一段(自动连锁(A)=是 连锁连续性(C)=相切 方向(D)=两方向 接缝公差(G)=0.001 角度公差(N)=1):	选择第一个曲面边缘
选取第一个边缘的下一段,按 Enter 完成(复原(U) 下一个(N) 全部(A) 自动连锁(T)=是 连锁连续性(C)=相切 方向(D)=两方向 接缝公差(G)=0.001 角度公差(L)=1):↵	回车
选取第二个边缘的第一段(自动连锁(A)=是 连锁连续性(C)=相切 方向(D)=两方向 接缝公差(G)=0.001 角度公差(N)=1):	选择第二个曲面边缘
调整曲线接缝(反转(F) 自动(A) 原本的(N)):↵	回车
选取要调整的控制点,按 Alt 键并移动控制杆调整边缘处的角度,按住 Shift 做对称调整。(平面断面(P)=否 加入断面(A) 连续性 1(C)=G2 连续性 2(O)=G2),同时弹出"调整混面混接"对话框	手动拖动滑块调整混接曲面形态,如图 5-119 所示,单击"确定"完成混接曲面,如图 5-120 所示

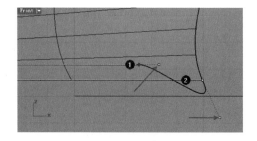

图 5-119 调整曲线句柄

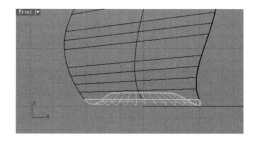

图 5-120 完成曲面的创建

步骤 5 连接瓶身与瓶底曲面

单击 图标按钮,调用"组合"命令将瓶身与底面组合,如图 5-121 所示。

步骤 6 创建瓶口曲面

第 1 步,单击 图标按钮,调用"以平面曲线建立曲面"命令,完成瓶口的封面,如图 5-122 所示。

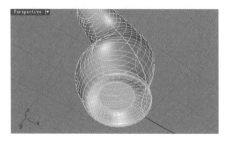

图 5-121 瓶底与瓶身组合

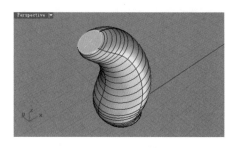

图 5-122 瓶口封面

第2步，单击 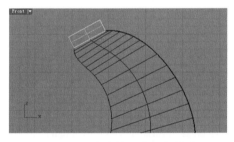图标按钮，调用"直线挤出"命令。

操作如下：

```
命令：_ExtrudeCrv                                           单击 图标按钮，调用"直线挤出"命令
选取要挤出的曲线：                                          选择平面曲线边缘，见图5-107
选取要挤出的曲线，按Enter完成：↵                            回车，完成曲线选择
挤出长度<1>(方向)(D) 两侧(B)=是 实体(S)=是 删           系统提示
除输入物件(L)=否 至边界(T) 分割正切点(P)=否
设定基准点(A))：_Solid=_No
挤出长度<1>(方向)(D) 两侧(B)=是 实体(S)=否 删           单击"方向(D)"命令选项
除输入物件(L)=否 至边界(T) 分割正切点(P)=否
设定基准点(A))：方向
方向的基准点<0.00000,0.00000,1.00000>：                 手动设定挤出方向，垂直于瓶口曲面
挤出长度<1>(方向)(D) 两侧(B)=是 实体(S)=否 删           输入挤出距离1.6，完成曲面创建，如
除输入物件(L)=否 至边界(T) 分割正切点(P)=否             图5-123所示
设定基准点(A))：1.6↵
```

步骤7 创建瓶盖曲面

第1步，单击 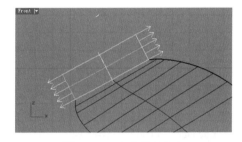图标按钮，调用"偏移曲面"命令，设置偏移距离为0.2，选择瓶口曲面，设置偏移方向，如图5-124所示，回车，完成偏移曲面创建。

图5-123 完成挤出曲面的创建

图5-124 改变偏移方向

第2步，选择上步偏移出的曲面，重复偏移，如图5-125所示。

第3步，单击 图标按钮，调用"将平面洞加盖"命令，将两个偏移曲面分别进行封面，如图5-126所示。

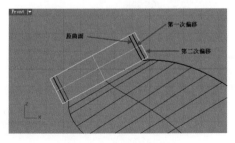

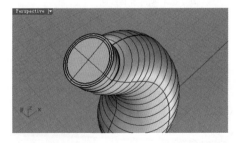

图5-125 两次偏移曲面

图5-126 封口曲面

第4步，移动曲面，单击最外层封口曲面，单击 图标按钮，调用"移动"命令向垂直于

平面方向移动一小段距离,如图 5-127 所示。

第 5 步,修剪瓶盖。

操作如下:

命令:_BooleanDifference   单击 图标按钮,调用"布尔运算差集"命令

选取要被减去的曲面或多重曲面: 选择外围曲面,回车

选取要被减去的曲面或多重曲面,按 Enter 继   回车

续:↵

选取要减去其他物件的曲面或多重曲面(删除输   选择内部曲面

入物件(D)=是):

选取要减去其他物件的曲面或多重曲面,按   回车,完成布尔运算,如图 5-128 所示

Enter 完成(删除输入物件(D)=是):↵

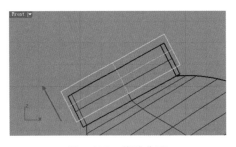

图 5-127 偏移曲面

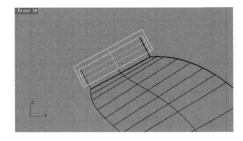

图 5-128 布尔运算效果

第 6 步 ,单击 图标按钮,调用"边缘圆角"命令,半径为 0.5,单击体边缘进行圆角,如图 5-129 所示。

步骤 8 创建混接曲面

第 1 步,隐藏瓶盖,并单击 图标按钮,调用"曲面圆角"命令,选择拉伸曲面和瓶身曲面,完成曲面圆角,如图 5-130 所示。这里也可以采用圆管分割曲面,然后进行曲面混接。

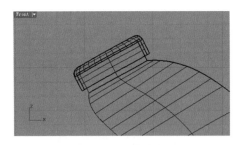

图 5-129 体圆角

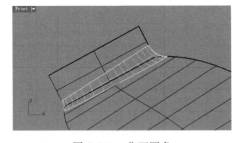

图 5-130 曲面圆角

注意:圆角半径为 1.0。当命令提示为"选取要建立圆角的第一个曲面(半径(R)=1.000 延伸(E)=是 修剪(T)=是):"时,选中"半径"或输入 R 设置圆角半径,这里为默认值 1.0。

第 2 步,删除圆角曲面。

第 3 步,单击 图标按钮,调用"混接曲面"命令,连接曲面,如图 5-131 所示。

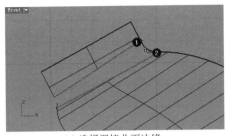

| (a) 选择混接曲面边缘 | (b) 完成混接曲面的创建 |

图 5-131　创建混接曲面

注意：用"混接曲面"命令连接曲面能保证曲面之间的连续性。

步骤 9　连接瓶口曲面和圆角曲面

单击图标按钮，调用"组合"命令，连接瓶口曲面和圆角曲面。

步骤 10　创建奶嘴

第 1 步，单击图标按钮，调用"直线：曲面法线"命令，绘制垂直于面的旋转轴线，如图 5-132 所示。单击图标按钮，调用"多重直线"命令绘制两条水平与竖直的辅助线，如图 5-133 所示。

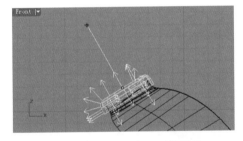

图 5-132　绘制垂直于面的轴线

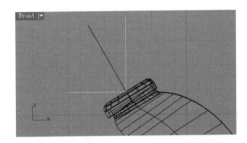

图 5-133　绘制辅助线

第 2 步，单击图标按钮和图标按钮，调用"多重直线"命令和"控制点曲线"命令，绘制旋转曲线，如图 5-134 所示。

第 3 步，单击图标按钮，调用"曲线圆角"命令进行曲线圆角，半径分别为 0.2 和 0.3，如图 5-135 所示。

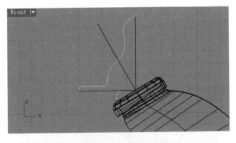

图 5-134　绘制旋转曲线

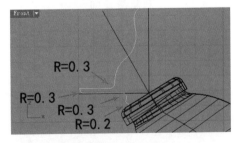

图 5-135　曲线圆角

第 4 步，单击图标按钮，调用"开启控制点"命令，编辑曲线，如图 5-136 所示。

第 5 步，单击图标按钮，捕捉辅助线端点，使曲线进行旋转，如图 5-137 所示。最终得到曲线如图 5-138 所示。

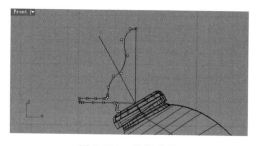

图 5-136　编辑曲线

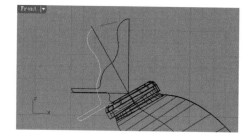

图 5-137　旋转曲线

第 6 步，创建奶嘴曲面。

操作如下：

命令：_Revolve

选取要旋转的曲线：

选取要旋转的曲线，按 Enter 完成：↵

旋转轴起点：

旋转轴终点（按 Enter 使用工作平面 Z 轴的方向）：

起始角度＜0＞（删除输入物件（D）＝否　可塑形的（E）＝否　360 度（U）　设置起始角度（A）＝是　分割正切点（S）＝否）：

单击 图标按钮，调用"旋转成形"命令

选择轮廓曲线

回车，完成曲线选择

选择旋转轴起点

选择旋转轴终点

单击"360 度（U）"命令选项，完成旋转成形，如图 5-139 所示

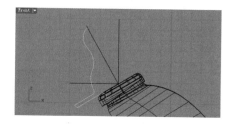

图 5-138　完成曲线

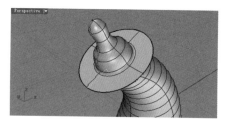

图 5-139　完成旋转曲面的创建

步骤 11　分割瓶身曲面

第 1 步，单击 图标按钮，调用"控制点曲线"命令，在 Front 视图中，绘制分割曲线，如图 5-140 所示。

第 2 步，单击 图标按钮，调用"分割"命令，分割曲面，如图 5-141 所示。

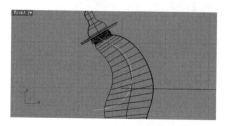

图 5-140　绘制分割曲线

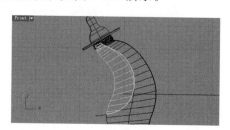

图 5-141　分割曲面

注意：分割曲线要超出瓶身曲面。端点处两个控制点需要保持水平。

步骤 12　绘制眼睛曲面

第 1 步，单击◎图标按钮，调用"圆：中心点、半径"命令，在 Front 视图中，绘制圆形眼睛，半径为 0.686，如图 5-142 所示。

第 2 步，单击🔲图标按钮，调用"分割"命令，在 Front 视图中，选取曲面，选取分割圆，进行分割。

步骤 13　编辑曲面

第 1 步，右击🔳图标按钮，调用"缩回已修剪曲面"命令①，连续选择曲面，回车。

第 2 步，单击🔲按钮，将曲面炸开。单击🔳图标按钮，调用"开启控制点"命令，在 Front 视图中，调节控制点编辑曲面，如图 5-143 所示。

图 5-142　绘制分割圆

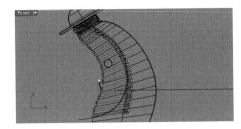

图 5-143　编辑曲面

步骤 14　保存模型文件

参见本书第 1 章，操作过程略。

5.13　上　机　题

创建如图 5-144 所示闹钟的三维模型，效果图如图 5-145 所示。主要涉及的命令包括本章介绍的"放样"命令、"旋转成形"命令、"直线挤出"命令、"嵌面"命令和"以平面曲线建立曲面"命令等。

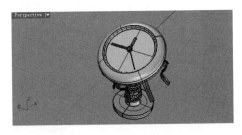

图 5-144　闹钟三维模型

图 5-145　闹钟效果图

建模提示：

第 1 步，在 Top 视图中绘制圆，复制并调整半径，如图 5-146 所示。

第 2 步，调用"放样"命令创建闹钟曲面，如图 5-147 所示。

---

① 参见第 6.7.2 小节。

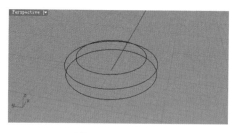

图 5-146　绘制圆

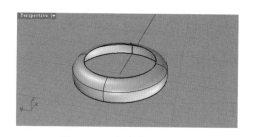

图 5-147　完成曲面的创建

第 3 步，调用"以平面曲线建立曲面"命令创建表盘平面，并向下移动，如图 5-148 所示。

第 4 步，调用"二轴缩放"命令将该平面缩小，如图 5-149 所示。

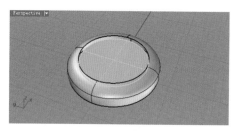

图 5-148　完成表盘平面的创建

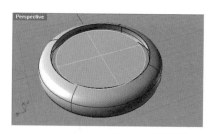

图 5-149　缩小平面

第 5 步，调用"混接曲面"命令连接两曲面，如图 5-150 所示。

第 6 步，在圆心绘制圆，调用"直线挤出"命令创建表盘指针，挤出距离为 0.5，如图 5-151 所示。

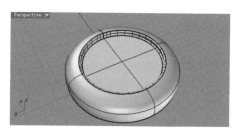

图 5-150　混合两曲面

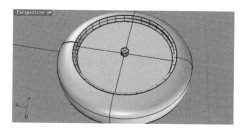

图 5-151　完成拉伸曲面的创建

第 7 步，在 Top 视图中绘制三条指针曲线，如图 5-152 所示。

第 8 步，调用"直线挤出"命令拉伸三条曲线，并用"将平面洞加盖"命令完成指针的创建，如图 5-153 所示。

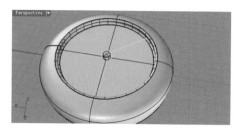

图 5-152　绘制指针曲线

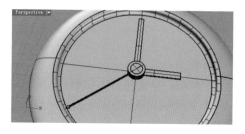

图 5-153　完成指针的创建

第9步,调用"以平面曲线建立曲面"命令为钟盘封底,用"组合"命令将钟面曲面组合。

第10步,调用"不等距边缘圆角"命令完成曲面圆角,选择对象的边缘,如图5-154所示,半径为1,回车,如图5-155所示。

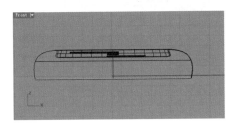

图5-154　不等距边缘圆角

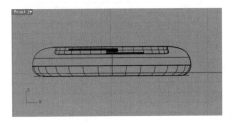

图5-155　完成管状曲面的创建

第11步,在Front视图中绘制触角曲线,用控制点编辑,如图5-156所示。

第12步,调用"彩带"命令向两侧拉伸,如图5-157所示,拉伸距离为0.5,完成曲面创建,如图5-158所示。

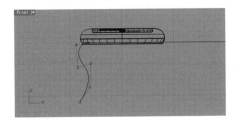

图5-156　绘制旋转曲线

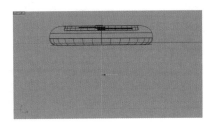

图5-157　完成旋转曲面的创建

第13步,调用"环形阵列"命令将触角脚部分环形复制,捕捉中心点作为阵列中心,数量为8,如图5-159所示。

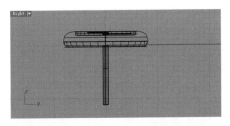

图5-158　完成闹钟的创建

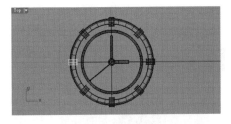

图5-159　环形阵列

第14步,调用"圆"命令在Top视图绘制圆,半径分别为1、0.63,如图5-160所示。

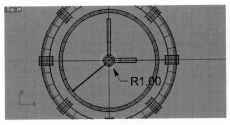

(a)绘制R1圆

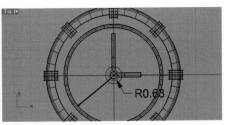

(b)绘制R0.63圆

图5-160　绘制圆

第15步,在 Front 视图移动两同心圆位置,距离为 1.33,如图 5-161 所示。

第16步,调用"放样"命令创建曲面,如图 5-162 所示。

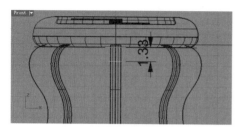

图 5-161　移动曲线

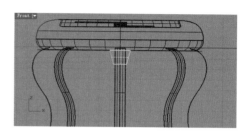

图 5-162　放样

第17步,调用"螺旋线"命令在 Front 视图绘制螺旋曲线,最小半径为 1,最大半径为 2.2,如图 5-163 所示。

第18步,调用"圆管"命令,完成弹簧创建,如图 5-164 所示。

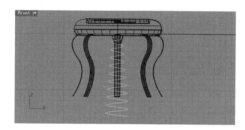

图 5-163　绘制螺旋线

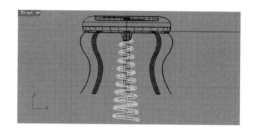

图 5-164　圆管

第19步,在 Front 视图绘制旋转轮廓曲线,用"智慧轨迹"捕捉模型中心点,如图 5-165 所示。

第20步,调用"旋转"命令完成底座创建,如图 5-166 所示。

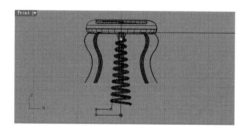

图 5-165　绘制轮廓曲线

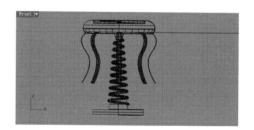

图 5-166　旋转

第6章 曲面的编辑

Rhino 5.0的曲面建模工具为各种曲面造型提供了可能,但是对于细节部分的调整,只能通过曲面编辑才能完成。因此,要想创建细腻逼真的产品模型,还必须掌握各种曲面编辑命令。

本章内容如下。

(1) 曲面延伸的方法和步骤。

(2) 曲面圆角的方法和步骤。

(3) 曲面斜角的方法和步骤。

(4) 偏移曲面的方法和步骤。

(5) 混接曲面的方法和步骤。

(6) 拼接曲面的操作方法和步骤。

(7) 通过控制点编辑曲面的方法和步骤。

(8) 重建曲面的方法和步骤。

(9) 曲面检测和分析的方法和步骤。

6.1 曲面的延伸

"曲面延伸"命令用来延伸曲面的边缘,与曲线的延伸非常类似,可通过输入数值来控制延伸的长度。

调用命令的方式如下。

菜单:执行"曲面"|"延伸曲面"命令。

图标:单击"主要2"|"曲面"工具栏中的图标按钮。

键盘命令:ExtendSrf。

操作步骤如下。

第1步,打开文件6-1.3dm,如图6-1所示。

第2步,单击图标按钮,调用"延伸曲面"命令。

第3步,命令提示为"选取要延伸的曲面边缘(类型(T)=直线):"时,选择需要延伸的曲面边缘,如图6-1所示。

第4步,命令提示为"延伸系数<1.000>:"时,输入延伸数值或指定两个点,回车,完成曲面延伸,如图6-2所示。

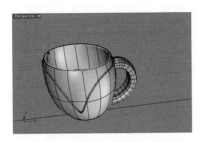

图 6-1 选择延伸的曲面边缘

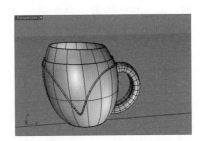

图 6-2 完成曲面延伸

6.2 曲面的圆角

6.2.1 等距圆角

"曲面圆角"命令是在两个曲面之间建立单一半径的相切圆角曲面。

1. 调用命令的方式和步骤

调用命令的方式如下。

菜单：执行"曲面"|"曲面圆角"命令。

图标：单击"主要 2"|"曲面"工具栏中的 图标按钮。

键盘命令：FilletSrf。

操作步骤如下。

第 1 步，打开文件 6-3.3dm，如图 6-3 所示。

第 2 步，单击 图标按钮，调用"曲面圆角"命令。

第 3 步，命令提示为"选取要建立圆角的第一个曲面(半径(R)=0.500 延伸(E)=是 修剪(T)=是)："选择第一个曲面，如图 6-3 所示。

第 4 步，命令提示为"选取要建立圆角的第二个曲面(半径(R)=0.500 延伸(E)=是 修剪(T)=是)："时，选择第二个曲面，完成曲面圆角，如图 6-4 所示。

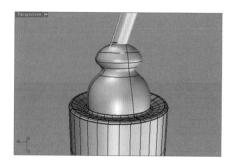

图 6-3 选择第一个曲面

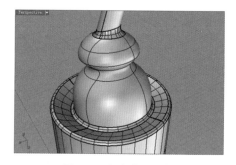

图 6-4 完成曲面圆角

2. 操作及选项说明

(1)"半径(R)"：设置圆角半径的大小。

(2)"延伸(E)"：如果两曲面不相交，圆角曲面会延伸并完整修剪两曲面，如图 6-5(a) 所示。

(3)"修剪(T)"：生成的圆角曲面修剪原来的两个曲面，如图 6-5(b)所示。

注意：Rhino 中的圆角命令通常只能用于平滑的曲面，而对于较为复杂的曲面需要采用圆管分割曲面，然后再进行曲面混接处理。如图 6-7 所示，在两相交曲面之间进行圆角；如图 6-8 所示，单击 图标按钮，调用"圆管"命令[①]；如图 6-9 所示，单击 图标按钮，调用"分割"命令[②]，如图 6-10 所示，单击 图标按钮，调用"混接曲面"命令[③]。

---

① 参见第 7.1.10 小节。

② 参见第 3.12 节。

③ 参见第 6.5 节。

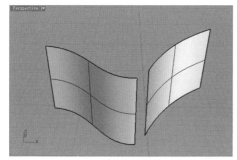
(a) 不相交两曲面

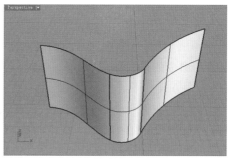
(b) 延伸并修剪原曲面

图 6-5　延伸选项

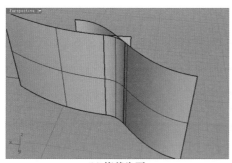
(a) 修剪为否

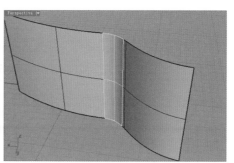
(b) 修剪为是

图 6-6　修剪选项

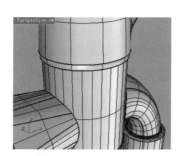
图 6-7　圆角处理前

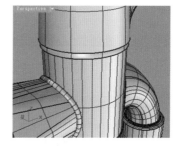
图 6-8　创建圆管

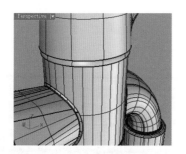
图 6-9　圆管分割曲面

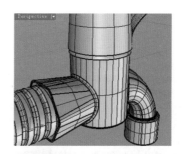
图 6-10　混接曲面

6.2.2　不等距圆角

"不等距圆角"命令是在两个曲面之间建立不等半径的相切圆角曲面。

1. 调用命令的方式和步骤

调用命令方式如下。

菜单：执行"曲面"|"不等距圆角/混接/斜角"|"不等距曲面圆角"命令。

图标："主要2"|"曲面"工具栏中的![icon]图标按钮。

键盘命令：VariableFilletSrf。

操作步骤如下。

第1步，打开文件6-11.3dm，如图6-11所示。

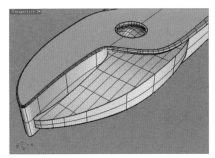

图 6-11　曲面圆角前

第2步，单击![icon]图标按钮，调用"不等距圆角"命令。

第3步，命令提示为"选取要做不等距圆角的第一个曲面（半径（R）＝1）："时，选择第一个曲面。

第4步，命令提示为"选取要做不等距圆角的第一个曲面（半径（R）＝1）："时，选择第二个圆角曲面。

第5步，命令提示为"选取要编辑的圆角控制杆按Enter完成（新增控制杆（A）　复制控制杆（C）　设置全部（S）　连结控制杆（L）＝否　路径造型（R）＝滚球　修剪并组合（T）＝否　预览（P）＝No）："时，单击"修剪并组合（T）"命令选项。

第6步，单击"新增控制杆（A）"命令选项，命令提示为"指定圆角控制杆的新位置。按Enter完成（目前的半径（C）＝1）："时，在曲面连接处指定控制杆新位置，回车，如图6-12所示。

第7步，命令提示为"选取要编辑的圆角控制杆，按Enter完成（新增控制杆（A）　复制控制杆（C）　移除控制杆（R）　设置全部（S）　连结控制杆（L）＝否　路径造型（I）＝滚球　修剪并组合（T）＝否　预览（P）＝No）："时，分别选择三个控制杆，设置圆角半径，分别为1、0.1、1，回车，完成不等距圆角，如图6-13所示。

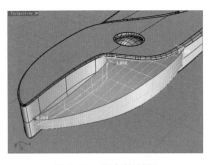

图 6-12　指定控制杆

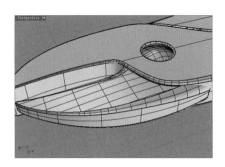

图 6-13　完成曲面圆角

注意：两曲面必须有交集才可完成创建不等距圆角曲面。

2．操作及选项说明

(1)"目前的半径(C)"：设置圆角半径。

(2)"新增控制杆(A)"：可用来沿曲面交集边缘新增控制杆。

(3)"复制控制杆(C)"：以选择的控制杆的半径建立新的控制杆。

(4)"设置全部(S)"：设置全部控制杆的半径。

(5)"连结控制杆(L)"：选择为是时，调整控制杆时，其他控制杆会以相同的比例调整。

注意：

(1)只有新增的控制杆才可以被删除。

(2)每一个开放的边缘段两端的控制杆无法移动或删除。

6.3　曲面的斜角

"曲面斜角"命令是在两个有交集的曲面之间建立斜角曲面，与圆角非常类似。

1．调用命令的方式和步骤

调用命令的方式如下。

菜单：执行"曲面"|"曲面斜角"命令

图标："主要 2"|"曲面"工具栏中的❖图标按钮。

键盘命令：ChamferSrf。

操作步骤如下。

第 1 步，打开 6-14.3dm 文件。

第 2 步，单击❖图标按钮，调用"曲面斜角"命令。

第 3 步，命令提示为"选取要建立斜角的第一个曲面(距离(D)＝1.000,1.000　延伸(E)＝是　修剪(T)＝是)："时，单击"距离(D)"命令选项。

第 4 步，命令提示为"第一斜角距离 ＜1.000＞："时，输入第一斜角距离数值为 2.5。

第 5 步，命令提示为"第二斜角距离 ＜2.500＞："时，输入第二斜角距离数值为 3.2。

第 6 步，命令提示为"选取要建立斜角的第一个曲面(距离(D)＝2.500,3.200　延伸(E)＝是　修剪(T)＝是)："时，选择第一个曲面，如图 6-14 所示。

第 7 步，命令提示为"选取要建立斜角的第二个曲面(距离(D)＝2.500,3.200　延伸(E)＝是　修剪(T)＝是)："时，选择第二个曲面，完成斜角曲面的创建，如图 6-15 所示。

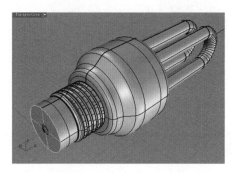

图 6-14　选取第一个面

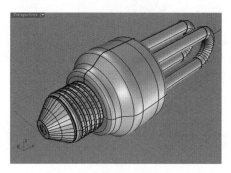

图 6-15　完成曲面斜角

2．操作及选项说明

(1)"距离(D)"：与圆角半径非常类似，是指两曲面的交线到斜角曲面修剪边缘的距离，距离越大斜角曲面越大。

(2)"修剪(T)"：选择"是"，以斜角曲面修剪两个原来的曲面。

6.4　曲面的偏移

"偏移曲面"命令是以相等的距离偏移复制曲面。

1．调用命令的方式和步骤

调用命令的方式如下。

菜单：执行"曲面"|"偏移曲面"命令。

图标："主要 2"|"曲面"工具栏中的 图标按钮。

键盘命令：OffsetSrf。

操作步骤如下。

第 1 步，打开 6-16.3dm 文件，如图 6-16 所示。

第 2 步，单击 图标按钮，调用"曲面偏移"命令。

第 3 步，命令提示为"选取要偏移的曲面或多重曲面："时，选择需要偏移的曲面。

第 4 步，命令提示为"选取要偏移的曲面或多重曲面。按 Enter 完成："时，回车，完成选择。

第 5 步，命令提示为"选取要反转方向的物体，按 Enter 完成(距离(D)＝1.0　全部反转(F)　实体(S)＝No　松弛(L)＝No　公差(T)＝0.001　两侧(B)＝No DeleteInput(I)＝Yes)："时，输入偏移距离为 0.2。

第 6 步，命令提示为"选取要反转方向的物体，按 Enter 完成(距离(D)＝1.0　全部反转(F)　实体(S)＝No　松弛(L)＝No　公差(T)＝0.001　两侧(B)＝No DeleteInput(I)＝Yes)："时，回车，完成曲面偏移，如图 6-17 所示。

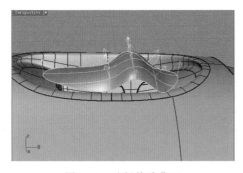 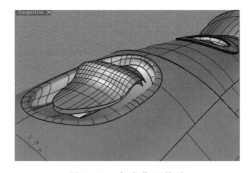

图 6-16　选择偏移曲面　　　　　　　　　　图 6-17　完成曲面偏移

2．操作及选项说明

(1)"全部反转(F)"：反转所有选取曲面的偏移方向，箭头方向为正的偏移方向。

(2)"实体(S)"：以原来的曲面和偏移后的曲面边缘放样形成封闭的实体，如图 6-18 所示。

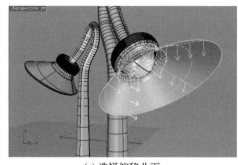
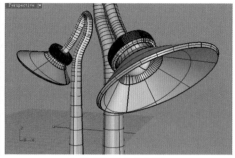

(a) 选择偏移曲面　　　　　　　　　　　(b) 完成偏移实体曲面

图 6-18　"实体"选项说明

（3）"松弛（L）"：偏移后曲面的结构和原曲面相同，提高曲面之间连接的一致性。

（4）"公差（T）"：设置偏移曲面的公差。

（5）"两侧（B）"：以曲面为中心向两侧偏移。

注意：

（1）输入偏移距离数值时，正数表示向箭头方向偏移，负数则相反。

（2）对于平面、环状体、球体、开放的圆柱或圆锥曲面，其偏移结果不会有误差；对于自由造型曲面，偏移误差会小于公差值。

（3）当偏移的曲面为多重曲面时，偏移后曲面会分散开。例如，六面体偏移后会得到六个独立的平面。

6.5　曲面的混接

"混接曲面"命令是在两个不相接的曲面边缘之间建立平滑的混接曲面，新的混接曲面可以指定连续性与原曲面相衔接，可以达到 G0～G4 的连续性。这是一个非常常用的命令，对于建立完整精细的模型很重要。

6.5.1　混接曲面

1. 调用命令的方式和步骤

调用命令的方式如下。

菜单：执行"曲面"|"混接曲面"命令。

图标："主要 2"|"曲面"工具栏中的 图标按钮。

键盘命令：BlendSrf。

操作步骤如下。

第 1 步，打开 6-19.3dm 文件，如图 6-19 所示。

第 2 步，单击 图标按钮，调用"混接曲面"命令。

第 3 步，命令提示为"选取第一个边缘的第一段（自动连锁（A）＝是　连锁连续性（C）＝相切　方向（D）＝两方向　接缝公差（G）＝0.001　角度公差（N）＝1）："时，选择第一个曲面边缘，如图 6-19 所示。

注意：当有多段曲面组成曲面边缘时需要选择连锁选项。

第 4 步，命令提示为"选取第一个边缘的下一段，按 Enter 完成（复原（U）　下一个（N）　全部（A）　自动连锁（T）＝是　连锁连续性（C）＝相切　方向（D）＝两方向　接缝公差（G）＝0.001　角度公差（L）＝1；"时，回车。

第 5 步，命令提示为"选取第二个边缘的第一段（自动连锁（A）＝是　连锁连续性（C）＝相切　方向（D）＝两方向　接缝公差（G）＝0.001　角度公差（N）＝1；"时，选择第二个曲面边缘。

第 6 步，命令提示为"移动曲线接缝点，按 Enter 完成（反转（F）　自动（A）　原本的（N））；"时，查看接缝方向是否一致，如果不一致，手动调整使两接缝向相同，或选择"反转"选项，使其方向反转，如图 6-20 所示。

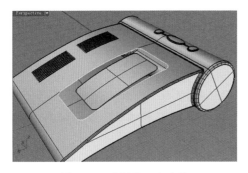 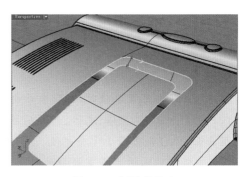

图 6-19　选择第一个边缘　　　　　　　图 6-20　调整接缝点

第 7 步，回车，弹出"调整曲面混接"对话框，如图 6-21（a）所示。此时，命令提示为"选取要调整的控制点。按 Alt 键并移动控制杆调整边缘处的角度，按住 Shift 做对称调整。"时，通过鼠标直接选取控制点调整断面曲线的接缝点，可手动调整断面曲线的 CV 点改变形态，也可以通过对话框中拖动滑块调整混接曲面形态，如图 6-22 所示。调整好混接曲线后，单击"确定"按钮，完成曲面混接，如图 6-23 所示。

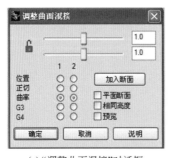 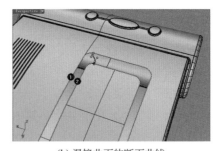

(a)"调整曲面混接"对话框　　　　　　(b) 混接曲面的断面曲线

图 6-21　调整混接曲线

2. 操作及选项说明

（1）"自动连锁（A）"：选取一条曲线或曲面边缘可以自动选取所有与其以"连锁连续性"设置的连续性相接的线段，如"连锁连续性"设置的位置，则与之连续性 G0 的曲面边缘

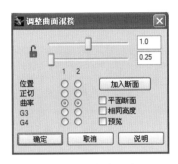

图 6-22　拖动滑块

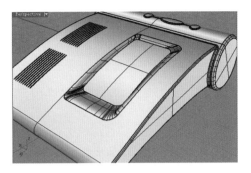

图 6-23　完成曲面混接

可以自动选取,如图 6-24 所示,直接选取了接缝线,而非想要的曲面边缘。

在非封闭曲面间做混接时候,如果选择"自动连锁(A)＝是",则自动选取面的边缘。如果选择"自动连锁(A)＝否",需要手动逐个选择面的边缘的每一段线,然后确认其作为第一个面的边缘线,同样的方式选择另一个混接面的边缘线。

(2)"连锁连续性(C)":设置自动连锁选项的连续性,分为"位置、相切和曲率"三种,分别表示 G0、G1 和 G2 连续性。

(3)"平面断面":强迫混接曲面的所有断面为平面,并且与指定的方向平行,通过直接在任意视图中起始点和终点确定方向即可。

(4)"加入断面":当混接曲面过于扭曲时,可以使用该选项控制混接曲面更多位置的形状。

注意: 这两个选项用来控制断面,默认情况下生成的混接曲面结构线会在局部产生扭曲,通过指定平面断面和加入断面来控制混接曲面的结构线,可以使结构线分布整齐均匀,如图 6-25 所示,与"双轨扫掠"中的控制断面类似。

图 6-24　可自动连锁的连续曲线

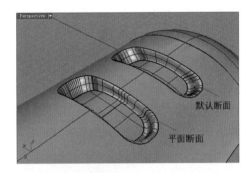

图 6-25　指定平面断面的结构线

(5)"位置,正切,曲率,G3,G4",该选项可为混接曲面与两曲面的衔接设置 G0～G4 的连续性。

(6)"相同高度"选项:默认情况下,混接曲面的断面曲线会随着两个曲面边缘之间的距离进行缩放,选中该复选框可以使混接曲面的高度维持不变。

【例 6-1】 创建简约运动腕表模型。

第 1 步,在 Front 视图中,单击 图标按钮,调用"控制点曲线"命令,绘制路径曲线,并在 Right 视图中调节曲线,调整后的曲线再进行镜像复制,如图 6-26 所示。

第 2 步,在 Front 视图中单击![icon]图标按钮,调用"控制点曲线"命令,绘制断面曲线,如图 6-27 所示。

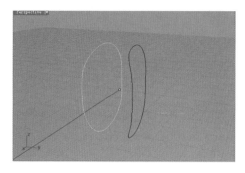

图 6-26　绘制路径曲线

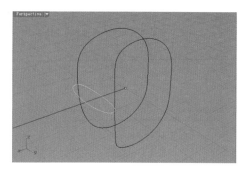

图 6-27　绘制断面曲线

第 3 步,单击![icon]图标按钮,调用"双轨扫掠"命令,选择绘制好的路径曲线和断面曲线,完成建模如图 6-28 所示。

第 4 步,在 Right 视图中,单击![icon]图标按钮,调用"控制点曲线"命令,绘制分割曲线,如图 6-29 所示。

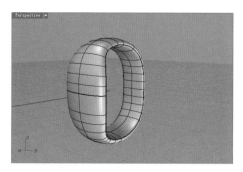

图 6-28　绘制圆角矩形

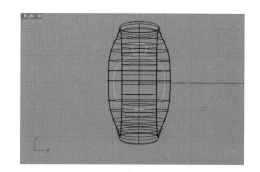

图 6-29　绘制分割线

第 5 步,单击![icon]图标按钮,调用"分割"命令,用分割线将曲面分割,分割后的曲面分别向内部和外部移动到合适位置,如图 6-30 所示。

第 6 步,单击![icon]图标按钮,调用"放样"命令,放样曲面,创建按钮。单击![icon]图标按钮,调用"曲面圆角"命令,把按钮进行圆角处理,如图 6-31 所示。

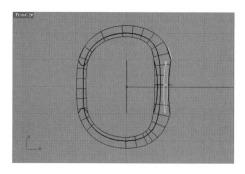

图 6-30　移动分割面

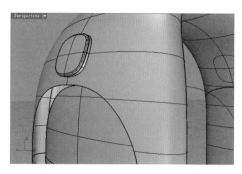

图 6-31　放样按钮并圆角处理

第7步，单击 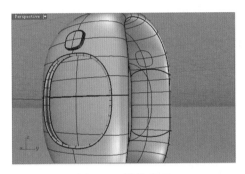 图标按钮，调用"混接曲面"命令，将表盘进行曲面混接，如图6-32所示。操作如下：

命令：_BlendSrf	单击 图标按钮，启动"混接曲面"命令
选取第一个边缘的第一段(自动连锁(A)=是 连锁连续性(C)=相切 方向(D)=两方向 接缝公差(G)=0.001 角度公差(N)=1)：	选择第一个曲面边缘
选取第一个边缘的下一段，按Enter完成(复原(U)下一个(N) 全部(A) 自动连锁(T)=是 连锁连续性(C)=相切 方向(D)=两方向 接缝公差(G)=0.001 角度公差(L)=1)：↵	回车
选取第二个边缘的第一段(自动连锁(A)=是 连锁连续性(C)=相切 方向(D)=两方向 接缝公差(G)=0.001 角度公差(N)=1)：	选择第二个曲面边缘
移动曲线接缝点，按Enter完成(反转(F) 自动(A)原本的(N))：↵	回车，弹出"调整曲面混接"对话框
选取要调整的控制点，按住Alt键并移动控制杆调整边缘处的角度，按住Shift做对称调整	单击"确定"按钮，完成曲面混接，见图6-32

第8步，单击 图标按钮，将表带接口处的曲面，进行偏移成体，偏移距离为1，完成腕表的建模，如图6-33所示。

图6-32　混接曲面

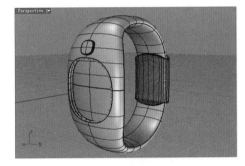

图6-33　偏移曲面后

注意：

（1）当要建立混接的两个曲面边缘相接时，"混接曲面"命令会把两曲面边缘视为同一侧的边缘，因此选取完第一个曲面边缘后应回车，再选取第二条曲线。

（2）混接完成后，使用"组合"命令将混接曲面与其他曲面组合成多重曲面，可使不同曲面的渲染网格之间在接缝处顶点完全对齐。

6.5.2　不等距曲面混接

"不等距曲面混接"命令可在两曲面边缘相接的曲面间生成半径不等的混接曲面，该命令只能生成G2连续的混接曲面，与不等距圆角类似。

调用命令的方式如下。

菜单：执行"曲面"|"不等距圆角/混接/斜角"|"不等距曲面混接"命令。

图标：右击"主要 2"|"曲面"工具栏中的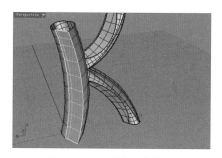图标按钮。

键盘命令：VariableBlendSrf。

操作步骤如下。

第 1 步，打开 6-34.3dm 文件，如图 6-34 所示。

第 2 步，右击图标按钮，调用"不等距曲面混接"命令。

第 3 步，命令提示为"选取要做不等距混接的第一个曲面（半径（R）＝1）："时，单击"半径（R）"命令选项。

第 4 步，命令提示为"目前的半径 ＜1＞："输入半径 3，回车。

第 5 步，命令提示为"选取要做不等距混接的第一个曲面（半径（R）＝3）："时选择第一个曲面，如图 6-34 所示。

第 6 步，命令提示为"选取要做不等距混接的第二个曲面（半径（R）＝3）："时，选择第二个曲面，如图 6-35 所示。

图 6-34　选择第一个曲面

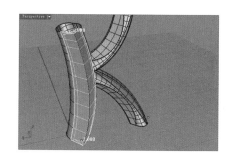

图 6-35　选择第二个曲面

第 7 步，命令提示为"选取要编辑的混接控制杆，按 Enter 完成（新增控制杆（A）　复制控制杆（C）　设置全部（S）　连结控制杆（L）＝否　路径造型（R）＝滚球　修剪并组合（T）＝是　预览（P）＝No）："时，单击"新增控制杆（A）"命令选项。

第 8 步，命令提示为"指定混接控制杆的新位置，按 Enter 完成（目前的半径（C）＝3）："时，单击"目前的半径"命令选项。

第 9 步，命令提示为"目前的半径 ＜3＞："输入想要增加控制杆的半径 0.5，回车。

第 10 步，命令提示为"指定混接控制杆的新位置，按 Enter 完成（目前的半径（C）＝0.5）："时，在透视视图中，选择添加控制杆的位置，如图 6-36 所示。

第 11 步，命令提示为"选取要编辑的混接控制杆，按 Enter 完成（新增控制杆（A）　复制控制杆（C）　移除控制杆（R）　设置全部（S）　连结控制杆（L）＝否　路径造型（I）＝滚球　修剪并组合（T）＝是　预览（P）＝No）："时，回车，完成不等距混接曲面，如图 6-37 所示。

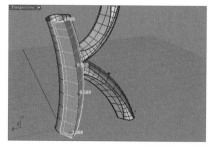

图 6-36　新增控制杆

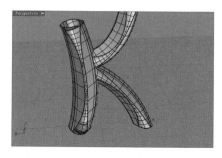

图 6-37　完成不等距混接曲面的创建

【例 6-2】 创建如图 6-38 所示的壶嘴模型。

第 1 步,在 Front 视图中导入设计草图"水壶.jpg",单击 图标按钮,调用"控制点曲线"命令,绘制壶嘴曲线。如图 6-45 所示。

第 2 步,单击 图标按钮,调用"圆:直径"命令,捕捉曲线"端点"和"最近点"绘制截面圆,如图 6-39 所示。

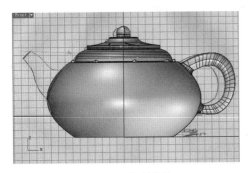

图 6-38 绘制曲线

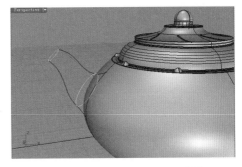

图 6-39 捕捉端点绘制截面曲线

第 3 步,单击 图标按钮,调用"双轨扫掠"命令,选择两条轨迹线和截面圆,完成双轨扫掠,如图 6-40 所示。

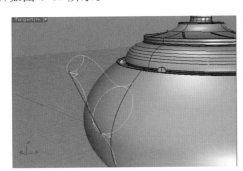

(a) 选取轨迹线和截面圆

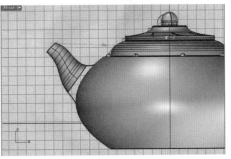

(b) 双规扫掠成型

图 6-40 双轨扫掠

第 4 步,单击 图标按钮,调用"圆:中心点、半径"命令,在 Right 视图中,捕捉"中点"绘制半径为 2.5 的圆,移动到合适的位置,如图 6-41 所示。单击 图标按钮,调用"修剪"命令,将壶体修剪,如图 6-42 所示。

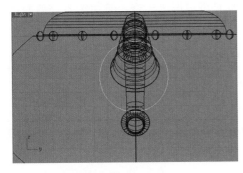

图 6-41 绘制圆

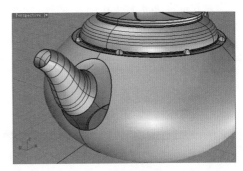

图 6-42 修剪壶体

第 5 步,单击图标按钮,调用"混接曲面"命令,将壶体曲面与壶嘴曲面进行混接,如图 6-43 所示,混接后的曲面进行组合。

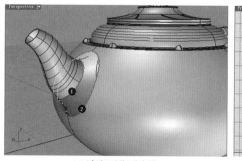

(a) 选取两曲面边缘

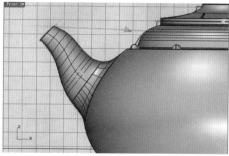

(b) 混接曲面完成

图 6-43　混接曲面

第 6 步,单击图标按钮,调用"偏移曲面"命令,选取壶嘴,进行偏移,偏移距离为 0.2,如图 6-44 所示。

第 7 步,单击图标按钮,调用"混接曲面",将壶嘴的内壁外壁混接,最终完成壶嘴建模,如图 6-45 所示。

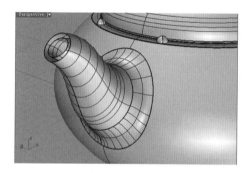

图 6-44　偏移曲面

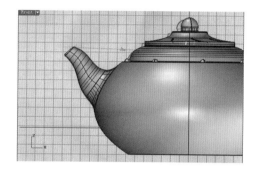

图 6-45　混接曲面

6.6　曲面的拼接

"衔接曲面"和"合并曲面"命令都是将两曲面拼接到一起。"衔接曲面"可以调整曲面边缘使其和其他曲面形成 G0~G2 的连续。"合并曲面"可将两个未修剪且边缘重合的曲面合并为单一曲面。

6.6.1　曲面的衔接

1. 调用命令的方式和步骤

调用命令的方式如下。

菜单:执行"曲面"|"曲面编辑工具"|"衔接"命令。

图标:"主要 2"|"曲面"工具栏中的图标按钮。

键盘命令:MatchSrf。

操作步骤如下。

第1步，打开6-46.3dm文件，如图6-46所示。

第2步，单击 图标按钮，调用"衔接曲面"命令。

第3步，命令提示为"选取要改变的未修剪曲面边缘（多重衔接（M））："时，选择要改变的曲面边缘，如图6-46所示。

第4步，命令提示为"选取要衔接至的边缘段（自动连锁（A）＝否　连锁连续性（C）＝相切　方向（D）＝两方向　接缝公差（G）＝0.001　角度公差（N）＝1）："时，选择要衔接至的边缘，如图6-47所示。

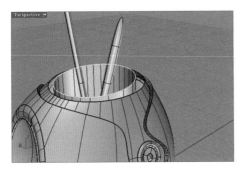

图6-46　选择要改变的未修剪曲面边缘

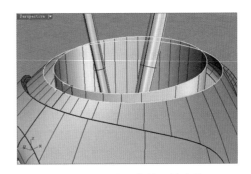

图6-47　选取要衔接至的边缘

第5步，命令提示为"移动曲线接缝点，按Enter完成（反转（F）　自动（A）　原本的（N））："时，适当移动曲线接缝点，确认后回车，弹出"衔接曲面"对话框，选取适当的选项后，如图6-48所示。单击"确定"按钮，完成曲面衔接，如图6-49所示。

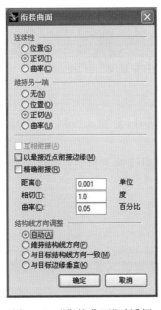

图6-48　"衔接曲面"对话框

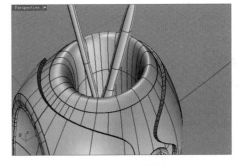

图6-49　完成衔接曲面

2. 操作及选项说明

（1）"多重衔接（M）"：可以同时衔接一个以上边缘，如图6-50所示。

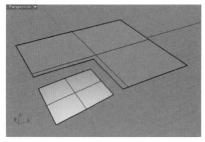

| (a) 两个衔接边缘 | (b) 完成曲面衔接 |

图 6-50　多重衔接曲面

（2）"连续性"选项组：指定两曲面间的连续性，可以从 G0～G2。

（3）"互相衔接（A）"复选框：如果目标曲面的边缘是未修剪边缘，两个曲面的形状会被互相衔接调整。

（4）"精确衔接（R）"复选框：若衔接后两曲面边缘的误差大于绝对公差，则会在曲面上增加 ISO，使两个曲面边缘的误差小于绝对公差。

（5）"以最接近点衔接边缘（M）"复选框：要衔接的曲面边缘每个控制点会与目标曲面边缘的最近点进行衔接，否则两个曲面边缘会对齐，如图 6-51 所示。

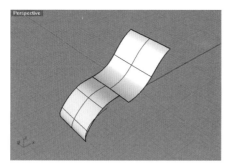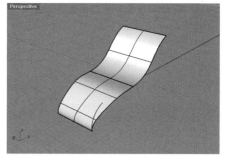

| (a) 选中"以最接近点衔接边缘" | (b) 未选中"以最接近点衔接边缘" |

图 6-51　以最接近点衔接边缘

（6）"维持另一端（E）"复选框：当两曲面边缘节点不同时，会加入控制点，保持另一端不被改变。

（7）"结构线方向调整"复选框：设置要衔接的曲面结构线的方向，以调整衔接曲面的形态。

注意：

（1）改变的曲面边缘必须是未修剪的边缘。

（2）封闭的曲面边缘不能衔接到开放的边缘。

（3）"衔接曲面"命令适用于非常接近的曲面边缘，衔接曲面只需做小幅度调整就可完成精确衔接。

6.6.2　曲面的合并

1. 调用命令的方式和步骤

调用命令的方式如下。

菜单：执行"曲面"|"曲面编辑工具"|"合并"命令。

图标："主要2"|"曲面"工具栏中的🔄图标按钮。

键盘命令：MergeSrf。

操作步骤如下。

第1步，打开6-52.3dm文件，如图6-52所示。

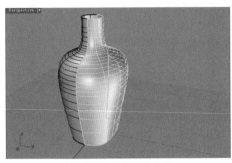
(a) 需要合并的两个曲面

(b) 着色模式

图6-52　合并曲面前

第2步，单击🔄图标按钮，调用"合并曲面"命令。

第3步，命令提示为"选取一对要合并的曲面（平滑（S）＝是　公差（T）＝0.001　圆度（R）＝1）："时，选择要合并的曲面，完成合并曲面，如图6-53所示。

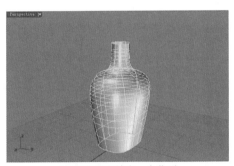
(a) 两曲面合并为一个曲面

(b) 着色模式下表面光滑

图6-53　完成合并曲面

注意：

（1）需要合并的两个曲面必须有共同的边缘，而且是曲面未修剪的边缘，边缘两端的端点要相互对齐。

（2）合并曲面命令使两个曲面变为一个曲面，而且重组UV线，与"组合"不同。组合命令也是将两个曲面组合为一个整体，但是接缝线不会消失，只是将两个曲面粘在一起而已。

2．操作及选项说明

（1）"平滑（S）"：选择"是"，则平滑地合并两个曲面，合并后的曲面比较适合以控制点调整，但曲面会有相应变形。选择"否"，两个曲面直接合并，不会有曲面变化，如图6-54所示。

（2）"公差（T）"：两个要合并的边缘距离必须小于的公差值。

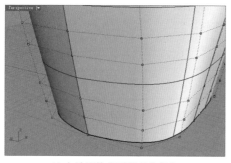
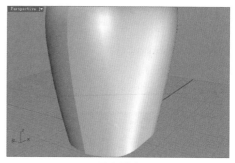

(a) 合并后的曲面形态未变化　　　　　　　　(b) 着色模式下

图 6-54　"平滑"为否的情况

(3)"圆度(R)"：设定合并曲面的圆度,设置的数值必须介于 0(尖锐)与 1(平滑)之间。

6.7　通过控制点编辑曲面

很多细节部分的形态无法通过创建曲面工具完成,只能通过曲面编辑工具。通过调节控制点调整曲面是很常用的方法,适用于任何复杂的曲面,与 3D 中的可编辑多边形类似。

6.7.1　改变曲面阶数

需要编辑的曲面,可改变曲面阶数,重新调整结构线和控制点,为编辑曲面做准备。

1. 调用命令的方式和步骤

调用命令的方式如下。

菜单：执行"编辑"|"改变阶数"命令。

图标："主要 2"|"曲面"工具栏中的  图标按钮。

键盘命令：ChangeDegree。

操作步骤如下。

第 1 步,打开 6-55.3dm 文件,如图 6-55 所示。

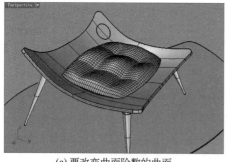
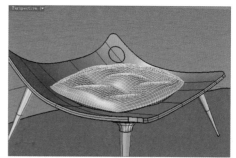

(a) 要改变曲面阶数的曲面　　　　　　　　(b) 选取曲面

图 6-55　选取要改变曲面阶数的曲面

第 2 步,单击 图标按钮,调用"改变曲面阶数"命令。

第 3 步,命令提示为"选取要改变阶数的曲线或曲面:"时,选择要改变的曲面。

第 4 步,命令提示为"选取要改变阶数的曲线或曲面,按 Enter 完成:"时,回车,完成选择,如图 6-55 所示。

第 5 步,命令提示为"新的 U 阶数<3>(可塑形的(D)=否):"时,输入新的阶数 4,回车。

第 6 步,命令提示为"新的 V 阶数<3>(可塑形的(D)=否):"时,输入新的阶数 4,回车,如图 6-56 所示。

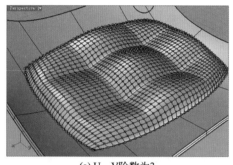

(a) U、V阶数为3　　　　　　　　　　(b) U、V阶数为4

图 6-56　改变曲面阶数

2. 操作及选项说明

"可塑形的(D)":选择"是",且原来的曲线/曲面的阶数和改变后的阶数不同时,曲线会稍微变形,但不会产生复节点。选择"否",且原曲线/曲面阶数小于改变后的阶数时,新曲线/曲面会保持形状不变,但会产生复节点;若原曲面阶数大于改变后的,则曲面会稍微变形,但不会产生复节点。

注意:

(1) 提供曲面阶数时,控制点增加,曲面会变得平滑。

(2) 改变阶数时增加或减少的控制点数以改变的阶数而定,阶数越高,控制点越多。

6.7.2　缩回已修剪曲面

当曲面被修剪后,还会保持原有的结构线和控制点,该命令可以使原始的曲面边缘缩回到曲面的修剪边缘附近,便于编辑曲面。

调用命令的方式如下。

菜单:执行"曲面"|"曲面编辑工具"|"缩回已修建曲面"命令。

图标:"主要 2"|"曲面"工具栏中的▨图标按钮。

键盘命令:ShrinkTrimmedSrf。

操作步骤如下。

第 1 步,打开 6-57.3dm 文件,如图 6-57 所示。

第 2 步,单击▨图标按钮,调用"缩回已修建曲面"命令。

第 3 步,命令提示为"选取要缩回的已修剪曲面:"时,选择曲面,如图 6-57 所示。

第 4 步,命令提示为"选取要缩回的已修剪曲面,按 Enter 完成:"时,回车,完成选择。

缩回已修剪曲面前后对比,如图 6-58 和图 6-59 所示。

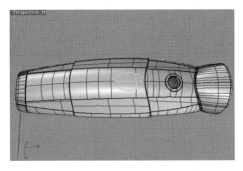

图 6-57　选择已修剪曲面

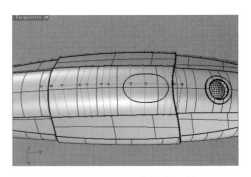

图 6-58　缩回已修剪曲面前

注意:缩回已修剪曲面的控制点分布情况是根据曲面的 UV 线分布情况决定的,见图 6-59,控制点分布不均匀。当将曲面重建后,曲面的 UV 线重新排布后,控制点也相应分布均匀,如图 6-60 所示。

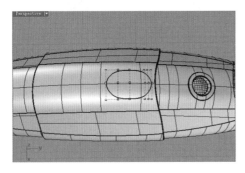

图 6-59　缩回已修剪曲面后

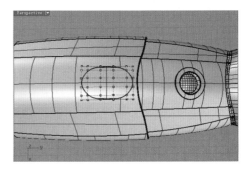

图 6-60　重建曲面后

6.7.3　通过控制点编辑曲面

调整完曲面的结构线和控制点后,可通过调整曲面的控制点来改变曲面形状,与编辑曲线控制点相同。

调用命令的方式如下。

菜单:执行"编辑"|"控制点"|"开启控制点"命令。

图标:单击"主要 2"工具栏中的图标按钮。

键盘命令:PointsOn。

操作参见第 4.3.1 小节。

6.8　曲面的重建

重建曲面和重建曲线类似,该命令可以对曲面上的 UV 控制线、曲率等进行调整,对于自由曲面的形态调整有很大作用。

1. 调用命令的方式和步骤

调用命令的方式如下。

菜单：执行"编辑"|"重建"命令。

图标："主要 2"|"曲面"工具栏中的 图标按钮。

键盘命令：Rebuild。

操作步骤如下。

第 1 步，打开 6-61.3dm 文件，如图 6-61
所示。

第 2 步，单击 图标按钮，调用"重建曲面"
命令。

第 3 步，命令提示为"选取要重建的曲线或
曲面："时，选择需要重建的曲面，回车，完成选
择，如图 6-61 所示。

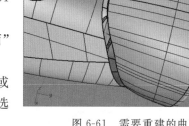

图 6-61　需要重建的曲面

第 4 步，弹出"重建曲面"对话框，如图 6-62
所示。修改曲面控制点和阶数，单击"确定"按钮，完成曲面重建，如图 6-63 所示。

图 6-62　"重建曲面"对话框

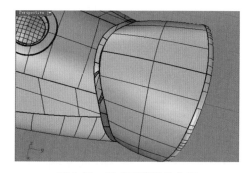

图 6-63　完成重建后的曲面

2. 操作及选项说明

（1）"点数"选项组：设置曲面重建后 UV 两个方向的控制点数，点数越多曲面越易调
节，但是控制点越多曲面越不平滑，调节难度也会增大，可根据需要设置。

（2）"阶数"选项组：设置曲面重建后的阶数，可以设置 1～11，直面的阶数为 1。

（3）"删除输入物体(D)"复选框：用于建立新物体的物体会被删除，会导致无法记录建
构历史。

（4）"目前的图层(L)"复选框：在目前的图层建立新曲面，取消选择则在原曲面图层建
立新曲面。

（5）"重新修剪(R)"复选框：以原边缘曲线修剪重建后的曲面。

（6）"计算(U)"按钮：计算原曲面和重建后的曲面偏差值。

6.9　曲面的检测和分析

在建模过程中,经常会需要对曲面进行分析,为后面的建模提供参照,Rhino 5.0 提供了丰富的曲面检测和分析工具。

6.9.1　分析方向

1. 调用命令的方式和步骤

调用命令的方式如下。

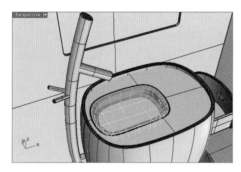

图 6-64　选择要显示方向的曲面

菜单:执行"分析"|"方向"命令。

图标:单击"主要 2"工具栏中的 图标按钮。

键盘命令:Dir。

操作步骤如下。

第 1 步,打开 6-64.3dm 文件,如图 6-64 所示。

第 2 步,单击 图标按钮,调用"分析方向"命令。

第 3 步,命令提示为"选取要显示方向的物体"时,选择要分析的曲面。

第 4 步,命令提示为"选取要显示方向的物体,按 Enter 完成:"时,可继续选择要分析的曲面,如图 6-64 所示。或回车,完成曲面选择,显示曲面方向。如图 6-65 所示,可以看到两相邻曲线的方向不一致。

第 5 步,命令提示为"按 Enter 完成(反转 U(U)　反转 V(V)　对调 UV(S)　反转(F)):"时,可选择反转曲面方向,可选择显示方向箭头的模式,便于观察。回车,完成曲面方向分析。

注意:

(1) 直接单击箭头即可改变曲面方向,或右击 图标按钮,调用"反转方向"命令,直接改变曲面方向,如图 6-66 所示。

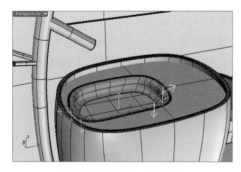

图 6-65　曲面方向不一致

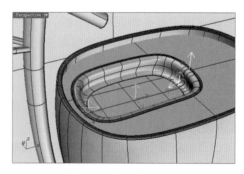

图 6-66　曲面方向一致

（2）封闭的曲面、多重曲面的法线方向只能朝外。

（3）若曲面方向不一致，渲染时可能会出现错误，方向相反的曲面不显示。方向不一致还会影响到一些命令的不同结果。例如，布尔运算过程中，方向不一致导致布尔运算方法不同。因此在建模过程中一定要检测曲面方向。

（4）为了方便查看曲面的方向，一般在建模初期，对曲面的内表面与外表面设置不同的颜色显示，如图 6-65 所示。

2．操作及选项说明

（1）"全部反转（F）"：反转曲面方向。

（2）"对调 UV（S）"：对调曲面的 UV 方向。

（3）"反转 U（F）"：反转 U 方向。

（4）"反转 V（L）"：反转 V 方向。

6.9.2　曲率分析

曲率分析通过在曲面上显示曲率分析的假色，可以显示曲面的各种类型的曲率信息，是检查曲面质量很常用的工具。

1．调用命令的方式和步骤

调用命令的方式如下。

菜单：执行"分析"|"曲面"|"曲率分析"命令。

图标：单击"主要 2"|"分析"工具栏中的图标按钮。

键盘命令：CurvatureAnalysis。

操作步骤如下。

第 1 步，打开 6-67.3dm 文件，如图 6-67 所示。

第 2 步，单击图标按钮，调用"曲率分析"命令。

第 3 步，命令提示为"选取要做曲率分析的物件"时，选择要分析的曲面，如图 6-67 所示。

第 4 步，命令提示为"选取要做曲率分析的物件。按 Enter 完成："时，回车，结束选择。

第 5 步，弹出"曲率"对话框，如图 6-68 所示。对选项进行相应的选择，完成曲率分析，如图 6-69 所示。

图 6-67　选择分析的曲面

图 6-68　"曲率"对话框

2. 操作及选项说明

（1）"造型"选项组：显示曲率的形式，可以找出曲面形状不正常的位置，例如：突起、凹洞曲面的某个部分会大于或小于周围。

① "高斯"曲率可以判断一个曲面是否为可展开平面，红色表示正数，绿色为 0，蓝色为负数。

② "平均"显示平均曲率的绝对值，用于找出曲面曲率变化较大的部分，如图 6-70 所示。

图 6-69　完成曲率分析　　　　　　　　图 6-70　"平均"造型并显示结构线

（2）"最大范围"按钮：将红色对应到曲面曲率最大的部分，将蓝色对应到曲面曲率最小的部分。

注意：分析自由造型的 NURBS 曲面时，必须使用较精细的网格才能得到较准确的分析结果。

6.9.3　斑马纹分析

斑马纹分析在曲面或网格上显示分析条纹，这个命令可以显示曲面间的连续性，以视觉的方式分析曲面的平滑度、曲率和其他属性，是检查曲面质量很常用的工具。

1. 调用命令的方式和步骤

调用命令的方式如下。

菜单：执行"分析"|"曲面"|"斑马纹"命令。

图标：单击"主要 2"|"分析"|"曲面分析"工具栏中的 图标按钮。

键盘命令：Zebra。

操作步骤如下。

第 1 步，打开 6-71.3dm 文件，如图 6-71 所示。

第 2 步，单击 图标按钮，调用"斑马纹"命令。

第 3 步，命令提示为"选取要做斑马纹分析的物件"时，选择要分析的曲面。

第 4 步，命令提示为"选取要做斑马纹分析的物件。按 Enter 完成："时，继续选择要分析的曲面。或回车，完成选择，如图 6-71 所示。

第 5 步，弹出"斑马纹选项"对话框，如图 6-72 所示。根据斑马纹显示情况进行选项选择，观察曲面质量，如图 6-73 所示。可选择"显示结构线"细致的观察曲面质量，如图 6-74 所示，观察完成后，关闭对话框。

图 6-71　选取分析曲面

图 6-72　"斑马纹选项"对话框

图 6-73　查看曲面质量

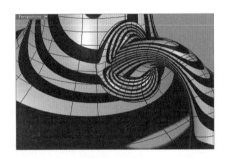

图 6-74　显示结构线查看曲面质量

2. 操作及选项说明

斑马纹的形状会有三种类型,如图 6-75 所示曲面连续性的对比。

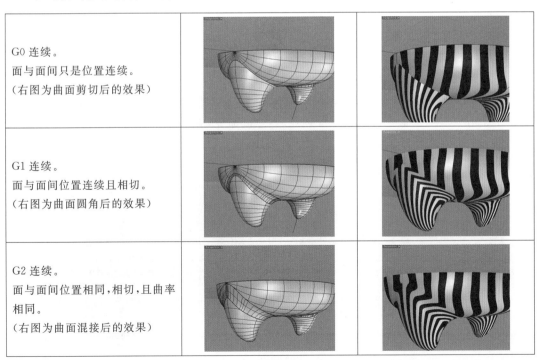

G0 连续。 面与面间只是位置连续。 (右图为曲面剪切后的效果)		
G1 连续。 面与面间位置连续且相切。 (右图为曲面圆角后的效果)		
G2 连续。 面与面间位置相同,相切,且曲率相同。 (右图为曲面混接后的效果)		

图 6-75　曲面连续性的对比

（1）两曲面边缘重合，斑马纹在相接处相互错开，则表示两曲面以 G0 连续性相接，位置相同。

（2）两曲面相接，斑马纹在相接处对齐，但是有锐角，则表示两曲面以 G1 连续性相接，位置相同且相切。

（3）两曲面相接处斑马纹平滑连接，则表示两曲面以 G2 连续性相接，位置相同，相切，且曲率相同。

6.10　上机操作实验指导五　创建电饭煲三维模型

创建如图 6-76 所示的电饭煲三维模型，效果图如图 6-77 所示，主要涉及命令包括"从网线建立曲面"命令、"放样"命令、"嵌面"命令、"曲面圆角"命令、"混接曲面"命令、"拼接曲面"命令、"切割曲面"命令和"控制点编辑"命令等。

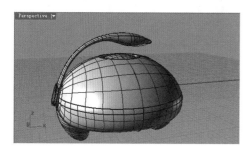

图 6-76　电饭煲三维模型

图 6-77　电饭煲效果图

操作步骤如下。

步骤 1　创建新文件

参见第 1 章，操作过程略。

步骤 2　网格曲线的绘制

第 1 步，单击 图标按钮，输入(0,0)坐标点，画一个中心参考点。单击 图标按钮，调用"圆：中心点、半径"命令，开启"物件锁点"|"点"命令，在 Top 视图中捕捉中心参考点确定圆心。输入半径为 15.5，完成圆 1 的绘制，如图 6-78 所示。用同样的方法在 Front 视图中绘制半径为 15.5 的圆 2，如图 6-79 所示。

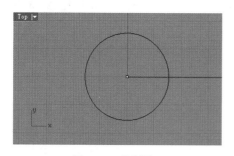

图 6-78　绘制圆 1

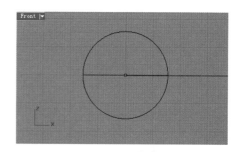

图 6-79　绘制圆 2

第 2 步，单击 图标按钮，调用"重建曲线"命令，在 Front 视图中选取圆 2，输入点数为

8,阶数为3,重建曲线。打开控制点后,可以看到曲线的控制点为8,如图 6-80 所示。

(a) 重建曲线控制面板

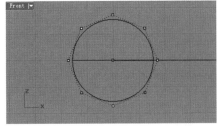
(b) 重建后的曲线

图 6-80　重建曲线

第 3 步,单击 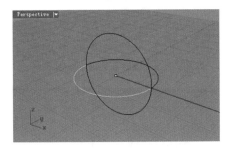 图标按钮,调用"分割"命令,分割圆 1,如图 6-81 所示。用同样的方法分割圆 2,如图 6-82 所示。

图 6-81　分割圆 1

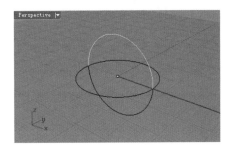

图 6-82　分割圆 2

第 4 步,单击 图标按钮,调用"开启控制点"命令,在 Front 视图中,调整网格曲线,如图 6-83 所示。

注意:调整曲线时,可以开启"平面模式"功能。调整过程中按住 Shift 键,将对称的两点同时上下移动。

第 5 步,单击 图标按钮,调用"2D 旋转"命令,单击"复制(C)"命令选项,在 Top 视图中完成曲线的复制并旋转 90°,如图 6-84 所示。

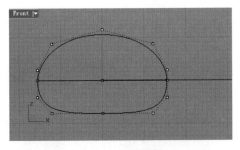

图 6-83　调整曲线

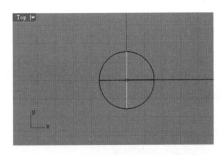

图 6-84　Top 视图中复制旋转曲线

步骤 3　创建主体曲面

第 1 步,创建上半部曲面

操作如下:

命令: **_NetworkSrf**	单击圆图标按钮,调用"从网线建立曲面"命令
选取网线中的曲线(不自动排序(N)):	选择第一条曲线
选取网线中的曲线。按 Enter 完成(不自动排序(N)):	按顺序选择曲线,如图 6-85 所示,回车
弹出"以网线建立曲面"对话框:	单击"确定"按钮,完成曲面创建,如图 6-86 所示

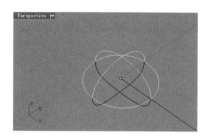

图 6-85　选择网格曲线

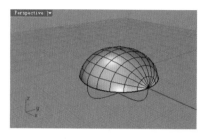

图 6-86　完成曲面创建

第 2 步,创建下半部曲面,方法同上。选择下部曲线,如图 6-87 所示,弹出"以网线建立曲面"对话框,边缘设置为"相切",单击"确定"完成主体曲面创建,如图 6-88 所示。

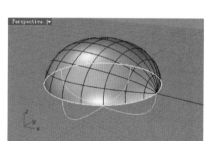

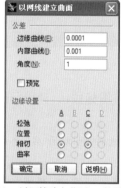

(a) 选择网格曲线　　　(b) "以网线建立曲面" 对话框

图 6-87　以网线建立曲面

注意:在选择两半圆曲线时,应该选择弹出菜单中的"边缘曲线"。

步骤 4　创建底部曲面

第 1 步,单击图图标按钮,将主体曲面隐藏,在 Front 视图中,单击图图标按钮,绘制路径曲线,如图 6-89 所示。

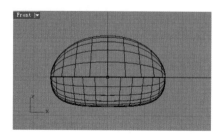

图 6-88　完成曲面创建

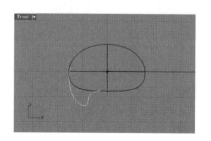

图 6-89　绘制路径曲线

第 2 步,单击 图标按钮,调用"圆：直径"命令,开启"物件锁点"|"端点",在
Perspective 视图中绘制一条截面圆曲线,如图 6-90 所示。

第 3 步,在 Front 视图中,绘制直线。并单击 图标按钮,调用"分割"命令,将曲线分割
为两段,如图 6-91 所示。

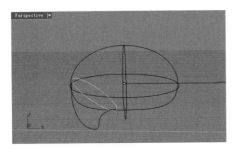

图 6-90　绘制截面曲线

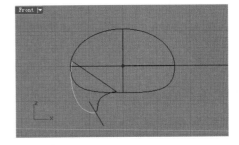

图 6-91　分割曲线

第 4 步,创建底部曲面。

操作如下：

命令：_Sweep2	单击 图标按钮,调用"双轨扫掠"命令
选取第一条路径(连锁边缘(C))：	选择第一条曲线
选取路径：	选择第二条路径
选取断面曲线(点(P))：	选择截面曲线
选取断面曲线。按 Enter 完成(点(P))：	单击"确定"按钮,完成曲面创建,如图 6-92 所示
移动曲线接缝点,按 Enter 完成(反转(F)　自动	回车
(A)　原本的(N))：↵	
弹出"双轨扫掠选项"对话框：	

第 5 步,单击 图标按钮,调用"镜像"命令,将曲面镜像,如图 6-93 所示。

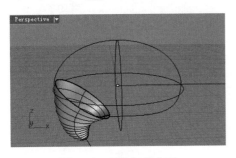

图 6-92　双轨扫掠曲面

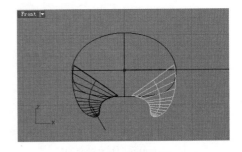

图 6-93　镜像曲面

注意：镜像轴,可以利用"正交"功能和"点"物件锁点来捕捉参考中心点。

第 6 步,右击 图标按钮,恢复主体曲面的隐藏,再隐藏上部曲面,如图 6-94 所示。

第 7 步,修剪相交曲面。

操作如下：

命令：_Trim

选取切割用物件（延伸直线（E）=否 视角交点（A）=否）：　　　　　　　单击 ⊿ 图标按钮，调用"修剪"命令
　　　　　　　　　　　　　　　　　　　　　　　选择下半曲面

选取切割用物件。按 Enter 完成（延伸直线（E）=否　　回车
视角交点（A）=否）：↵

选取要修剪的物件（延伸直线（E）=否　视角交点（A）=　　选择下部交叉部分曲面，完成曲面修剪，如
否）：　　　　　　　　　　　　　　　　　　　　　　图 6-95 所示

选取要修剪的物件，按 Enter 完成（延伸直线（E）=否　　回车
视角交点（A）=否　　复原（U））：↵

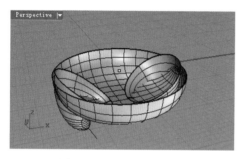

图 6-94　完成曲面的创建

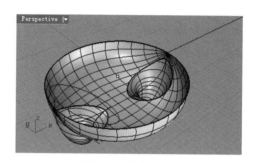

图 6-95　修剪曲面

第 8 步，采用圆管分割曲面，然后进行曲面混接处理。单击 ❖ 图标按钮，调用"组合"命令，将修剪后的曲面进行组合。单击 ✋ 图标按钮，调用"圆管（平头盖）"时选取曲线，如图 6-96 所示。输入圆管半径为 1.5，如图 6-96 所示。单击 ⊿ 图标按钮，调用"分割"命令，用圆管将曲面分割，如图 6-97 所示。单击 ⟳ 图标按钮，调用"混接曲面"命令，将分割开的两个曲面进行混接，如图 6-98 所示。用同样的方式，将另一侧的曲面作相同的处理。

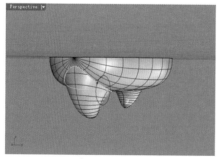

(a) 选取建立圆管曲线

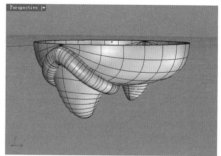

(b) 完成圆管命令

图 6-96　建立圆管

步骤 5　创建屏幕曲面

第 1 步，右键单击 💡 图标按钮，使上半曲面显示。在 Top 视图中，绘制切割圆，半径为 5.3，如图 6-99 所示。

第 2 步，单击 ⊿ 图标按钮，调用"分割"命令，分割曲面，如图 6-100 所示。

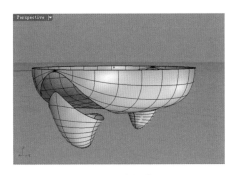

图 6-97　剪切曲面

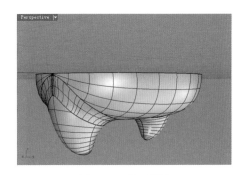

图 6-98　曲面混接

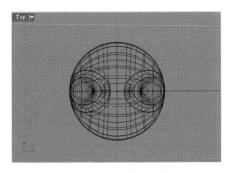

图 6-99　绘制圆形

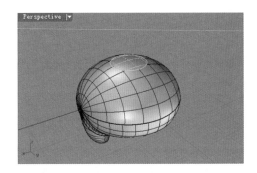

图 6-100　分割曲面

第 3 步，删除分割后的圆曲面，并且将分割圆移动到合适的位置，如图 6-101 所示。

第 4 步，绘制逼近的嵌面曲线。单击 图标按钮，调用"多重直线"命令，开启"物件锁点"|"四分点"，绘制一条直线，如图 6-102 所示。单击 图标按钮，调用"重建曲线"命令，重建直线为 3 阶 5 点的直线。单击 图标按钮，调用"开启控制点"命令，在 Front 视图中调节曲线，如图 6-103 所示。

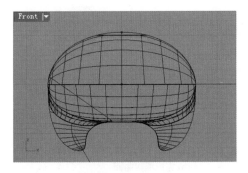

图 6-101　移动曲线

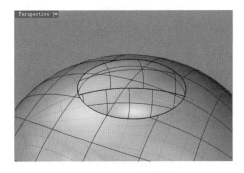

图 6-102　绘制直线

第 5 步，单击 图标按钮，调用"嵌面"命令，选择圆和凸起曲线，完成曲面创建，如图 6-104 所示。

第 6 步，创建连接曲面。

操作如下：

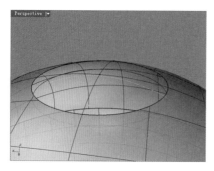

图 6-103　调节曲线

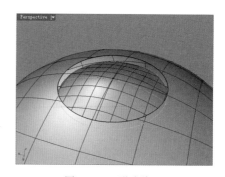

图 6-104　形成嵌面

命令：**_BlendSrf**

选取第一个边缘的第一段(自动连锁(A)=是　连锁连续性(C)=相切　方向(D)=两方向　接缝公差(G)=0.001　角度公差(N)=1)：

选取第一个边缘的下一段,按 Enter 完成(复原(U)　下一个(N)　全部(A)　自动连锁(T)=是　连锁连续性(C)=相切　方向(D)=两方向　接缝公差(G)=0.001　角度公差(L)=1)：↵

选取第二个边缘的第一段(自动连锁(A)=是　连锁连续性(C)=相切　方向(D)=两方向　接缝公差(G)=0.001　角度公差(N)=1)：

移动曲线接缝点,按 Enter 完成(反转(F)　自动(A)　原本的(N))：↵

选取要调整的控制点,按住 Alt 键并移动控制杆调整边缘处的角度,按住 Shift 做对称调整

单击 图标按钮,启动"混接曲面"命令

选择第一个曲面边缘

回车

选择第二个曲面边缘

回车,弹出"调整曲面混接"对话框

单击"确定"按钮,完成曲面混接,如图 6-105 所示

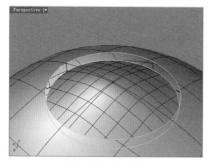

(a) 选取混接曲面边缘线

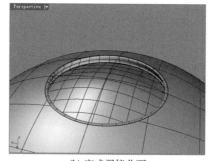

(b) 完成混接曲面

图 6-105　混接曲面

步骤 6　创建按钮

第 1 步,在 Top 视图中捕捉中心参考点绘制圆,半径为 1.15 与 0.9 的同心圆,水平方向右移,竖直方向上移,移动到曲面上部合适的位置,如图 6-106 所示。

第 2 步,单击 图标按钮,调用"将曲线拉至曲面"命令,将圆拉至上部曲面,如图 6-107

所示。

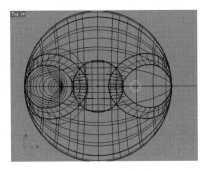

图 6-106　绘制圆

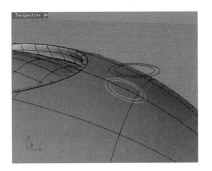

图 6-107　投影至曲面

第 3 步，单击 图标按钮，调用"圆弧：与数条曲线正切"命令，选择投影圆，选择曲面上边缘曲线，绘制一条连接曲线。单击 图标按钮，调用"镜像"命令，将此圆弧曲线镜像复制，最终完成连接曲线的绘制，如图 6-108 所示。

第 4 步，选择曲面上的圆弧曲线与圆，分割曲面，如图 6-109 所示。

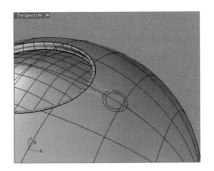

图 6-108　连接曲线

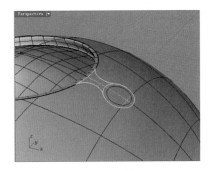

图 6-109　切割曲面

第 5 步，删除圆形曲面，如图 6-110 所示。

第 6 步，在 Front 视图中，向下移动曲面上同心圆中较大的圆，向上移动同心圆中较小的圆，如图 6-111 所示。

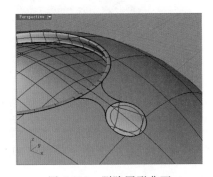

图 6-110　删除圆形曲面

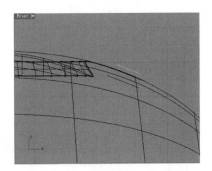

图 6-111　移动曲面上同心圆

第 7 步，单击 图标按钮，调用"放样"命令，依次选择两圆形曲线，完成曲面创建，单击 图标按钮，调用"嵌面"命令，完成按钮的封口，如图 6-112 所示。

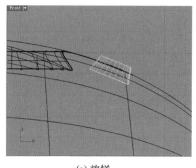

(a) 放样   (b) 平面曲面

图 6-112　按钮制作

第 8 步，曲面倒角。

操作如下：

命令：**_FilletSrf**　　　　　　　　　　　　单击 图标按钮，调用"曲面圆角"命令

选取要建立圆角的第一个曲面 (半径 (R) = 1.000　单击"半径 (R)"命令选项

延伸 (E) = 是　修剪 (T) = 是)：

圆角半径 <1.000>：　　　　　　　　　　　输入圆角半径值 0.5

选取要建立圆角的第一个曲面 (半径 (R) = 0.5　选择放样曲面

延伸 (E) = 是　修剪 (T) = 是)：

选取要建立圆角的第二个曲面 (半径 (R) = 0.5　选择平面，完成曲面圆角，如图 6-113 所示

延伸 (E) = 是　修剪 (T) = 是)：

第 9 步，单击 图标按钮，调用"混接曲面"命令，完成按钮边缘曲面混接，如图 6-114 所示，完成按钮创建。

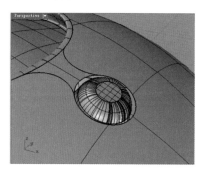
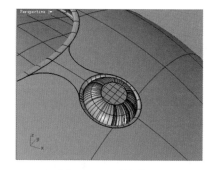

图 6-113　曲面圆角   图 6-114　混接曲面

步骤 7　切割曲面

在 Front 视图中，绘制直线，单击 图标按钮，调用"分割"命令，完成下部曲面的分割，如图 6-115 所示。

步骤 8　创建连接曲面

第 1 步，在 Right 视图中绘制曲线，如图 6-116 所示。

第 2 步，单击 图标按钮，调用"挤出封闭的平面曲线"命令创建挤出体，如图 6-117 所示。

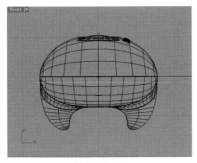
(a) 绘制直线

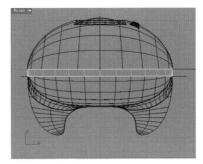
(b) 曲面分割

图 6-115　切割曲面

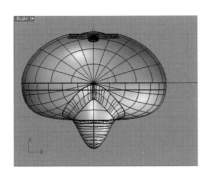
图 6-116　绘制曲线

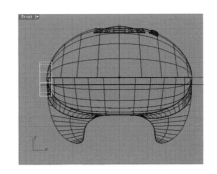
图 6-117　创建挤出体

第 3 步,单击 图标按钮,调用"2D 旋转"命令,在 Front 视图中将原曲线倾斜,如图 6-118 所示。

第 4 步,单击 图标按钮,调用"不等距边缘圆角"命令,输入半径为 1,完成倒角曲面,如图 6-119 所示。

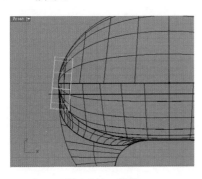
图 6-118　旋转

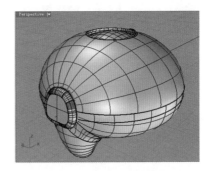
图 6-119　曲面圆角

步骤 9　创建把手

第 1 步,在 Front 视图中绘制曲线,并将曲线上下复制两条曲线,如图 6-120 所示。

第 2 步,隐藏复制好的曲线,在 Top 视图中调整原曲线的控制点,并将曲线移动到合适的位置后镜像复制,如图 6-121 所示。

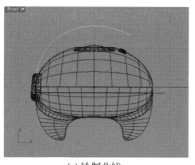

(a) 绘制曲线

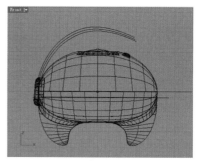
(b) 复制曲线

图 6-120　复制把手曲线

第 3 步，取消隐藏曲线，在 Front 视图中调节上下两条曲线，如图 6-122 所示。

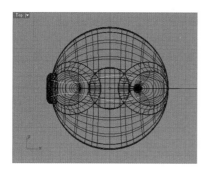

图 6-121　调整并镜像曲线

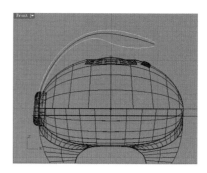

图 6-122　在 Front 视图中绘制曲线

第 4 步，开启"物件锁点"|"最近点"，在曲线转折处绘制几条横断线，如图 6-123 所示。

第 5 步，单击⊕图标按钮，调用"椭圆：直径"命令，开启"物件锁点"|"端点"，绘制断面曲线，如图 6-124 所示。

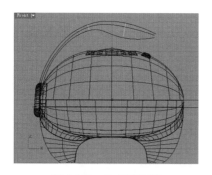

图 6-123　绘制横断线

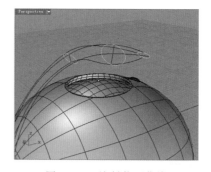

图 6-124　绘制截面曲线

第 6 步，单击🔲图标按钮，调用"双轨扫掠"命令，选择路径曲线后，依次选择图 6-124 中的断面曲线，回车，完成双轨扫掠曲面创建，如图 6-125 所示。

第 7 步，单击🔲图标按钮，调用"以平面曲线建立曲面"命令，完成封面，如图 6-126 所示。

第 8 步，单击🔲图标按钮，调用"曲面圆角"命令，输入半径为 0.1，完成倒角曲面，如

图 6-127 所示。

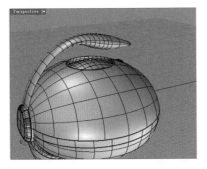

图 6-125　双轨扫掠

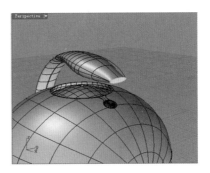

图 6-126　平面曲面

图 6-127　曲面圆角

步骤 10　保存模型文件

参见第 1 章,操作过程略。

6.11　上　机　题

创建江南火鸟设计 3D LOGO,三维模型和效果图如图 6-128 所示,主要涉及"控制点曲线"命令、"多重直线"命令、"重建"命令、"开启控制点"命令和"双轨扫掠"命令。

(a) 3D LOGO三维模型

(b) 3D LOGO效果图

图 6-128　江南火鸟设计 3D LOGO

建模提示:

第1步,在 Top 视图中,导入火鸟 LOGO 图片作为背景图,绘制 LOGO 轮廓曲线。单击◦图标按钮,调用"点"命令,在曲线交点处绘制分割点,如图 6-129(a)所示。单击▓图标按钮,调用"重建"命令,设置控制点数为 5,阶数为 3。将该曲线控制点开启,然后在 Right视图中,通过控制点进行调节编辑,完成扫掠曲线的绘制。如图 6-129(b)所示。

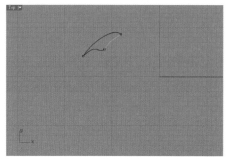 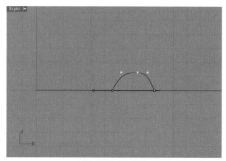

(a)路径曲线与截面线　　　　　　　　　　　　**(b)调整截面线**

图 6-129　轮廓曲线的绘制与分割

第2步,单击▧图标按钮,调用"双轨扫掠"命令,选取路径曲线和截面曲线。同理,重复以上步骤,如图 6-130(a)所示。

第3步,单击▧图标按钮,调用"多重直线"命令,绘制截面直线,如图 6-130(b)所示。然后在 Right 视图中,通过控制点调节截面线,重复双轨扫掠命令,完成 LOGO 创建,见图 6-128(a)。

(a)重复分割、重建与双轨扫掠　　　　　　　　**(b)截面直线的绘制**

图 6-130　火鸟 LOGO 建模

第7章 实体的创建和编辑

创建实体的方式多种多样，Rhino 提供了标准实体模型的创建命令，可以直接创建立方体、球体、椭圆体、圆锥体和棱锥体等标准实体模型。另外，还可以通过曲面的挤出来创建不规则的实体模型。利用 Rhino 提供的布尔运算命令，可以创建复杂的实体。

本章内容如下。

（1）标准实体创建的方法和步骤。

（2）挤出实体创建的方法和步骤。

（3）对象布尔运算的方法和步骤。

（4）边缘斜角的方法和步骤。

（5）边缘圆角的方法和步骤。

（6）平面洞加盖的方法和步骤。

（7）对象炸开的方法和步骤。

（8）对象组合的方法和步骤。

7.1 标准实体的创建

Rhino 5.0 为用户提供了多种标准实体模型，包括立方体、球体、椭圆体、圆锥体、棱锥体、圆柱体、圆柱管、圆环体、圆管等，且每种标准模型都包含多种创建方式。图 7-1 所示为"建立实体"工具栏，本节将详细介绍常用到的 10 种标准实体模型的创建方式和步骤。

图 7-1 "建立实体"工具栏

7.1.1 立方体的创建

1. 调用命令的方式和步骤

调用命令的方式如下。

（1）菜单：执行"实体"|"立方体"命令。

（2）图标：单击"主要 1"|"建立实体"工具栏中的⬛图标按钮。

（3）键盘命令：Box。

操作步骤如下。

第 1 步，单击⬛图标按钮，调用"立方体"命令。

第 2 步，命令提示为"底面的第一角：（对角线（D） 三点（P） 垂直（V） 中心点（C））："时，在 Top 视图中指定立方体的第一个角点 A，如图 7-2 所示。

第 3 步，命令提示为"底面的另一角或长度："时，在 Top 视图中指定立方体第二个角点 B，如图 7-2 所示。

第 4 步，命令提示为"高度，按 Enter 套用宽度："时，输入立方体高度值为 5，回车，完成立方体的创建，如图 7-3 所示。

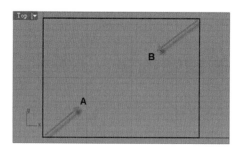

图 7-2 指定立方体的角点

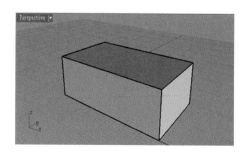

图 7-3 完成立方体的创建

2. 操作及选项说明

（1）对角线（D）：指定底面对角线和高度创建立方体。

（2）三点（P）：指定三点和高度创建立方体。

（3）垂直（V）：创建与工作平面垂直的立方体。

（4）中心点（C）：指定底面中心点和高度创建立方体。

7.1.2 球体的创建

1. 调用命令的方式和步骤

调用命令的方式如下：

（1）菜单：执行"实体"|"球体"命令。

（2）图标：单击"主要 1"|"建立实体"工具栏中的 ◉ 图标按钮。

（3）键盘命令：Sphere。

操作步骤如下。

第 1 步，单击 ◉ 图标按钮，调用"球体"命令。

第 2 步，命令提示为"球体中心点：（两点（P）　三点（O）　正切（T）　环绕曲线（A）　四点（I）　配合点（F））："时，在 Top 视图中指定球体的中心点 O，如图 7-4 所示。

第 3 步，命令提示为"半径 ＜6.000＞（直径（D）　定位（O）　周长（C）　面积（A））："时，输入球体半径值为 6，回车，完成球体的创建，如图 7-5 所示。

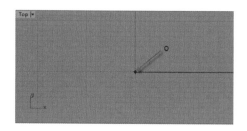

图 7-4 指定球体中心点

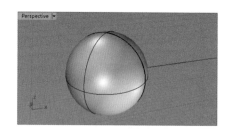

图 7-5 完成球体的创建

2. 操作及选项说明

（1）两点（P）：指定两点创建球体，两点确定球体的直径。

（2）三点（O）：指定三点创建球体，三点构成球体最大截面。

（3）正切（T）：创建与已知曲线正切的球体。

（4）环绕曲线（A）：在已知曲线上指定一点，作为球心，创建在该点与曲线垂直的球体。

（5）四点（I）：指定四点创建球体，前三个点确定基底圆形，第四个点决定球体的大小。

（6）配合点（F）：配合多个点创建球体。

7.1.3 椭圆体的创建

1. 调用命令的方式和步骤

调用命令的方式如下。

（1）菜单：执行"实体"|"椭圆体"命令。

（2）图标：单击"主要1"|"建立实体"工具栏中的◉图标按钮。

（3）键盘命令：Ellipsoid。

操作步骤如下。

第1步，单击◉图标按钮，调用"椭圆体"命令。

第2步，命令提示为"椭圆体中心点（角（C） 直径（D） 从焦点（F） 环绕曲线（A））："时，在 Top 视图中指定椭圆体中心点 O，如图 7-6 所示。

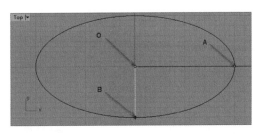

图 7-6　指定椭圆体中心点和轴终点

第3步，命令提示为"第一轴终点（角（C））："时，在 Top 视图中指定第一轴终点 A，如图 7-6 所示。

第4步，命令提示为"第二轴终点："时，在 Top 视图中指定第二轴终点 B，如图 7-6 所示。

第5步，命令提示为"第三轴终点："时，在 Right 视图中指定第三轴终点 C，如图 7-7 所示。完成椭圆体的创建，如图 7-8 所示。

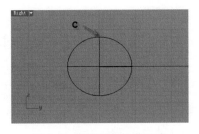

图 7-7　指定椭圆体轴终点

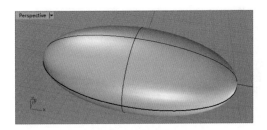

图 7-8　完成椭圆体的创建

2. 操作及选项说明

（1）角（C）：指定两角点绘制椭圆，再指定第三轴终点，创建椭圆体。

（2）直径（D）：指定直径两端点，再指定第三轴终点，创建椭圆体。

（3）从焦点(F)：指定两焦点，再指定椭圆体上的点，创建椭圆体。

（4）环绕曲线(A)：在已知曲线上指定椭圆体的中心点，创建在该点与曲线垂直椭圆体。

7.1.4 圆锥体的创建

1. 调用命令的方式和步骤

调用命令的方式如下。

（1）菜单：执行"实体"|"圆锥体"命令。

（2）图标：单击"主要1"|"建立实体"工具栏中的◢图标按钮。

（3）键盘命令：Cone。

操作步骤如下。

第1步，单击◢图标按钮，调用"圆锥体"命令。

第2步，命令提示为"圆锥体底面(方向限制(D)=垂直　实体(S)=是　两点(P)　三点(O)　正切(T)　配合点(F))："时，在Top视图中指定圆锥体底面中心点O，如图7-9所示。

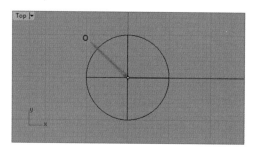

图7-9　指定底面中心点

第3步，命令提示为"半径<5.000>(直径(D)　周长(C)　面积(A))："时，输入底面半径值为5，回车。

第4步，命令提示为"圆锥体顶点："时，在Front视图中指定圆锥体顶点A，如图7-10所示。完成圆锥体的创建，如图7-11所示。

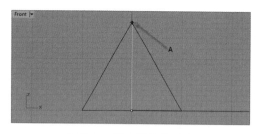

图7-10　指定圆锥体顶点

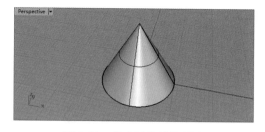

图7-11　完成圆锥体的创建

2. 操作及选项说明

（1）方向限制(D)：选择"无"，方向限制的基准点可以是3D空间中的任何一点。选择"垂直"，绘制一个与工作平面垂直的圆。选择"环绕曲线"，绘制一个与曲线垂直的圆。

（2）两点（P）：指定两点确定底面圆直径创建圆锥体。

（3）三点（O）：指定三点确定底面圆创建圆锥体。

（4）正切（T）：绘制一个与数条曲线相切的底面圆创建圆锥体。

（5）配合点（F）：绘制一个配合多个点的底面圆创建圆锥体。

7.1.5　棱锥体的创建

1. 调用命令的方式和步骤

调用命令的方式如下。

（1）菜单：执行"实体"|"棱锥体"命令。

（2）图标：单击"主要 1"|"建立实体"工具栏中的 △图标按钮。

（3）键盘命令：Pyramid。

操作步骤如下。

第 1 步，单击 △图标按钮，调用"棱锥体"命令。

第 2 步，命令提示为"内接棱锥中心点（边数（N）＝5　外切（C）　边（D）　星形（S）　方向限制（I）＝垂直　实体（O）＝是）："时，在 Top 视图中指定棱锥体底面中心点 O，如图 7-12 所示。

第 3 步，命令提示为"棱锥的角（边数（N）＝5）："时，在 Top 视图中指定棱锥体底面的角点 A，如图 7-12 所示。

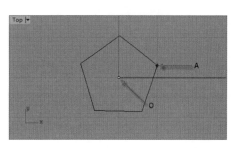

图 7-12　指定棱锥底面中心点和角点

第 4 步，命令提示为"指定点："时，在 Front 视图中指定棱锥体顶点 B，如图 7-13 所示。回车，完成棱锥体的创建，如图 7-14 所示。

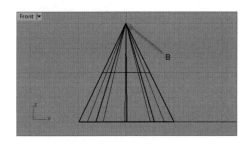

图 7-13　指定棱锥体的顶点

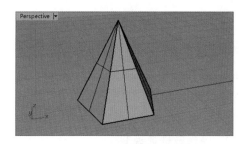

图 7-14　完成棱锥体的创建

2. 操作及选项说明

（1）边数（N）：设置棱锥体底面正多边形的边数。

（2）外切（C）：指定底面正多边形内切圆创建棱锥体。

（3）边（D）：指定底面正多边形的边长创建棱锥体。

（4）星形（S）：指定星形的底面，创建棱锥体。

（5）方向限制（I）：参见圆锥体相关选项。

7.1.6 平顶锥体的创建

1. 调用命令的方式和步骤

调用命令的方式如下。

(1) 菜单：执行"实体"|"平顶锥体"命令。

(2) 图标：单击"主要 1"|"建立实体"工具栏中的 图标按钮。

(3) 键盘命令：TCone。

操作步骤如下。

第 1 步，单击 图标按钮，调用"平顶锥体"命令。

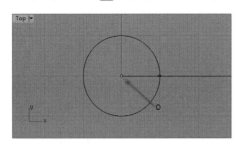

图 7-15 指定平顶锥体底面中心点

第 2 步，命令提示为"平顶锥体底面中心点（方向限制(D)＝垂直　实体(S)＝是　两点(P)三点(O)　正切(T)　配合点(F))："时，在 Top 视图中指定平顶锥体底面中心点 O，如图 7-15 所示。

第 3 步，命令提示为"底面半径＜6.000＞（直径(D)　周长(C)　面积(A))："时，输入底面半径值为 6，回车。

第 4 步，命令提示为"平顶锥体顶面中心点＜10.000＞："时，指定平顶锥体顶面中心点。

第 5 步，命令提示为"顶面半径＜3.000＞（直径(D))："时，输入平顶锥体顶面半径值为 3，回车，完成平顶锥体的创建，图 7-16 所示。

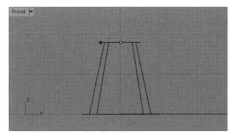

(a) 指定顶部圆

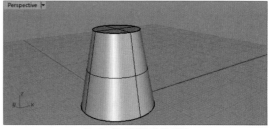

(b) 完成平顶椎体的创建

图 7-16 平顶锥体三维模型创建

2. 操作及选项说明

(1) 方向限制(D)：参见圆锥体相关选项。

(2) 两点(P)：指定直径两端点确定圆创建平顶锥体。

(3) 三点(O)：指定三个点确定圆创建平顶锥体。

(4) 正切(T)：绘制一个与数条曲线相切的圆创建平顶锥体。

(5) 配合点(F)：适应多个空间点，创建平顶锥体。

7.1.7 圆柱体的创建

1. 调用命令的方式和步骤

调用命令的方式如下。

（1）菜单：执行"实体"|"圆柱体"命令。

（2）图标：单击"主要 1"|"建立实体"工具栏中的 图标按钮。

（3）键盘命令：Cylinder。

操作步骤如下。

第 1 步，单击 图标按钮，调用"圆柱体"命令。

第 2 步，命令提示为"圆柱体底面(方向限制(D)＝垂直　实体(S)＝是　两点(P)　三点(O)　正切(T)　配合点(F))："时，在 Top 视图中指定圆柱体底面中心点 O，如图 7-17 所示。

第 3 步，命令提示为"半径 ＜3.000＞(直径(D)　周长(C)　面积(A))："时，输入圆柱体底面半径值为 3，回车。

第 4 步，命令提示为"圆柱体端点(两侧(A)＝否)："时，输入圆柱体高度值为 10，回车，完成圆柱体的创建，如图 7-18 所示。

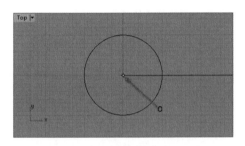

图 7-17　指定圆柱体底面中心点

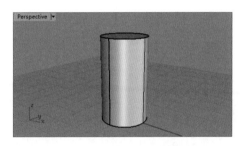

图 7-18　完成圆柱体的创建

2. 操作及选项说明

（1）方向限制(D)：指定创建圆柱体的方向。

（2）两点(P)：指定直径两端点确定底圆创建圆柱体。

（3）三点(O)：指定圆周上三个点确定底圆创建圆柱体。

（4）正切(T)：绘制一个与数条曲线相切的底圆创建圆柱体。

（5）配合点(F)：绘制一个配合多个点的底圆创建圆柱体。

【例 7-1】　创建棋子模型。

操作步骤如下。

第 1 步，在 Top 视图中创建球体。

操作如下：

命令：_Sphere	单击 图标按钮，启动"球体"命令
球体中心点(两点(P)　三点(O)　正切(T)　环绕曲线(A)　四点(I)　配合点(F))：**0,0**↵	输入球体中心点 O 的坐标值，如图 7-19 所示
半径<2.000>((直径(D)　定位(O)　周长(C)　面积(A))：**2**↵	输入半径值为 2，回车

第 2 步，在 Front 视图中将球体向上移动，移动距离值为 10，如图 7-20 所示。

第 3 步，在 Top 视图创建圆锥体。

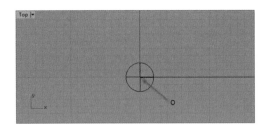

图 7-19 指定球体中心点

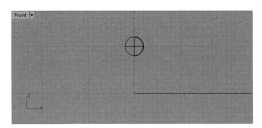

图 7-20 移动球体

操作如下:

命令：_Cone	单击 ◀ 图标按钮,启动"圆锥体"命令
圆锥体底面(方向限制(D)=垂直 实体(S)=否 两点(P) 三点(O) 正切(T) 配合点(F)):**0,0**↵	输入圆锥体中心点 O 的坐标值,如图 7-21 所示
半径<4.00>((直径(D) 周长(C) 面积(A))):**4**↵	输入圆锥体半径值为 4,回车
圆锥体顶点:	指定圆锥体顶点 A,如图 7-22 所示

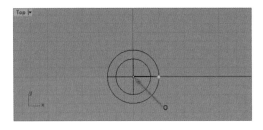

图 7-21 指定圆锥体中心点

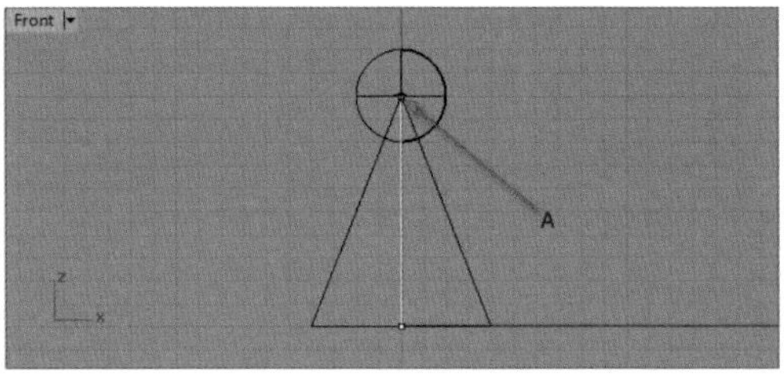

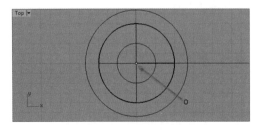

图 7-22 创建圆锥体

第 4 步,在 Top 视图中创建圆柱体。

操作如下:

命令：_Cylinder	单击 ◯ 图标按钮,启动"圆柱体"命令
圆柱体底面(方向限制(D)=垂直 实体(S)=是 两点(P) 三点(O) 正切(T) 配合点(F)):	选取圆柱体中心点 O,如图 7-23 所示
半径<10.00>(直径(D) 周长(C) 面积(A)):**5**↵	输入圆柱体体半径值为 5,回车
圆柱体端点<8.000>(两侧(A)=否):**1**↵	输入圆柱体高度值为 1,回车,如图 7-24 所示

图 7-23 指定圆柱体中心点

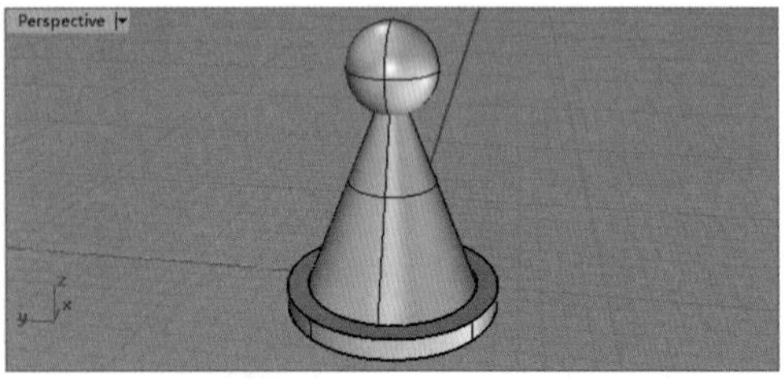

图 7-24 完成棋子三维模型的创建

7.1.8 圆柱管的创建

1. 调用命令的方式和步骤

调用命令的方式如下。

(1) 菜单：执行"实体"|"圆柱管"命令。

(2) 图标：单击"主要1"|"建立实体"工具栏中的 ▣ 图标按钮。

(3) 键盘命令：Tube。

操作步骤如下。

第1步，单击 ▣ 图标按钮，调用"圆柱管"命令。

第2步，命令提示为"圆柱管底面(方向限制(D)＝垂直　实体(S)＝是　两点(P)　三点(O)　正切(T)　配合点(F))："时，在 Top 视图中指定圆柱管底面中心点 O，如图 7-25 所示。

第3步，命令提示为"半径 ＜4.000＞(直径(D)　周长(C)　面积(A))："时，输入圆柱管外半径值为4，回车，如图 7-26 所示。

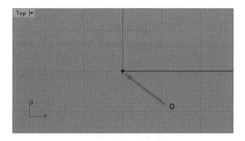

图 7-25　指定圆管底面中心点

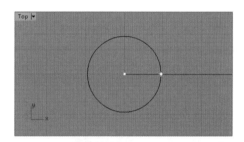

图 7-26　输入外半径值

第4步，命令提示为"半径＜3.000＞(管壁厚度(A)＝1)："时，输入圆柱管内半径值为3，回车，如图 7-27 所示。

第5步，命令提示为"圆柱管的端点 ＜10.000＞(两侧(A)＝否)："时，输入圆柱管的高度值为10，回车，完成圆柱管的创建，如图 7-28 所示。

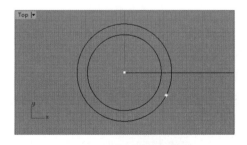

图 7-27　输入内半径值

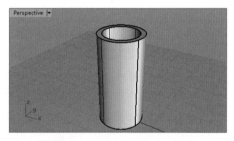

图 7-28　完成圆柱管的创建

2. 操作及选项说明

(1) 方向限制(D)：参见圆锥体相关选项。

(2) 两点(P)：指定直径两端点绘制底面外圆创建圆柱管。

(3) 三点(O)：指定圆周上三个点确定底面外圆创建圆柱管。

（4）正切（T）：绘制一个与数条曲线相切的底面外圆创建圆柱管。

（5）配合点（F）：绘制一个配合多个点的底面外圆创建圆柱管。

7.1.9　环状体的创建

1. 调用命令的方式和步骤

调用命令的方式如下。

（1）菜单：执行"实体"|"环状体"命令。

（2）图标：单击"主要1"|"建立实体"工具栏中的 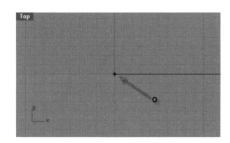 图标按钮。

（3）键盘命令：Torus。

操作步骤如下。

第1步，单击 图标按钮，调用"环状体"命令。

第2步，命令提示为"环状体中心点（垂直（V）　两点（P）　三点（O）　正切（T）　环绕曲线（A）　配合点（F）："时，在 Top 视图中指定环状体中心点 O，如图 7-29 所示。

第3步，命令提示为"半径 <6.000>（直径（D）　定位（O）　周长（C）　面积（A））："时，输入环状体半径值为6，回车。

第4步，命令提示为"第二半径 <1.000>（直径（D）　固定内侧半径（F）＝否）："时，输入环状体截面半径值为1，回车，完成环状体的创建，如图 7-30 所示。

图 7-29　指定环状体中心点

图 7-30　完成环状体的创建

2. 操作及选项说明

（1）垂直（V）：垂直于视图平面创建圆环。

（2）两点（O）：指定直径两端点确定一圆形创建圆环。

（3）三点（O）：指定圆周上的三个点确定一圆创建圆环。

（4）正切（T）：绘制一个与数条曲线相切的圆创建圆环。

（5）环绕曲线（A）：在已知曲线上指定圆环的中心点，创建在该点与曲线垂直的圆环。

（6）配合点（F）：绘制一个配合多个点的圆创建圆环。

7.1.10　圆管的创建

1. 调用命令的方式和步骤

调用命令的方式如下。

（1）菜单：执行"实体"|"圆管"命令。

（2）图标：单击"主要1"|"建立实体"工具栏中的 图标按钮。

（3）键盘命令：Pipe。

操作步骤如下。

第1步，绘制一条曲线，如图7-31所示。

第2步，单击 图标按钮，调用"圆管"命令。

第3步，命令提示为"选取要建立圆管的曲线（连锁边缘（C） 数条曲线（M））："时，选取曲线。

第4步，命令提示"起点半径 <2.000>（直径（D） 有厚度（T）＝否 加盖（C）＝平头 渐变形式（S）＝局部 正切点不分割（F）＝否）："时，输入起点半径值为2，回车，如图7-32所示。

图7-31 绘制圆管曲线

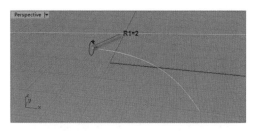

图7-32 指定曲线起点半径

第5步，命令提示为"终点半径 <1.000>（直径（D） 渐变形式（S）＝局部 正切点不分割（F）＝否）："时，输入终点半径值为1，回车，如图7-33所示。

第6步，命令提示为"设置半径的下一点，按Enter不设置："时，回车，完成圆管的创建，如图7-34所示。

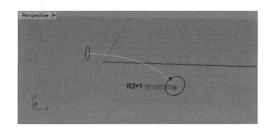

图7-33 指定曲线终点半径

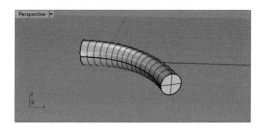

图7-34 完成圆管的创建

注意：在第6步中，如果不结束圆管命令，在曲线上移动光标可以继续在需要的位置添加半径，如图7-35所示，完成圆管的创建，如图7-36所示。

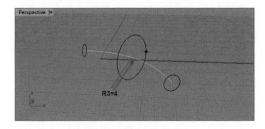

图7-35 再次指定半径

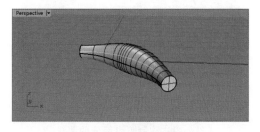

图7-36 完成圆管的创建

2. 操作及选项说明

(1) 直径(D)：该选项可以切换以半径或直径绘制圆。

(2) 有厚度(T)：选择"是"，建立空心的圆管；选择"否"，建立实心的圆管。

(3) 加盖(C)：设置圆管两端的加盖形式。选择"无"，不加盖；选择"平头"，以平面加盖；选择"圆头"，以半球曲面加盖。

【例 7-2】 创建节能灯模型。

操作步骤如下。

第 1 步，绘制节能灯灯头的主体曲线，如图 7-37 所示。

第 2 步，调用旋转命令，创建节能灯灯头，如图 7-38 所示。

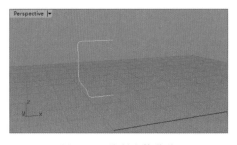
图 7-37　绘制主体曲线

图 7-38　旋转成型

第 3 步，在 Front 视图绘制灯管曲线，如图 7-39 所示。

第 4 步，创建圆管，并镜像创建另一灯管，如图 7-40 所示。

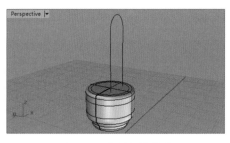
图 7-39　绘制灯管曲线

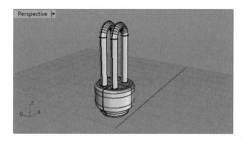
图 7-40　完成圆管的创建，并镜像

第 5 步，在 Front 视图中，绘制节能灯头的底部曲线，如图 7-41 所示。

第 6 步，调用旋转命令，创建节能灯头底部实体，如图 7-42 所示。

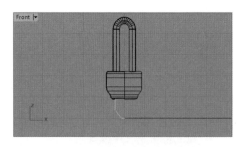
图 7-41　绘制下半部分的曲线

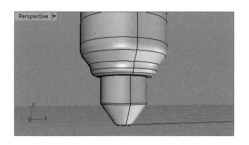
图 7-42　旋转成型

第7步,调用旋转命令,创建底部铜片如图7-43和图7-44所示。

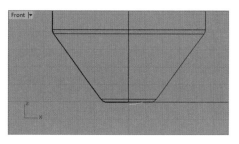

图 7-43　绘制铜片曲线

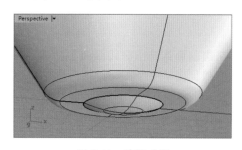

图 7-44　旋转成型

第8步,在Front视图中绘制螺旋曲线,创建圆管,并布尔运算,如图7-45~图7-47所示。创建的节能灯模型如图7-48所示。

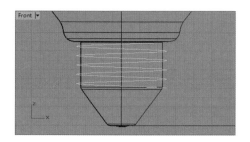

图 7-45　绘制螺旋槽曲线

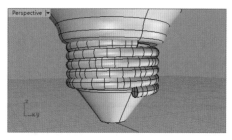

图 7-46　调用圆管命令

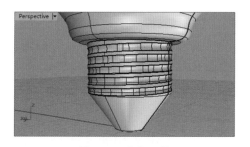

图 7-47　布尔运算

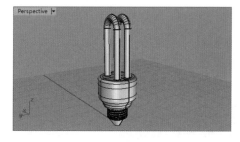

图 7-48　完成节能灯模型创建

操作如下:

命令: **_Pipe**	右击 🍩 图标按钮,启动"圆管"命令
选取要建立圆管的曲线(连锁边缘(C)　数条曲线(M)):	选取圆管曲线,见图7-45
起点半径<1.00>(直径(D)　有厚度(T)=否　加盖(C)=平头　渐变形式(S)=局部　正切点不分割(F)=否): **0.6↵**	输入起点半径值为0.6,回车
终点半径 1.00>(直径(D)　渐变形式(S)=局部　正切点不分割(F)=否): **0.6↵**	输入终点半径值为0.6,回车
设置半径的下一点,按Enter不设置:↵	回车,创建出圆管,并进行布尔,作为螺旋槽,如图7-46所示

7.2 挤出实体的创建

挤出曲面或挤出封闭曲线创建实体是一种常用的实体建模方式,与挤出曲线创建曲面非常类似。图 7-49 所示为"挤出建立实体"工具栏。第一排命令是由挤出曲面创建实体;第二排命令是挤出封闭曲线创建实体。这两类命令的操作方式和步骤基本相同,所以本节介绍挤出曲面的 4 个命令。

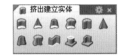

图 7-49 "挤出建立实体"工具栏

7.2.1 挤出曲面

1. 调用命令的方式和步骤

调用命令的方式如下。

(1) 菜单:执行"实体"|"挤出曲面"|"直线"命令。

(2) 图标:单击"主要 1"|"建立实体"|"挤出建立实体"工具栏中的 🅰 图标按钮。

(3) 键盘命令:ExtrudeSrf。

操作步骤如下。

第 1 步,打开文件 7-50.3dm。利用"挤出曲面"命令创建一个铅笔主体模型。

第 2 步,单击 🅰 图标按钮,调用"挤出曲面"命令。

第 3 步,命令提示为"选取要挤出的曲面:"时,选取挤出曲面,如图 7-50 所示。

第 4 步,命令提示为"选取要挤出的曲面。按 Enter 完成:"回车。

第 5 步,命令提示为"挤出距离 <160>(方向(D) 两侧(B)=否 实体(S)=是 删除输入物件(L)=否 至边界(T) 分割正切点(P)=否 设定基准点(A)):"时,输入挤出距离值为 160,回车,如图 7-51 所示,完成铅笔的主体创建。

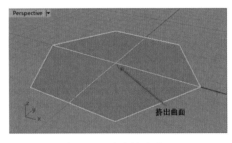

图 7-50 选取挤出曲面

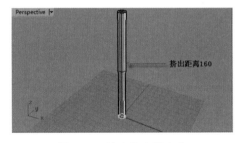

图 7-51 输入挤出距离值

第 6 步,同以上步骤完成笔芯的创建,如图 7-52 和图 7-53 所示。

第 7 步,在 Front 视图中,绘制曲线,并调用旋转命令,如图 7-54 所示。

第 8 步,调用"布尔运算差集"[①]命令,选择主体和笔芯,减掉多余的部分,完成铅笔模型的创建,如图 7-55 所示。

---

① 参见第 7.3.2 小节。

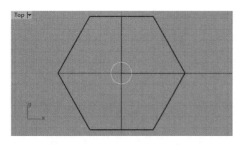

图 7-52　挤出笔芯

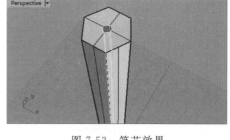

图 7-53　笔芯效果

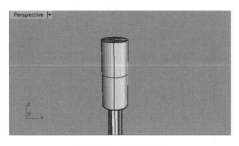

图 7-54　布尔运算

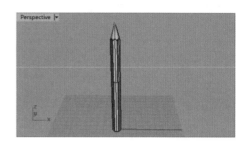

图 7-55　最终效果

2. 操作及选项说明

（1）方向（D）：可以单击，先定义一个参考点，然后再单击一点确定拉伸方向。

（2）两侧（B）：选择"否"，为单向拉伸。选择"是"，为双向拉伸。

（3）删除输入物件（E）：删除原始挤出对象。

（4）至边界（T）：将曲面挤出到边界曲面。

7.2.2　挤出曲面至点

1. 调用命令的方式和步骤

调用命令的方式如下。

菜单：执行"实体"|"挤出曲面"|"至点"命令。

图标：单击"主要 1"|"建立实体"|"挤出建立实体"工具栏中的 ▲ 图标按钮。

键盘命令：ExtrudeSrfToPoint。

操作步骤如下。

第 1 步，打开文件 7-56.3dm，如图 7-56 所示。利用"挤出曲面至点"命令创建一个锥子模型。

第 2 步，单击 ▲ 图标按钮，调用"挤出去面至点"命令。

第 3 步，命令提示为"选取要挤出的曲面："时，选取挤出曲面，如图 7-57 所示。

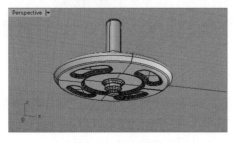

图 7-56　调用模型

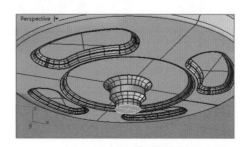

图 7-57　选取挤出曲面

第 4 步,命令提示为"选取要挤出的曲面。按 Enter 完成:"回车。

第 5 步,命令提示为"挤出的目标点(实体(S)＝是　删除输入物件(D)＝否　至边界(T)　分割正切点(P)＝否):"时,在 Front 视图中指定挤出目标点 A,如图 7-58 所示。完成陀螺模型的创建,如图 7-59 所示。

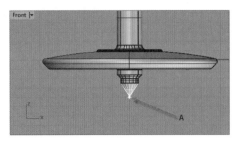

图 7-58　指定挤出目标点 A

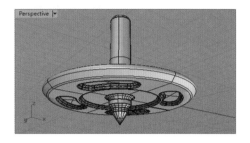

图 7-59　完成陀螺三维模型的创建

2. 操作及选项说明

(1) 删除输入物件(D):删除原始挤出对象。

(2) 至边界(T):将曲面挤出到边界曲面。

7.2.3　挤出曲面成锥状

1. 调用命令的方式和步骤

调用命令的方式如下。

(1) 菜单:执行"实体"|"挤出曲面"|"锥状"命令。

(2) 图标:单击"主要 1"|"建立实体"|"挤出建立实体"工具栏中的 图标按钮。

(3) 键盘命令:ExtrudeSrfTapered。

操作步骤如下。

第 1 步,打开文件 7-60.3dm,如图 7-60 所示。利用"挤出曲面成锥状"命令创建一个果盘模型。

第 2 步,单击 图标按钮,调用"挤出曲面成锥状"命令。

第 3 步,命令提示为"选取要挤出的曲面:"时,选取挤出曲面,回车,如图 7-61 所示。

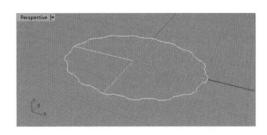

图 7-60　选取挤出曲面

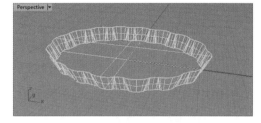

图 7-61　完成挤出曲面成锥形

第 4 步,命令提示为"选取要挤出的曲面。按 Enter 完成:"回车。

第 5 步,命令提示为"挤出距离 ＜8.00＞(方向(D)　拔模角度(R)＝5　实体(S)＝是　角(C)＝锐角　删除输入物件(L)＝否　反转角度(F)　至边界(T)　设定基准点(B)):"时,单击"拔模角度(R)"选项。

第6步,命令提示为"拔模角度 <5.00>:"时,输入拔模角度值为10,回车。

第7步,命令提示为"挤出距离 <8.00>(方向(D) 拔模角度(R)=5 实体(S)=是 角(C)=锐角 删除输入物件(L)=否 反转角度(F) 至边界(T) 设定基准点(B)):"时,输入挤出距离值为8,回车,如图7-61所示。结束"挤出曲面成锥状"命令。

第8步,复制该锥形实体并向上移动,移动距离值为6,如图7-62所示。

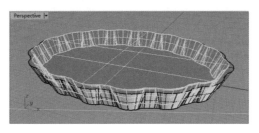

图7-62 复制并移动实体

第9步,执行"布尔运算差集"命令[①],用下面的实体减掉上面的实体,完成差运算,

第10步,果盘底部进行倒圆角,如图7-63所示。完成果盘模型的创建,如图7-64所示。

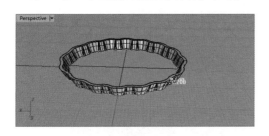 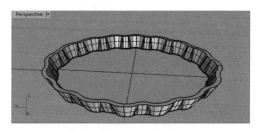

图7-63 选择底边,进行倒圆角　　　　图7-64 完成果盘三维模型的创建

2. 操作及选项说明

(1) 方向(D):可以单击,先定义一个参考点,然后再单击一点确定拉伸方向。

(2) 拔模角度(R):设置拔模角度。

(3) 删除输入物件(L):删除原始挤出对象。

(4) 反转角度(F):切换拔模角度数值为正或为负。

(5) 至边界(T):将曲面挤出到边界曲面。

7.2.4 沿着曲线挤出曲面

1. 调用命令的方式和步骤

调用命令的方式如下。

(1) 菜单:执行"实体"|"挤出曲面"|"沿着曲线"命令。

(2) 图标:单击"主要1"|"建立实体"|"挤出建立实体"工具栏中的图图标按钮。

(3) 键盘命令:ExtrudeSrfAlongCrv。

操作步骤如下。

---

① 参见第7.3.2小节。

第1步，打开文件 7-65.3dm，如图 7-65 所示。利用"沿着曲线挤出曲面"命令创建一个卡通凳。

第2步，单击■图标按钮，调用"沿着曲线挤出曲面"命令。

第3步，命令提示为"选取要挤出的曲面："时，选取挤出曲面，如图 7-65 所示。

第4步，命令提示为"选取要挤出的曲面。按 Enter 完成："回车。

第5步，命令提示为"选取路径曲线在靠近起点处(实体(S)＝否　删除输入物件(D)＝否　子曲线(U)＝否　至边界(T)　分割正切点(P)＝否)："时，选取路径曲线，如图 7-65 所示。完成"沿着曲线挤出曲面"命令，创建出凳子腿，如图 7-66 所示。结束"沿着曲线挤出曲面"命令。

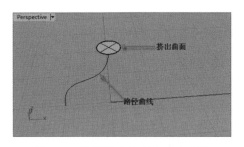

图 7-65　选取挤出曲面和挤出曲线

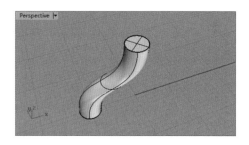

图 7-66　沿着曲线挤出凳子腿

第6步，利用"环形阵列"命令，选取挤出实体，阵列数目值为 4，旋转角度为 360°，阵列出其他的凳子腿，利用"边缘圆角"[①]命令，并对凳子腿进行圆角，如图 7-67 和图 7-68 所示。

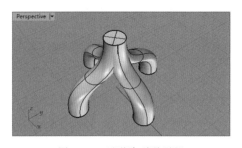

图 7-67　环形阵列凳子腿

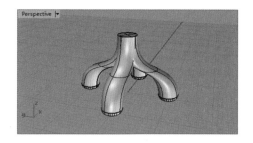

图 7-68　给凳子腿倒圆角

第7步，画出凳子面的截面线，如图 7-69 所示，并对其进行旋转，得到实体凳子面，如图 7-70 所示。

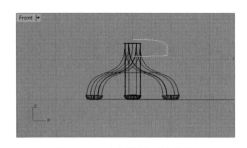

图 7-69　画出凳子面的曲线

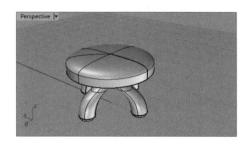

图 7-70　调用旋转命令创建凳面

---

① 参见第 7.5 节。

第 8 步,利用"边缘圆角"命令,选取建立圆角的实体边缘,如图 7-71 所示,距离值为 1,完成"边缘圆角"命令,完成凳子模型的创建,如图 7-72 所示。

图 7-71　对凳子的底面进行圆角

图 7-72　完成凳子模型的创建

2. 操作及选项说明

(1) 删除输入物件(D): 删除原始挤出对象。

(2) 子曲线(U): 在路径曲线上指定两个点为曲线挤出的距离。

(3) 至边界(T): 将曲面挤出到边界曲面。

【例 7-3】　创建相框模型。

操作步骤如下。

第 1 步,在 Front 视图中绘制挤出曲线,如图 7-73 所示。

第 2 步,执行"挤出封闭平面曲线"命令,挤出实体作为相框架,如图 7-74 所示。

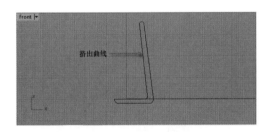

图 7-73　绘制挤出曲线

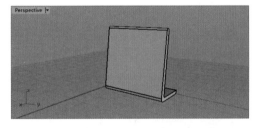

图 7-74　挤出相框架

操作如下:

命令: _ExtrudeCrv　　　　　　　　　　右击 📦 图标按钮,启动"挤出封闭的平面曲线"命令

选取要挤出的曲线:　　　　　　　　　　选取挤出曲线,如图 7-73 所示

选取要挤出的曲线,按 Enter 完成:　　回车,结束选择

挤出长度<0>(方向)(D)　两侧(B)=否　实体(S)=否　输入挤出距离值为 30,回车,创建出相框架

删除输入物件(L)=否　至边界(T)　分割正切点(P)=　模型,如图 7-74 所示

否　设定基准点(A)): 30 ↲

第 3 步,在 Right 视图中绘制挤出曲线,如图 7-75 所示。执行"挤出封闭平面曲线"命令,挤出实体并作为相框,挤出距离值为 0.4,具体操作参照第 2 步,移动相框至相框架表面,如图 7-76 所示。

第 4 步,在 Right 视图中绘制曲线,如图 7-77 所示,执行"挤出封闭平面曲线"命令。挤出圆柱体,挤出距离值为6,如图7-78所示。

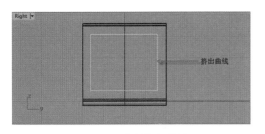

图 7-75　绘制挤出曲线

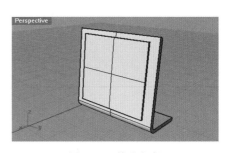

图 7-76　挤出相框

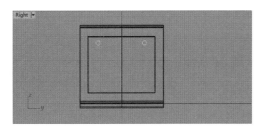

图 7-77　绘制挤出曲线

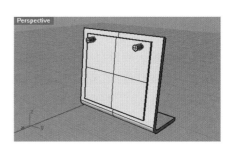

图 7-78　挤出圆柱体

第5步,执行"布尔运算差集"命令,用相框裁剪掉圆柱体,完成差集布尔运算,创建出相框孔的特征,如图7-79所示。

第6步,创建圆环,圆环半径值为3,圆环截面半径值为0.4,复制并移动至合适位置,完成相框的创建,如图7-80所示。

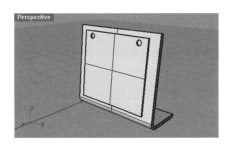

图 7-79　完成差集布尔运算

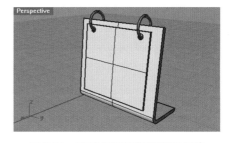

图 7-80　完成相框三维模型的创建

7.3　对象的布尔运算

利用布尔运算命令可以对实体或曲面进行数学运算,它是三维软件最基本的功能,布尔运算包括并集、差集、交集三种运算方式。需要注意的是,布尔运算不仅可以应用于实体与实体之间,也适用于实体与曲面、曲面与曲面之间(参考实体与曲面的布尔运算)。

7.3.1　布尔运算并集

"布尔运算并集"可以将多个实体合并为一个实体。对于曲面与实体,曲面与曲面的合并,由于曲面法线方向的不同,导致其结果并不唯一,可以更改曲面的法线方向进行调整。

调用命令的方式如下。

菜单:执行"实体"|"并集"命令。

图标:单击"主要 2"|"实体"工具栏中的图标按钮。

键盘命令:BooleanUnion。

1. 实体与实体的并集

调用命令的步骤。

操作步骤如下。

第 1 步,打开文件 7-81.3dm,如图 7-81 所示。

第 2 步,单击图标按钮,调用"布尔运算并集"命令。

第 3 步,命令提示为"选取要并集的曲面或多重曲面:"时,窗选立方体和球体。

第 4 步,命令提示为"选取要并集的曲面或多重曲面,按 Enter 完成:"时,回车,完成实体的并集,如图 7-82 所示。

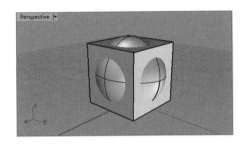

图 7-81　实体并集前

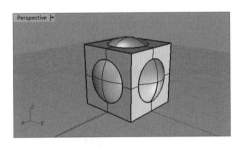

图 7-82　实体并集后

注意:

(1) 实体与实体之间必须有公共相交的部分才能进行"布尔运算并集"运算。

(2) 实体与实体执行"布尔运算并集"运算之后,相交的部分会生成一条封闭的曲线,可以对交线进行圆角处理以达到相交部分的平滑过渡。

2. 实体与曲面的并集

(1) 调用命令的步骤。

操作步骤如下。

第 1 步,打开文件 7-83.3dm,如图 7-83 所示。将曲面和球体移动到合适位置,如图 7-84 所示。

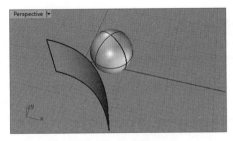

图 7-83　调用模型

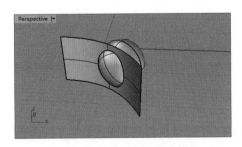

图 7-84　移动曲面和球体

第 2 步,单击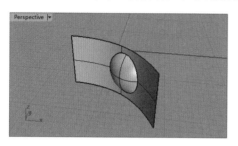图标按钮,调用"布尔运算并集"命令。

第 3 步,命令提示为"选取要并集的曲面或多重曲面:"时,窗选曲面和球体,

第 4 步,命令提示为"选取要并集的曲面或多重曲面,按 Enter 完成:"时,回车,完成实体与曲面的并集,如图 7-85 所示。曲面和实体的并集结果并不唯一,改变法线方向重新执行"布尔运算并集"命令会产生另一种结果。

原曲面的法线方向如图 7-86 所示,单击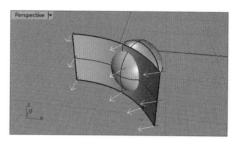图标按钮,更改曲面的法线方向,如图 7-87 所示。再次执行"布尔运算并集"命令,完成实体与曲面的并集,如图 7-88 所示。

图 7-85　完成实体与曲面的并集

图 7-86　原曲面的法线方向

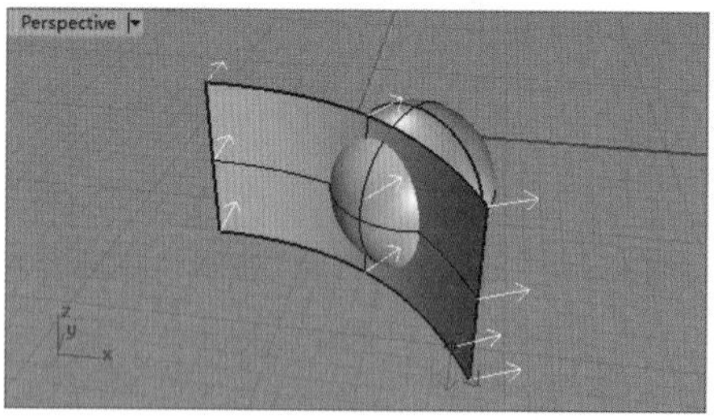

图 7-87　改变曲面法线方向

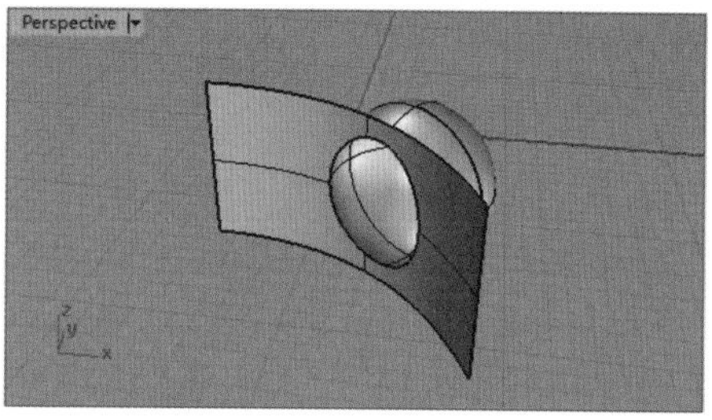

图 7-88　完成实体与曲面的并集

（2）操作及选项说明。

① 单击图标按钮,命令提示为"选取要显示方向的物体:"时,选取曲面,单击"反转（F）"命令选项或点击视图窗口中表面的小箭头,即完成曲面的法线方向的改变。

② 曲面和实体的交线必须是封闭的曲线否则该曲面与实体"布尔运算并集"会失败。

③ 曲面法线所指的一边即是曲面和实体执行"布尔运算并集"命令后新模型将会保留的一边。

7.3.2　布尔运算差集

"布尔运算差集"就是在建模过程中用一组对象减去与另一组对象交集的部分。

调用命令的方式如下。

（1）菜单:执行"实体"|"差集"命令。

（2）图标:单击单击"主要 2"|"实体"工具栏中的图标按钮。

（3）键盘命令:BooleanDifference。

1. 实体与实体的差集

（1）调用命令的步骤。

操作步骤如下。

第 1 步，打开文件 7-89.3dm，如图 7-89 所示。

第 2 步，单击 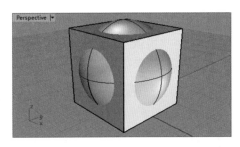 图标按钮，调用"布尔运算差集"命令。

第 3 步，命令提示为"选取要被减去的曲面或多重曲面："时，选取立方体作为第一组多重曲面。

第 4 步，命令提示为"选取要被减去的曲面或多重曲面，按 Enter 继续："时，回车，如图 7-90 所示。

图 7-89　调用模型

第 5 步，命令提示为"选取要减去其他物件的曲面或多重曲面（删除输入物件（D）＝是）："时，选取球体作为第二组多重曲面，如图 7-91 所示，

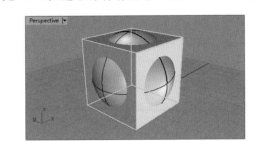

图 7-90　选取立方体

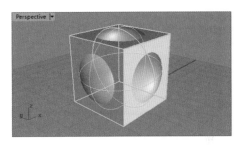

图 7-91　选取球体

第 6 步，命令提示为"选取要减去其他物件的曲面或多重曲面，按 Enter 完成（删除输入物件（D）＝是）："时，回车，完成实体与实体的差集，如图 7-92 所示。若改变选择的顺序，选取球体作为第一组曲面，然后选取立方体作为第二组曲面，就会得到不一样的结果，如图 7-93 所示。

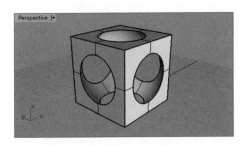

图 7-92　完成实体与实体的差集

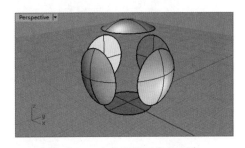

图 7-93　改变选择对象的顺序

（2）操作及选项说明。

① 选择实体的顺序会影响"布尔运算差集"命令的结果。

② 第一组曲面所选取的实体是"布尔运算差集"命令的主体，即被修剪的对象，第二组曲面选取的实体是"布尔运算差集"命令的客体，也就是用来修剪的对象。主体可以选择多个，同样的其客体也可以选择多个。

2. 实体与曲面的差集

（1）调用命令的步骤。

操作步骤如下。

第1步,打开文件7-94.3dm,如图7-94所示。

第2步,单击 ⊙ 图标按钮,调用"布尔运算差集"命令。

第3步,命令提示为"选取要被减去的曲面或多重曲面:"时,选取曲面,如图7-95所示。

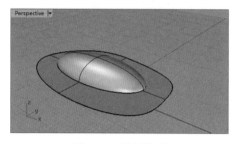

图7-94　调用模型

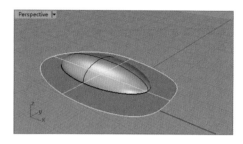

图7-95　选取曲面

第4步,命令提示为"选取要被减去的曲面或多重曲面,按Enter继续:"时,回车。

第5步,命令提示为"选取要减去其他物件的曲面或多重曲面(删除输入物件(D)＝是):"时,选取椭圆体,如图7-96所示,

第6步,命令提示为"选取要减去其他物件的曲面或多重曲面,按Enter完成(删除输入物件(D)＝是):"时,回车,完成实体与曲面的差集,如图7-97所示。原曲面法线方向如图7-98所示。

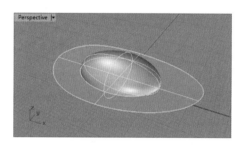

图7-96　选取椭圆体

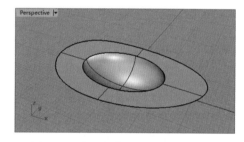

图7-97　完成实体与曲面的差集运算

改变曲面法线方向,具体操作参见本章"实体与曲面并集"一节中操作及选项说明①。再次执行"布尔运算差集"命令,完成实体与曲面的差集,如图7-99所示。

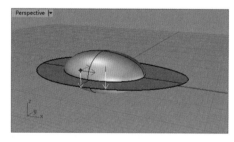

图7-98　曲面法线方向

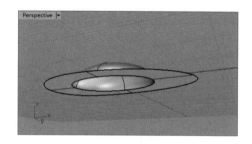

图7-99　完成实体与曲面的差集运算

(2) 操作及选项说明。

① 实体与曲面的交线必须是封闭的曲线,否则"布尔运算差集"命令会失败。

② 类似实体与曲面的"布尔运算并集"命令,在使用"布尔运算差集"命令时同样需要注

意曲面的法线方向。

③ 类似于实体与实体"布尔运算差集"命令,改变选取的顺序,则得到的结果也不一样。

7.3.3 布尔运算交集

"布尔运算交集"就是在建模过程中两个或多个对象相交部分所得到的新的对象,同时去除未交的部分。

调用命令的方式如下。

菜单:执行"实体"|"交集"命令。

图标:单击"主要 2"|"实体"工具栏中的 图标按钮。

键盘命令:BooleanIntersection。

1. 实体与实体的交集

操作步骤如下。

第 1 步,打开文件 7-100.3dm,如图 7-100 所示。

第 2 步,单击 图标按钮,调用"布尔运算交集"命令。

第 3 步,命令提示为"选取第一组曲面或多重曲面:"时,选取立方体作为第一组多重曲面。

第 4 步,命令提示为"选取第一组曲面或多重曲面,按 Enter 后选取第二组:"时,回车。

第 5 步,命令提示为"选取第二组曲面或多重曲面:"时,选取球体作为第二组多重曲面。

第 6 步,命令提示为"选取第二组曲面或多重曲面,按 Enter 完成:"时,回车,实体与实体的交集,如图 7-101 所示。

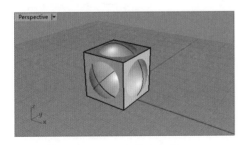

图 7-100　实体交集前

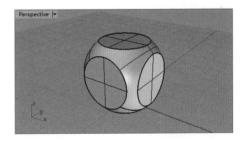

图 7-101　实体交集后

2. 实体与曲面的交集

操作步骤如下。

第 1 步,打开文件 7-102.3dm,如图 7-102 所示。

第 2 步,单击 图标按钮,调用"布尔运算交集"命令。

第 3 步,命令提示为"选取第一组曲面或多重曲面:"时,选取球体作为第一组曲面,

第 4 步,命令提示为"选取第一组曲面或多重曲面,按 Enter 后选取第二组:"时,回车。

第 5 步,命令提示为"选取第二组曲面或多重曲面:"时,选取第二组曲面。

第 6 步,命令提示为"选取第二组曲面或多重曲面,按 Enter 完成:"时,回车,完成实体与曲面的交集,如图 7-103 所示。

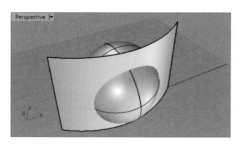

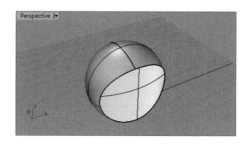

图 7-102　实体与曲面交集前　　　　　　　　图 7-103　实体与曲面交集后

【例 7-4】 创建法兰盘模型。

第 1 步,在 Top 视图创建圆柱体 A,设置半径值为 10,设置高度值为 2,如图 7-104 所示。

第 2 步,在 Top 视图创建圆柱体 B,设置半径值为 6,设置高度值为 3,如图 7-104 所示。

第 3 步,在 Top 视图创建圆柱体 C,设置半径值为 5,设置高度值为 6,如图 7-105 所示。

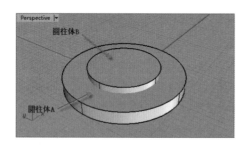

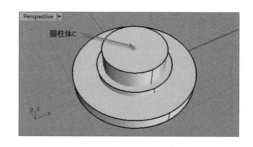

图 7-104　创建圆柱体 A 和 B　　　　　　　图 7-105　创建圆柱体 C

第 4 步,执行"布尔运算并集"命令和"布尔运算差集"命令,创建法兰盘主体特征,如图 7-106 所示。

操作如下:

指令:_**BooleanUnion**	单击图标按钮,启动"布尔运算并集"命令
选取要并集的曲面或多重曲面:↵	选取圆柱体 A 和圆柱体 B,回车,完成"布尔运算并集"命令,创建出法兰盘主体,如图 7-106 所示
命令:_**BooleanDifference**	单击图标按钮,启动"布尔运算差集"命令
选取要被减去的曲面或多重曲面:	选取上步并集运算后的实体,如图 7-106 所示
选取要被减去的曲面或多重曲面,按 Enter 继续:↵	回车
选取要减去其他物件的曲面或多重曲面(删除输入物件(D)=是):	选取圆柱体 C
选取要减去其他物件的曲面或多重曲面,按 Enter 完成(删除输入物件(D)=是):↵	回车,完成"布尔运算差集"命令,创建出法兰盘中心镂空特征,如图 7-107 所示

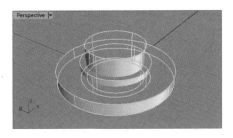

图 7-106　创建出法兰盘主体

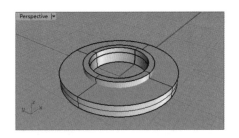

图 7-107　创建出法兰盘中心镂空特征

第 5 步，在 Top 视图创建圆柱体 D，半径值为 1，高度值为 4，如图 7-108 所示。

第 6 步，执行"环形阵列"命令，围绕中心点 O 阵列出 8 个圆柱体。

操作如下：

指令：_**ArrayPolar**	单击 图标按钮，启动"环形阵列"命令
选取要阵列的物体：	选取圆柱体 D，如图 7-108 所示
选取要阵列的物体。按 Enter 完成：↵	回车
环形阵列中心点：	指定环形阵列中心点 O，如图 7-109 所示
阵列数<8>：**8**↵	输入阵列项目数值为 8，回车
旋转角度总合或第一参考点<360>(预览(P)=是 步 进角(S)　旋转(R)=是　Z 偏移(Z)=0)：**360**↵	输入旋转角度值为 360°，回车，完成"环形阵列"命令，阵列出 8 个圆柱体，如图 7-110 所示
按 Enter 接受设定。总合角度 = 360(阵列数(I)=6	回车
总合角度(F)　旋转(R)=是　Z 偏移(Z)=0)：↵	

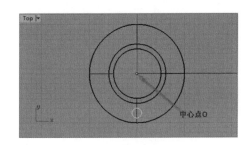

图 7-108　创建圆柱体

图 7-109　指定阵列中心点

第 7 步，执行"布尔运算差集"命令，用法兰盘主体裁剪掉阵列出的圆柱体，创建法兰盘的孔，如图 7-111 所示。

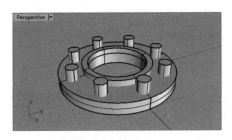

图 7-110　完成环形阵列

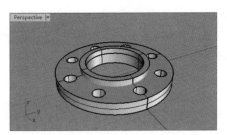

图 7-111　完成差集布尔运算

第8步,调用"不等距边缘圆角"命令,选取实体的边缘,如图7-112所示。圆角距离值为0.2,完成法兰盘的创建,如图7-113所示。

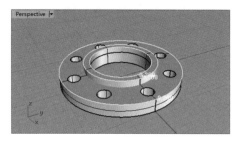

图7-112 完成边缘圆角

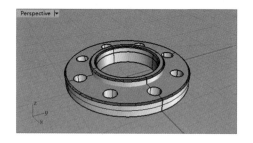

图7-113 完成法兰盘三维模型的创建

7.4 边 缘 斜 角

"边缘斜角"命令主要用来对实体的边缘进行平面过渡处理。

1. 调用命令的方式和步骤

调用命令的方式如下。

(1) 菜单:执行"实体"|"边缘圆角"|"不等距边缘斜角"命令。

(2) 图标:单击"主要2"|"实体"工具栏中的 图标按钮。

(3) 键盘命令:ChamferEdge。

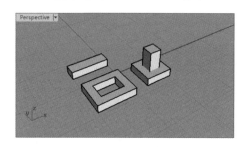

图7-114 调用模型

操作步骤如下。

第1步,打开文件7-114.3dm,如图7-114所示。

第2步,单击 图标按钮,调用"不等距边缘斜角"命令。

第3步,命令提示为"选取要建立斜角的边缘(显示斜角距离(S)=是 下一个斜角距离(N)=1 连锁边缘(C)):"时,选取要建立斜角的边缘,如图7-115所示。

第4步,命令提示为"选取要建立斜角的边缘,按Enter完成(显示斜角距离(S)=是 下一个斜角距离(N)=1 连锁边缘(C)):"时,回车。

第5步,命令提示为"选取要编辑的斜角控制杆,按Enter完成(新增控制杆(A) 复制控制杆(C) 设置全部(S) 连结控制杆(L)=否 路径造型(R)=滚球 选取边缘(T) 预览(P)=No 修剪并组合(I)=是):"时,回车,完成实体的"不等距边缘斜角"命令,如图7-116所示。用户可以根据所提示的选项对选取的斜角控制杆进行再次修改。

2. 操作及选项说明

(1) 新增控制杆(A):可以为将要建立斜角的边缘添加新的斜角控制杆,如图7-117所示,两端控制杆斜角距离值为1,新增控制杆斜角距离值为2。图7-118所示为完成新增控制杆后的边缘斜角。

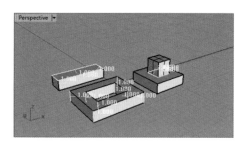

图 7-115 选取要建立斜角的实体边缘

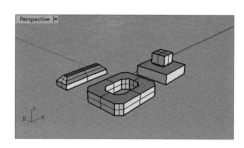

图 7-116 完成边缘斜角

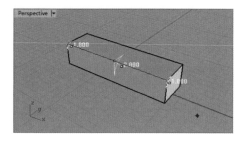

图 7-117 新增控制杆

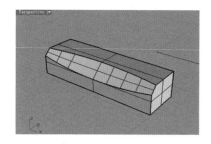

图 7-118 不等距的边缘斜角

（2）复制控制杆（C）：可以对某个斜角控制杆进行复制，并且可以根据需要在将要建立斜角的边缘对它们进行复制。

（3）设置全部（S）：可以对所有将要建立斜角的实体边缘控制杆进行统一化的斜角距离设置。

（4）连结控制杆（L）＝否：选择"是"，对一个斜角控制杆的距离值进行设置的时候，其他的控制杆的斜角距离值将会以同样的比例调整。

（5）路径造型（R）＝滚球：可以对斜角的样式进行选择，它们分别是"与边缘距离（D）"、"滚球（R）"、"路径间距（I）"。

（6）预览（P）：可以对当前建立边缘斜角的效果进行预览。

7.5 边缘圆角

"边缘圆角"命令主要用来对实体的边缘进行圆滑过渡处理。

调用命令的方式如下。

（1）菜单：执行"实体"|"边缘圆角"|"不等距边缘圆角"命令。

（2）图标：单击"主要 2"|"实体"工具栏中的 ⬛ 图标按钮。

（3）键盘命令：FilletEdge。

操作步骤如下。

第 1 步，打开文件 7-119.3dm，如图 7-119 所示。

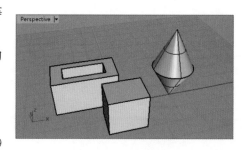

图 7-119 调用模型

第 2 步，单击⬛图标按钮，调用"不等距边缘圆角"命令。

第 3 步，命令提示为"选取要建立圆角的边缘，按 Enter 完成(显示半径(S)＝是　下一个半径(N)＝1　连锁边缘(C)　上次选取的边缘(P))："时，单击"下一个半径(N)＝1"命令选项。

第 4 步，命令提示为"目前的半径 <1>："输入 2，回车。

第 5 步，命令提示为"选取要建立圆角的边缘，按 Enter 完成(显示半径(S)＝是　下一个半径(N)＝2　连锁边缘(C)　上次选取的边缘(P))："时，选取实体边缘，如图 7-120 所示。

第 6 步，命令提示为"选取要建立圆角的边缘，按 Enter 完成(显示半径(S)＝是　下一个半径(N)＝2　连锁边缘(C))："时，回车。

第 7 步，命令提示为"选取要编辑的圆角控制杆，按 Enter 完成(新增控制杆(A)　复制控制杆(C)　设置全部(S)　连结控制杆(L)＝否　路径造型(R)＝滚球　选取边缘(T)　预览(P)＝No　修剪并组合(I)＝是)："时，回车，完成"不等距边缘圆角"命令，如图 7-121 所示。用户可以根据所提示的选项对选取的圆角控制杆进行再次修改，各选项功能类似于"不等距边缘斜角"命令有关选项。

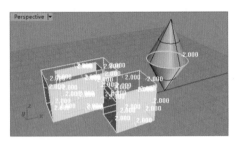

图 7-120　输入圆角半径并选取实体的边缘

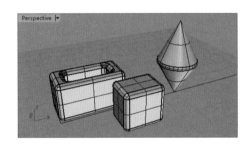

图 7-121　完成边缘圆角

7.6　将平面洞加盖

"将平面洞加盖"命令主要指给未封闭的曲面补上平面盖。

调用命令的方式如下。

(1) 菜单：执行"实体"|"将平面洞加盖"命令。

(2) 图标：单击"主要 2"|"实体"工具栏中的⬛图标按钮。

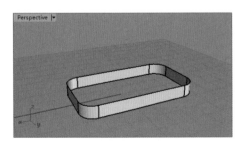

图 7-122　调用模型

(3) 键盘命令：Cap。

操作步骤如下。

第 1 步，打开文件 7-122.dm，如图 7-122 所示。

第 2 步，单击⬛图标按钮，调用"将平面洞加盖"命令。

第 3 步，命令提示为"选取要加盖的曲面或多重曲面："时，选取要加盖的曲面，如图 7-123

所示。

第 4 步，命令提示为"选取要加盖的曲面或多重曲面。按 Enter 完成："时，回车，完成"将平面洞加盖"命令，如图 7-124 所示。

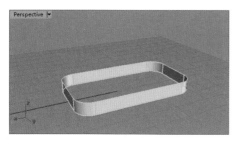

图 7-123　选取曲面

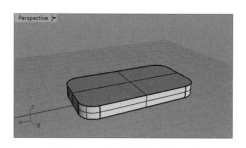

图 7-124　完成将平面洞加盖

7.7　对象的炸开与组合

7.7.1　对象的炸开

"炸开"命令可以把实体炸开成单一曲面，可以将网格炸开成网格片段和网格面，可以将复合曲面炸开成单一的曲面，可以将复合曲线炸开成单一的分割曲线等。

1. 调用命令的方式和步骤

调用命令的方式如下。

菜单：执行"编辑"|"炸开"命令。

图标：单击"主要 2"工具栏中的 图标按钮。

键盘命令：Explode。

操作步骤如下。

第 1 步，打开文件 7-125.3dm，如图 7-125 所示。

第 2 步，单击 图标按钮，调用"炸开"命令。

第 3 步，命令提示为"选取要炸开的物体："时，选取实体，如图 7-126 所示。

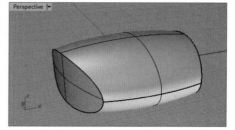

图 7-125　调用模型

第 4 步，命令提示为"选取要炸开的物体。按 Enter 完成："时，回车，完成实体的"炸开"命令，移动面片查看效果，如图 7-127 所示。

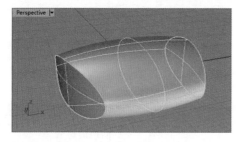

图 7-126　选取要炸开实体

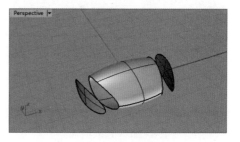

图 7-127　完成实体的炸开

7.7.2 对象的组合

"组合"命令可以把边缘相接的单一曲面组合成复合曲面或实体,可以将端点相接的曲线组合成复合曲线等。

1. 调用命令的方式和步骤

调用命令的方式如下。

菜单:执行"编辑"|"组合"命令。

图标:单击"主要 1"工具栏中的 图标按钮。

键盘命令:Join。

操作步骤如下。

第 1 步,打开文件 7-128.3dm,如图 7-128 所示,分别移动已经分开的单一曲面,将他们的边缘对接,如图 7-129 所示。

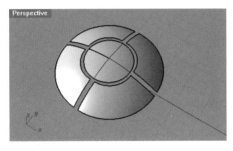
图 7-128　调用模型

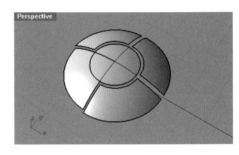
图 7-129　将曲面边缘对接

第 2 步,单击 图标按钮,调用"组合"命令。

第 3 步,命令提示为"选取要组合的物体:"时,选取曲面 A,如图 7-130 所示。

第 4 步,命令提示为"选取要组合的曲面或多重曲面,按 Enter 完成:"时,选取曲面 B。

第 5 步,命令提示为"选取要组合的曲面或多重曲面,按 Enter 完成(复原(U)):"时,选取曲面 C。

第 6 步,命令提示为"选取要组合的曲面或多重曲面,按 Enter 完成(复原(U)):"时,选取曲面 D。

第 7 步,命令提示为"选取要组合的曲面或多重曲面,按 Enter 完成(复原(U)):"时,回车,完成"组合"命令,完成曲面的组合,如图 7-131 所示。

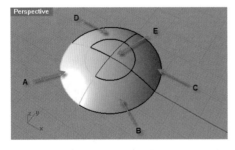
图 7-130　选取曲面

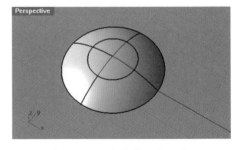
图 7-131　完成曲面的组合

注意：调用"组合"命令时，要组合的曲面边缘必须是无缝对接的，要组合的曲线的端点必须是相接的，否则"组合"命令将会失败。

7.8 上机操作实验指导六 创建视频头三维模型

创建如图 7-132 所示的视频头三维模型，效果图如图 7-133 所示，主要涉及的标准实体模型命令有椭圆体、平顶椎体、圆柱体、圆管、球体、管状体等，同时需要绘制挤出平面来创建挤出实体。实体编辑命令主要有"布尔运算"命令、"不等距边缘圆角"命令、"不等距边缘斜角"命令、"环形阵列"命令和"将平面洞加盖"命令。

图 7-132 视频头三维模型

图 7-133 视频头效果图

操作步骤如下。

步骤 1 创建新文件

参见第 1 章，操作过程略。

步骤 2 设置层文件

第 1 步，单击 图标按钮，弹出如图 7-134 所示的图层面板。

第 2 步，单击 图标按钮，添加新的图层，如图 7-135 所示，更改图层名称和颜色。

第 3 步，重复第 2 步操作，依次添加新的图层并更改其名称和颜色，如图 7-136 所示。

第 4 步，指定 Default 图层为当前操作图层。

图 7-134 图层面板

图 7-135 添加新图层

图 7-136 添加多个图层

步骤 3 创建视频头的底座

第 1 步，在 Top 视图中指定椭圆体的两个轴终点 A 和 B，如图 7-137 所示。在 Right 视图中指定椭圆体的第三个轴终点 C,如图 7-138 所示。创建出椭圆体,如图 7-139 所示。

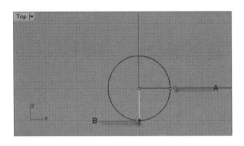

图 7-137　指定椭圆体两个轴终点

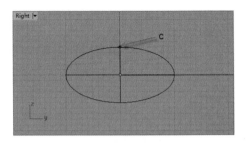

图 7-138　指定椭圆体第三个轴终点

第 2 步,在 Front 视图中绘制一条直线,如图 7-140 所示。

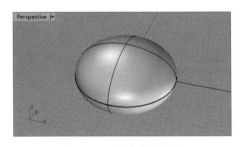

图 7-139　创建出椭圆体

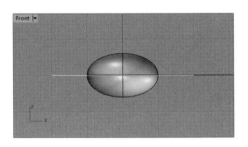

图 7-140　打断椭圆体

第 3 步,调用"分割"命令将椭圆体分割为两部分。

操作如下:

指令: _Split	单击 图标按钮,调用"分割"命令
选取要分割的物件(.点(P)　结构线(I)):↵	选取椭圆体
选取要分割的物件,按 Enter 完成(点(P)　结构线(I)):↵	回车
选取切割用物件(结构线(I)　缩回(S)=否):	选取直线,见图 7-140
选取切割用物件,按 Enter 完成(结构线(I)　缩回(S)=否):↵	回车,将椭圆体分割为两部分

第 4 步,删除下半部分,保留上半部分,如图 7-141 所示。

第 5 步,调用"给平面洞加盖"命令给上半部分椭圆体加盖,完成底座的创建,如图 7-142
所示。

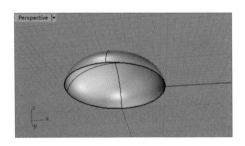

图 7-141　删除下半部椭圆体

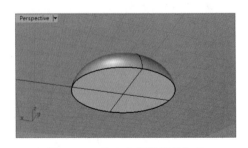

图 7-142　给上半部椭圆体加盖

步骤 4　创建视频头底座上的孔

第 1 步,在 Top 视图中创建圆柱体,半径为 0.4,高度为 2,向上移动圆柱体,移动距离值为 1,如图 7-143 所示。

第 2 步,调用"环形阵列"命令,将圆柱体围绕轴心 O 阵列出 4 个相同的圆柱体。

操作如下:

指令:**_ArrayPolar**　　　　　　　　　　右击⬛图标按钮,调用"环形阵列"命令

选取要阵列的物体:　　　　　　　　　　　选取圆柱体

选取要阵列的物体。按 Enter 完成:↵　　回车

环形阵列中心点:　　　　　　　　　　　　指定环形阵列中心点 O,如图 7-144 所示

阵列数<6>:**4**↵　　　　　　　　　　　　输入阵列项目值为 4,回车

旋转角度总合或第一参考点<360>(预览(P)=是　步　　输入旋转角度值为 360°,回车,完成圆柱体

进角(S)　旋转(R)=是　Z 偏移(Z)=0):**360**↵　　的环形阵列,如图 7-145 所示

按 Enter 接受设定。总合角度=360(阵列数(I)=6　回车

总合角度(F)　旋转(R)=是　Z 偏移(Z)=0):↵

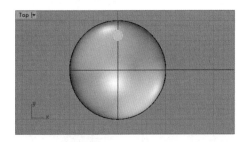

图 7-143　创建圆柱体

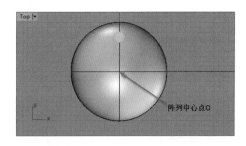

图 7-144　指定环形阵列中心点

第 3 步,调用"布尔运算差集"命令,用底座裁减掉圆柱体,将底座上裁剪出 4 个孔,如图 7-146 所示。

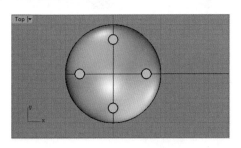

图 7-145　完成环形阵列

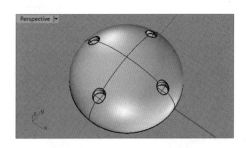

图 7-146　完成差集布尔运算

步骤 5　创建底座上的锥形台

第 1 步,在 Top 视图中创建平顶锥体,在 Top 视图中指定平顶锥体底面中心点 A,底面半径值为 1.8,如图 7-147 所示。

第 2 步,在 Right 视图中指定平顶椎体顶面中心点 B,高度值为 7,如图 7-148 所示。顶面半径值为 1,如图 7-149 所示。回车,创建出底座的锥形台,如图 7-150 所示。

第 3 步,调用"布尔运算并集"命令,将底座锥形台与底座合并。

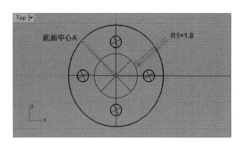

图 7-147　指定底面中心点和半径

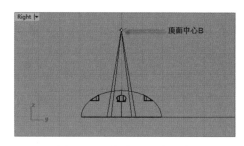

图 7-148　指定顶面中心点

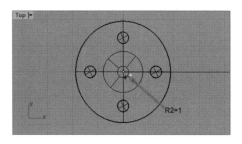

图 7-149　指定顶面半径

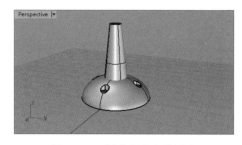

图 7-150　创建出底座锥形台

第 4 步，调用"不等距边缘圆角"命令，选取建立圆角的实体边缘，如图 7-151 所示。圆角半径为 2，完成底座锥形台的创建，如图 7-152 所示。

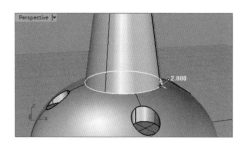

图 7-151　选取建立圆角边缘

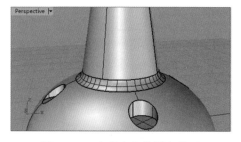

图 7-152　完成底座的圆角处理

步骤 6　创建底座上锥形台的特征

第 1 步，调用"挤出封闭平面曲线"命令，挤出圆柱体。

操作如下：

指令：**_ExtrudeCrv**　　　　　　　　　　　单击 图标按钮，调用"挤出封闭平面曲线"命令

选取要挤出的曲线：　　　　　　　　　　　选取挤出曲线，如图 7-153 所示
选取要挤出的曲线。按 Enter 完成：↵　　　回车
挤出长度<2>(方向(D)　两侧(B)=否　实体(S)=是　　输入挤出距离值为 1，回车，完成"挤出封闭
删除输入物件(L)=否　至边界(T)　分割正切点(P)=　　的平面曲线"命令，如图 7-154 所示
否　设定基准点(A))：**1**↵

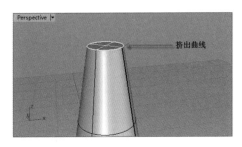

图 7-153　选取挤出曲线

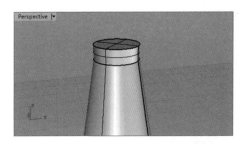

图 7-154　完成封闭平面曲线的挤出

第 2 步,调用"不等距边缘圆角"命令,选取建立圆角的实体边缘,如图 7-155 所示。圆角半径为 0.1,回车,完成底座上锥形台特征的创建,如图 7-156 所示。

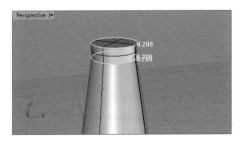

图 7-155　选取建立圆角的实体边缘

图 7-156　完成边缘圆角

步骤 7　创建视频头的连接杆

第 1 步,在 Front 视图中绘制一条曲线,长度值为 20,如图 7-157 所示。

第 2 步,在 Front 视图中创建圆管,选取曲线,圆管半径值为 0.3,完成连接杆的创建,如图 7-158 所示。

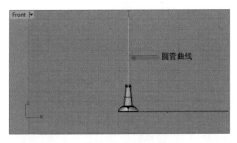

图 7-157　绘制圆管曲线

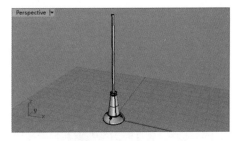

图 7-158　完成圆管的创建

步骤 8　创建视频头托台

第 1 步,在 Top 视图中创建平顶锥体作为托台,参见本例步骤 5。底面半径值为 0.6,台面半径值为 1,高度值为 2,向上移动平顶锥体,如图 7-159 所示。

注意:开启"物件锁点"|"中心点",在指定底面中心时选择圆柱上端圆面的中心。

第 2 步,调用"不等距边缘圆角"命令,选取建立圆角的平顶锥体底面边缘,圆角半径为 0.2,如图 7-160 所示。

步骤 9　创建视频头

第 1 步,在 Front 视图中创建球体作为视频头。球体直径值为 3,向上移动球体,如图 7-161 所示。

第 2 步,调用"布尔运算并集"命令,将托台与视频头合并,如图 7-162 所示。

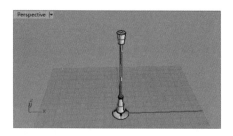

图 7-159　创建平顶锥体

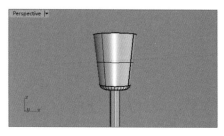

图 7-160　完成边缘圆角

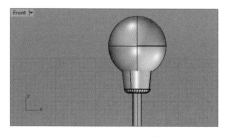

图 7-161　创建球体

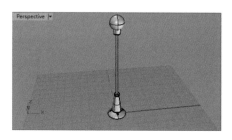

图 7-162　完成平顶锥体和球体的并集

步骤 10　创建视频头侧面装饰

第 1 步,在 Right 视图中创建圆柱体。半径值为 1.5,厚度值为 1,向右移动圆柱体,如图 7-163 所示。

第 2 步,调用"镜像"命令,将圆柱体镜像到球体另一边,如图 7-163 所示。

第 3 步,调用"不等距边缘圆角"命令,选取建立圆角的两圆柱体外轮廓边缘,圆角半径为 0.2,完成视频头侧面装饰的创建,如图 7-164 所示。

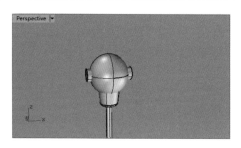

图 7-163　完成圆柱体的镜像

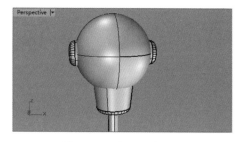

图 7-164　完成边缘圆角

步骤 11　创建视频头的镜头

第 1 步,在 Front 视图中创建圆柱管。外半径值为 2,内半径值为 0.5,厚度值为 1,移动圆柱管,如图 7-165 所示,调用"隐藏"命令将圆柱管隐藏。

操作如下:

指令:_Hide	右击 图标按钮,调用"隐藏"命令
选取要隐藏的物体:	选取圆柱管
选取要隐藏的物件,按 Enter 完成:↵	回车,完成圆柱管的隐藏

第 2 步,在 Front 视图中创建圆柱体,半径值为 2,厚度值为 1,移动到与圆柱管相同位置处,如图 7-166 所示。

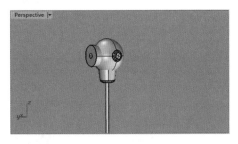

图 7-165　创建圆柱管

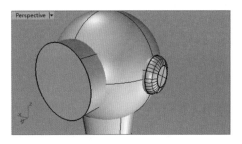

图 7-166　创建圆柱体

第 3 步,调用"布尔运算差集"命令,用球体裁减掉圆柱体,如图 7-167 所示。

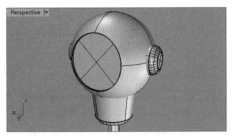

图 7-167　完成差集布尔运算

第 4 步,取消圆柱管的隐藏。

第 5 步,调用"不等距边缘斜角"命令,选取建立圆角的圆柱管内侧边缘,斜角距离值为 0.6;调用"不等距边缘圆角"命令,选取建立圆角的圆柱管外侧边缘,圆角半径为 0.2,完成镜头的创建,如图 7-168 所示。

步骤 12　创建视频头背面特征

第 1 步,在 Front 视图中,创建圆柱体,半径值为 0.3,长度值为 4,移动到如图 7-169 所示位置。

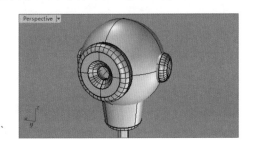

图 7-168　完成边缘斜角和边缘圆角

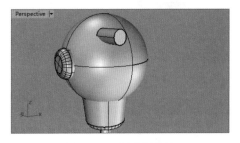

图 7-169　创建圆柱体

第 2 步,在 Front 视图中,调用"矩形阵列"命令,选取圆柱体,阵列出其他三个圆柱体。操作如下:

指令:**_Array**	右击 ▦ 图标按钮,调用矩形阵列命令
选取要阵列的物体:	选取圆柱体,如图 7-170 所示
选取要阵列的物体。按 Enter 完成:↵	回车
X 方向的数目<2>:**2**↵	输入 X 方向的数目值 2,回车
Y 方向的数目<2>:**2**↵	输入 Y 方向的数目值 2,回车
Z 方向的数目<1>:**1**↵	输入 Z 方向的数目值 1,回车
单位方块或 X 方向的间距(预览(P)=是　X 数目(X)= 2	输入 X 方向的间距值 3,回车
Y　数目(Y)=2　Z 数目(Z)=2):**3**↵	

Y 方向的间距或第一个参考点 (预览 (P)=是   X 数目   输入 Y 方向的间距值-3,回车
(X)=2   Y 数目 (Y)=2   Z 数目 (Z)=2):- **3**↵

按 Enter 接受 (X 数目 (X)=2   X 间距 (S)   Y 数目 (Y)=2   回车,完成圆柱体的矩形阵列,如图 7-171
Y 间距 (P)):↵   所示

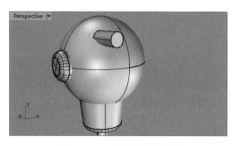

图 7-170   选取阵列物体

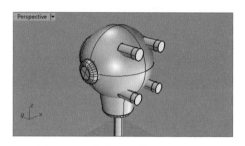

图 7-171   完成圆柱体的矩形阵列

第 3 步,调用"布尔运算差集"命令,用球体裁剪掉圆柱体,完成视频头背面孔的创建,如图 7-172 所示。至此完成视频头创建,如图 7-173 所示。

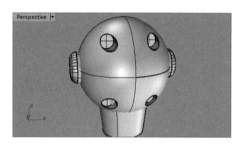

图 7-172   完成差集布尔运算

图 7-173   完成视频头三维模型的创建

步骤 13   图层管理和保存文件

第 1 步,单击🥟图标按钮,打开"图层"工具栏,如图 7-174 所示。

图 7-174   "图层"工具栏

第 2 步,单击🥟图标按钮,命令提示为"选取要改变图层的物体:"时,选取视频头模型、镜头模型、侧面模型、背面特征模型,如图 7-175 所示,回车,弹出如图 7-176 所示的"物体的图层"对话框。选择"视频头"图层,回车,将所选模型添加到"视频头"图层中。

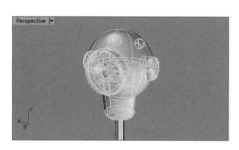

图 7-175   选取实体

图 7-176   "物体的图层"对话框

第3步,将底座部分和曲线部分分别添加到"底座"和"曲线"图层中,参考第2步操作。

第4步,保存文件,参见第1章,操作过程略。

7.9 上 机 题

创建如图7-177所示的时钟三维模型,效果图如图7-178所示,主要涉及的创建命令有"圆柱体"命令、"平顶椎体"命令、"挤出实体"命令、"布尔运算"命令、"环形阵列"命令、"不等距边缘圆角"命令和"不等距边缘斜角"命令。

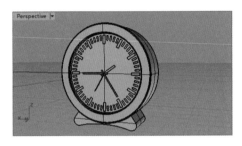

图 7-177　时钟三维模型

图 7-178　时钟效果图

建模提示:

第1步,在Front视图中创建圆柱体A作为时钟主体,半径值为10,厚度值为7,如图7-179所示。

第2步,在Front视图中再创建两个圆柱体B和C,圆柱体B的半径值为9,厚度值为2。圆柱体C的半径值为8,厚度值为3。移动到如图7-180所示的位置。

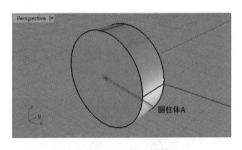

图 7-179　创建圆柱体A

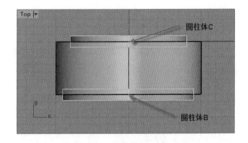

图 7-180　创建圆柱体B和C

第3步,调用"布尔运算差集"命令,用圆柱体A裁减掉圆柱体B和圆柱体C,如图7-181所示。

第4步,调用"不等距边缘斜角"命令,选取创建斜角的实体边缘,斜角距离值为0.2,如图7-182所示。

第5步,在Front视图中创建立方体作为分针刻度,宽度值为0.2,长度值为1,厚度值为0.1,移动到如图7-183所示的位置。

第6步,调用"环形阵列"命令,选取立方体,以圆柱体中心作为阵列中心,阵列数目值为60,旋转角度值为360°,如图7-184所示。

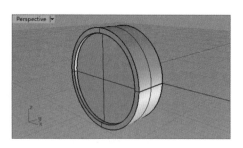

图 7-181　完成差集布尔运算

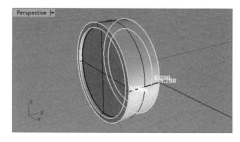

图 7-182　选取建立斜角的实体边缘

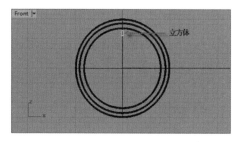

图 7-183　创建分针刻度

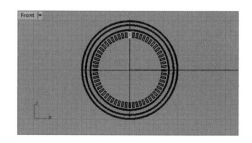

图 7-184　完成矩形的环形阵列

第 7 步,删除小时刻度的立方体。重复第 5 步操作,创建立方体作为小时刻度,长度值为 2,宽度值为 0.6,厚度值为 0.1。重复第 6 步操作,阵列时钟的小时刻度,以圆柱体中心为阵列中心,阵列数目值为 12,旋转角度值为 360°,如图 7-185 所示。将所有刻度成组并移动到时钟表面。

第 8 步,在 Front 视图中创建立方体作为指针。时针长度值为 6,宽度值为 1,厚度值为 0.1;分针长度值为 10,宽度值为 0.6,厚度值为 0.1;秒针长度值为 11,宽度值为 0.2,厚度值为 0.1;闹铃指针长度值为 6,宽度值为 0.1,厚度值为 0.1。

第 9 步,调用“2D 旋转”命令,以圆柱体中心为轴心将 4 个指针分布开来,同时注意指针的纵向排列的顺序,秒针在最外,闹铃指针在最内,如图 7-186 所示。

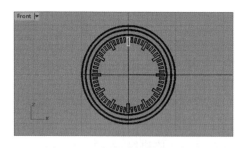

图 7-185　完成时钟刻度的创建

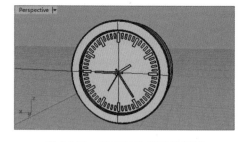

图 7-186　完成时钟指针的创建

第 10 步,在 Front 视图中绘制封闭的平面曲线,如图 7-187 所示。调用“挤出封闭平面曲线”命令,选取曲线,挤出距离值为 7,移动到时钟下面。

第 11 步,调用“不等距边缘圆角”命令,选取建立圆角的实体内侧边缘,圆角半径为 0.4,选取建立圆角的实体外侧边缘,圆角半径为 0.2,如图 7-188 所示。

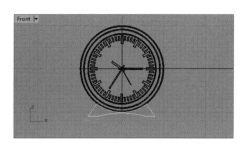

图 7-187 绘制封闭的平面曲线

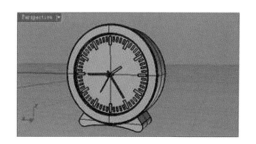

图 7-188 完成边缘圆角

第 12 步,在 Top 视图中绘制封闭的平面曲线,如图 7-189 所示。调用"挤出封闭平面曲线"命令,选取曲线,挤出距离值为 2,向下移动挤出实体,如图 7-190 所示。

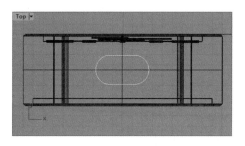

图 7-189 绘制封闭的平面

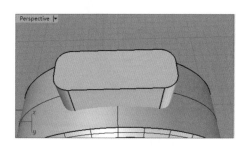

图 7-190 向下移动挤出实体

第 13 步,分别复制挤出实体和时钟主体,调用"布尔运算交集"命令,得到两实体相交部分,再调用"布尔运算差集"命令,用时钟主体裁减掉挤出实体,如图 7-191 所示。

第 14 步,调用"不等距边缘圆角"命令,选取建立圆角的实体边缘,圆角距离值为 0.2,如图 7-192 所示。

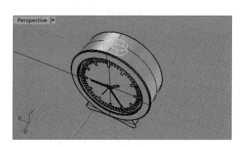

图 7-191 完成布尔运算

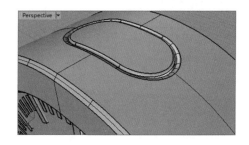

图 7-192 完成边缘圆角

第 15 步,切换 Front 视图为 Back 视图,在后视图上绘制封闭的平面曲线,如图 7-193 所示。重复第 12 步操作,挤出距离值为 2,完成挤出实体的创建。参考第 13 步和第 14 步操作,创建出电池盒特征,如图 7-194 所示。

第 16 步,调用"不等距边缘斜角"命令,选取创建斜角的实体边缘,斜角距离值为 1,如图 7-195 所示。

第 17 步,在 Back 视图上创建平顶锥体,底面半径值为 0.8,台面半径值为 1,高度值为 -2。复制并移动平顶椎体,如图 7-196 所示。

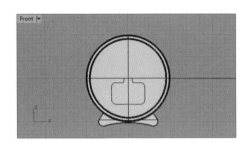

图 7-193　绘制挤出曲线

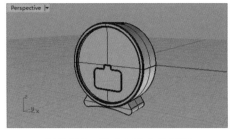

图 7-194　完成电池盒的创建

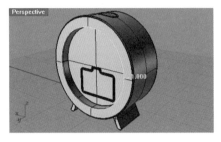

图 7-195　完成边缘斜角

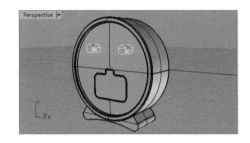

图 7-196　创建平顶锥体

第 18 步,调用"不等距边缘圆角"命令,选取建立圆角的实体边缘,如图 7-197 所示。圆角距离值为 0.2,完成时钟模型的创建,如图 7-198 所示。

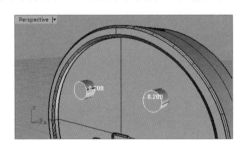

图 7-197　完成边缘圆角

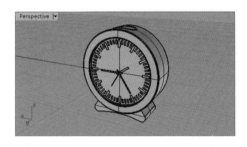

图 7-198　完成时钟三维模型的创建

第 8 章　尺寸标注和 2D 视图的建立

Rhino 5.0 提供了 2D 视图的生成功能,也可以进行必要的尺寸标注和注解。如果要完成详细的工程图可以将生成的 2D 视图导入到如 AutoCAD 等专业工程图软件中进行编辑处理。

本章内容如下。

(1) 尺寸标注的方法与步骤。

(2) 尺寸标注设置的方法与步骤。

(3) 生成 2D 视图的方法与步骤。

(4) 视图文件导出的方法与步骤。

8.1　尺　寸　标　注

8.1.1　直线尺寸的标注

直线尺寸标注可以对水平边或者垂直边进行标注。

1. 调用命令的方式和步骤

调用命令的方式如下。

菜单:执行"尺寸标注"|"直线尺寸标注"命令。

图标:单击"标准"|"尺寸标注"工具栏中的 图标按钮。

键盘命令:Dim。

操作步骤如下。

第 1 步,打开文件 8-1.3dm,如图 8-1 所示。

第 2 步,单击 图标按钮,调用"直线尺寸标注"命令。

第 3 步,命令提示为"尺寸标注的第一点(造型(S)=默认　物件(O)　连续标注(C)=否):"时,在 Top 视图中指定尺寸标注第一点 A,如图 8-2 所示。

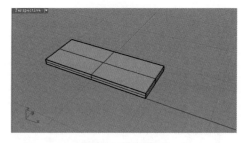

图 8-1　调用模型

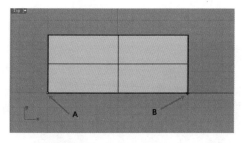

图 8-2　指定尺寸标注点

第 4 步,命令提示为"尺寸标注的第二点:"时,在 Top 视图中指定尺寸标注的第二点 B。

第5步,命令提示为"尺寸标注的位置(垂直(V) 水平(H)):"时,在 Top 视图中拖动鼠标,指定尺寸标注的位置单击,完成直线尺寸标注,如图 8-3 所示。

第6步,重复上述第1~第5步,完成模型垂直边的尺寸标注,如图 8-4 所示。

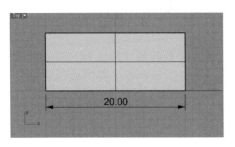

图 8-3 完成水平边的尺寸标注

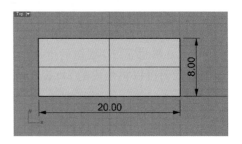

图 8-4 完成垂直边的尺寸标注

2. 操作及选项说明

(1) 造型(S):输入尺寸标注样式的名称。

(2) 物件(O):选择物体的边缘线直接标注两端的尺寸。

(3) 连续标注(C):连续点击需要标注的位置,创建在同一直线上的连续标注。

(4) 垂直(V):建立与工作平面水平线方向的尺寸标注。

(5) 水平(H):建立与工作平面竖直线方向的尺寸标注。

注意:

(1) 尺寸标注总是和目前的工作平面平行。

(2) 尺寸标注时需要开启"物件锁定"功能捕捉尺寸标注点。

8.1.2 对齐尺寸的标注

对齐尺寸标注可以用来对斜边进行标注。

1. 调用命令的方式和步骤

调用命令的方式如下。

菜单:执行"尺寸标注"|"对齐尺寸标注"命令。

图标:单击"标准"|"尺寸标注"工具栏中的图标按钮。

键盘命令:DimAligned。

操作步骤如下。

第1步,打开文件 8-5.3dm,如图 8-5 所示。

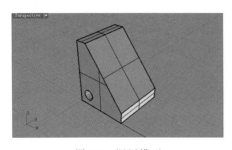

图 8-5 调用模型

第2步,单击图标按钮,调用"对齐尺寸标注"命令。

第3步,命令提示为"尺寸标注的第一点(造型(S)=默认 物件(O)):"时,在 Front 视图中指定尺寸标注的第一点 A,如图 8-6 所示。

第4步,命令提示为"尺寸标注的第二点:"时,在 Front 视图中指定尺寸标注的第二点 B。

第5步,命令提示为"尺寸标注的位置:"时,在 Front 视图中拖曳鼠标,指定尺寸标注的位置,完成对齐尺寸标注,如图 8-7 所示。

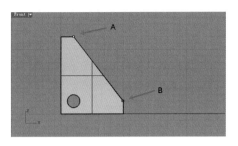

图 8-6　指定标注点

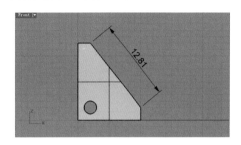

图 8-7　完成对齐尺寸标注

2. 操作及选项说明

造型(S):输入尺寸标注样式的名称。

8.1.3　旋转尺寸的标注

旋转尺寸标注可以对直线或者斜线进行尺寸标注同时允许该尺寸标注旋转一定角度。

1. 调用命令的方式和步骤

调用命令的方式如下。

菜单:执行"尺寸标注"|"旋转尺寸标注"命令。

图标:单击"标准"|"尺寸标注"工具栏中的 图标按钮。

键盘命令:DimRotated。

操作步骤如下。

第 1 步,打开文件 8-8.3dm,如图 8-8 所示。

第 2 步,单击 图标按钮,调用"旋转尺寸标注"命令。

第 3 步,命令提示为"旋转角度:"时,在 Top 视图中指定旋转角度参考点 A,如图 8-9 所示。

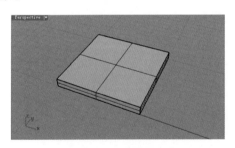

图 8-8　调用模型

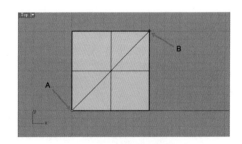

图 8-9　指定旋转角度参考点

第 4 步,命令提示为"旋转角度:"时,在 Top 视图中指定旋转角度参考点 B。

第 5 步,命令提示为"尺寸标注的第一点(造型(S)=默认　物件(O)　连续标注(C)=否):"时,在 Top 视图中指定尺寸标注的第一点 C,如图 8-10 所示。

第 6 步,命令提示为"尺寸标注的第二点:"时,在 Top 视图中指定尺寸标注的第二点 D,如图 8-10 所示。

第 7 步,命令提示为"尺寸标注的位置:"时,在 Top 视图中指定旋转尺寸标注位置,完成旋转尺寸标注,如图 8-11 所示。

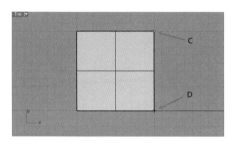
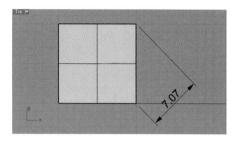

图 8-10　指定标注点　　　　　　　　　　图 8-11　指定标注位置

2. 操作及选项说明

造型(S)：输入尺寸标注样式的名称。

8.1.4　纵坐标尺寸的标注

纵坐标尺寸标注可以用来对单个点的 X 和 Y 轴向进行坐标尺寸标注。

1. 调用命令的方式和步骤

调用命令的方式如下。

菜单：执行"尺寸标注"|"纵坐标尺寸标注"命令。

图标：单击"标准"|"尺寸标注"工具栏中的 图标按钮。

键盘命令：DimOrdinate。

操作步骤如下。

第 1 步,打开文件 8-12.3dm,如图 8-12 所示。

第 2 步,单击 图标按钮,调用"纵坐标尺寸标注"命令。

第 3 步,命令提示为"尺寸标注点(造型(S)＝默认　X 基准(X)　Y 基准(Y)　基准点(B)＝0.00,0.00,0.00)："时,在 Top 视图中指定中心点 O,如图 8-13 所示。

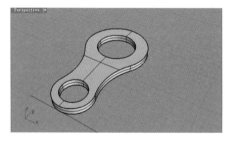
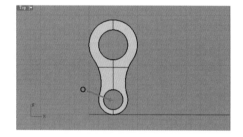

图 8-12　调用模型　　　　　　　　　　图 8-13　指定尺寸标注点

第 4 步,命令提示为"标注引线端点(X 基准(X)　Y 基准(Y))："时,在 Top 视图中指定标注引线端点 A,如图 8-14 所示。完成 O 点 X 坐标轴向的尺寸标注,如图 8-15 所示。

第 5 步,重复以上操作,对 O 点进行 Y 坐标轴向尺寸标注。

指定标注引线端点,如图 8-16 所示。完成 P 点的纵坐标尺寸标注,如图 8-17 所示。

2. 操作及选项说明

(1) X 基准(X)：不受光标移动方向影响,强制标注 X 轴的横坐标。

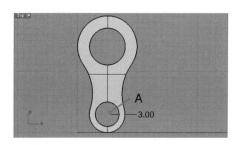

图 8-14　指定标注引线端点

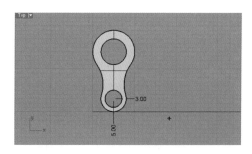

图 8-15　完成 O 点纵坐标尺寸标注

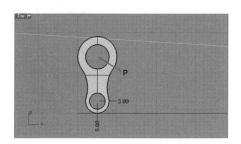

图 8-16　指定标注引线端点

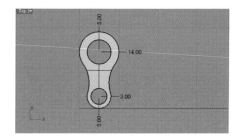

图 8-17　完成 P 点的纵坐标尺寸标注

（2）Y 基准（Y）：不受光标移动方向影响，强制标注 Y 轴的纵坐标。

（3）基准点（B）：改变本次标注纵坐标时的基准点。

8.1.5　半径尺寸的标注

半径尺寸标注可以用来标注半径尺寸。

1. 调用命令的方式和步骤

调用命令的方式如下。

菜单：执行"尺寸标注"|"半径尺寸标注"命令。

图标：单击"标准"|"尺寸标注"工具栏中的图标按钮。

键盘命令：DimRadius。

操作步骤如下。

第 1 步，打开文件 8-18.3dm，如图 8-18 所示。

第 2 步，单击图标按钮，调用"半径尺寸标注"命令。

第 3 步，命令提示为"选取要标注半径的曲线（造型（S）＝默认）："时，选取实体的轮廓圆，如图 8-19 所示。

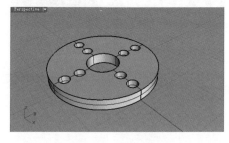

图 8-18　调用模型

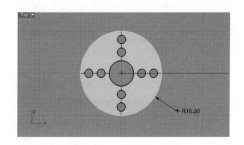

图 8-19　选取轮廓圆

第 4 步,命令提示为"指定尺寸标注的位置:"时,拖动鼠标单击,指定尺寸标注的位置,完成半径尺寸标注,如图 8-20 所示。

重复上述操作,完成实体其他孔的半径尺寸标注,如图 8-21 所示。

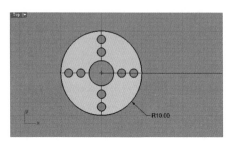

图 8-20 完成半径尺寸标注

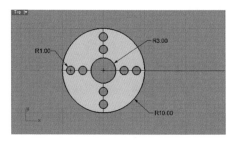

图 8-21 完成其他部分的半径尺寸标注

2. 操作及选项说明

造型(S):输入尺寸标注样式的名称。

8.1.6 直径尺寸的标注

直径尺寸标注可以用来标注直径尺寸。

1. 调用命令的方式和步骤

调用命令的方式如下。

菜单:执行"尺寸标注"|"直径尺寸标注"命令。

图标:单击"标准"|"尺寸标注"工具栏中的 图标按钮。

键盘命令:DimDiameter。

操作步骤如下。

第 1 步,打开文件 8-22.3dm,如图 8-22 所示。

第 2 步,单击 图标按钮,调用"直径尺寸标注"命令。

第 3 步,命令提示为"选取要标注直径的曲线(造型(S)=默认):"时,选取实体的轮廓,如图 8-23 所示。

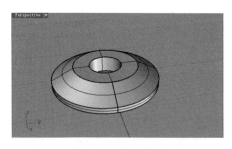

图 8-22 调用模型

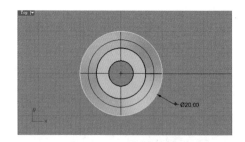

图 8-23 选取轮廓圆

第 4 步,命令提示为"指定尺寸标注的位置:"时,拖动鼠标单击,指定尺寸标注的位置,完成直径尺寸标注,如图 8-24 所示。

重复上述操作,完成实体其他部分的直径尺寸标注,如图 8-25 所示。

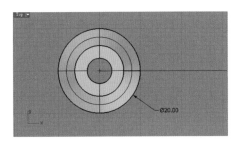

图 8-24　完成直径尺寸标注

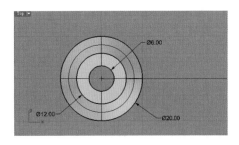

图 8-25　完成其他部分的直径尺寸标注

2. 操作及选项说明

造型(S)：输入尺寸标注样式的名称。

8.1.7　角度尺寸的标注

角度尺寸标注可以用来对两条直线或实体上任意三点的夹角进行尺寸标注。

1. 调用命令的方式和步骤

调用命令的方式如下。

菜单：执行"尺寸标注"|"角度尺寸标注"命令。

图标：单击"标准"|"尺寸标注"工具栏中的图标按钮。

键盘命令：DimAngle。

操作步骤如下。

第 1 步，打开文件 8-26.3dm，如图 8-26 所示。

第 2 步，单击图标按钮，调用"角度尺寸标注"命令。

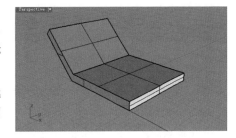

图 8-26　调用模型

第 3 步，命令提示为"选取圆弧或第一条直线（造型(S)＝默认　三点(P)）："时，在 Front 视图中选取一条直线边，如图 8-27 所示。

第 4 步，命令提示为"选取第二条直线："时，在 Front 视图中选取第二条直线边。

第 5 步，命令提示为"尺寸标注的位置："时，拖动鼠标单击，指定尺寸标注的位置完成角度尺寸标注，如图 8-28 所示。

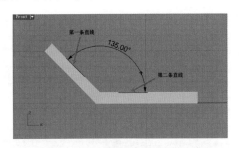

图 8-27　指定角度尺寸标注的直线边

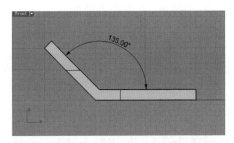

图 8-28　完成角度尺寸标注

2. 操作及选项说明

三点(P)：在实体上拾取三点标注其夹角角度。

8.1.8　标注引线

标注引线可以用来创建带箭头的引线以及可附加文字的注解。

调用命令的方式如下。

菜单：执行"尺寸标注"|"标注引线"命令。

图标：单击"标准"|"尺寸标注"工具栏中的 ⊐ 图标按钮。

键盘命令：Leader。

操作步骤如下。

第 1 步，打开文件 8-29.3dm，如图 8-29 所示。

第 2 步，单击 ⊐ 图标按钮，调用"标注引线"命令。

第 3 步，命令提示为"标注引线箭头尖端："时，在 Top 视图中指定标注引线箭头端点 A，如图 8-30 所示。

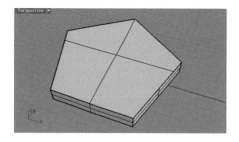
图 8-29　调用模型

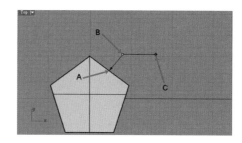
图 8-30　指定标注引线箭头端点

第 4 步，命令提示为"标注引线的下一点，按 Enter 完成："时，在 Top 视图中指定标注引线的下一个端点 B。

第 5 步，命令提示为"标注引线的下一点，按 Enter 完成(复原(U))："时，在 Top 视图中继续指定下一端点 C。

第 6 步，命令提示为"标注引线的下一点，按 Enter 完成(复原(U))："时，继续指定引线的下一点或回车完成。

第 7 步，弹出如图 8-31 所示的"标注引线文字"对话框，在对话框中输入文本"五角形"，单击"确定"按钮，完成五边形的标注引线，如图 8-32 所示。

图 8-31　"标注引线文字"对话框

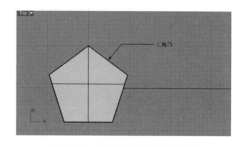
图 8-32　完成五边形标注引线

注意：在指定了箭头端点之后，可以继续指定标注引线的下一个端点，直至回车结束。

8.1.9 2D 文字的注写

"文字方块"命令可以用来创建平面的文字注解。

调用命令的方式如下。

菜单：执行"尺寸标注"|"文字方块"命令。

图标：单击"标准"|"尺寸标注"工具栏中的

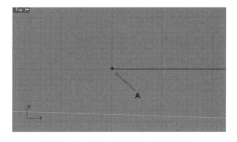

图 8-33　指定文字方块的起点

TEXT图标按钮。

键盘命令：Text。

操作步骤如下。

第 1 步，单击 TEXT 图标按钮，调用"文字"命令。

第 2 步，命令提示为"起点："时，在 Top 视图中单击指定文字方块起点 A，如图 8-33 所示。

第 3 步，弹出"文字"对话框，如图 8-34 所示。

选择字体为"黑体"，选中"粗体"、"斜体"复选框，在文本框中输入文字"尺寸标注"，单击"确定"按钮，创建文字方块，如图 8-35 所示。

图 8-34　"文字"对话框

图 8-35　完成文字方块的创建

8.1.10 注解点的创建

调用"注解点"命令可以在视图中创建带有文字的注解点。

调用命令的方式如下。

菜单：执行"尺寸标注"|"注解点"命令。

图标：单击"标准"|"尺寸标注"工具栏中的 ● 图标按钮。

键盘命令：Dot。

操作步骤如下。

第1步，单击图标按钮，调用"注解点"命令，弹出"注解点"对话框，在对话框中输入"Rhino 5.0"，如图 8-36 所示。

第2步，命令提示为"注解点的位置："时，指定注解点的位置点 A，如图 8-37 所示。完成注解点的创建，如图 8-38 所示。

图 8-36　"注解点"对话框

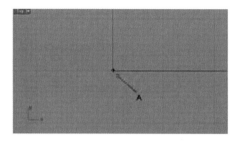

图 8-37　指定注解点的位置

注意：

（1）注解点的显示不会随着窗口的缩放而同步改变。

（2）"注解"工具栏中有默认的数字图标按钮，如图 8-39 所示。

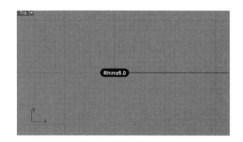

图 8-38　完成注解点的创建

图 8-39　"注解点"工具栏

8.2　剖面线的绘制

调用"剖面线"命令可以在剖视图中创建剖面线。

1. 调用命令的方式和步骤

调用命令的方式如下。

菜单：执行"尺寸标注"|"剖面线"命令。

图标：单击"标准"|"尺寸标注"工具栏中的图标按钮。

键盘命令：Hatch。

操作步骤如下。

第1步，打开文件 8-40.3dm，如图 8-40 所示。

第2步，单击图标按钮，调用"剖面线"命令。

第3步，命令提示为"选取曲线（边界（B）＝否）："时，在 Top 视图中选取曲线，如图 8-41 所示。

第4步，命令提示为"选取曲线，按 Enter 完成（边界（B）＝否）："时，回车。

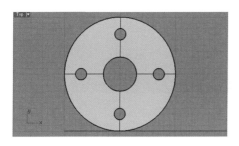

图 8-40　调用模型

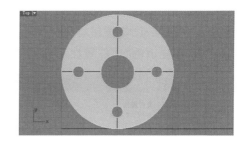

图 8-41　选取封闭的平面曲线

第 5 步，弹出"剖面线"对话框，如图 8-42 所示。在"剖面线"对话框中选择 Hatch1 样式，输入图案旋转角度值为 45°，输入图案缩放比例值为 4，单击"确定"按钮，创建出剖面线，如图 8-43 所示。

图 8-42　"剖面线"对话框

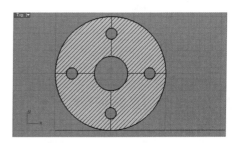

图 8-43　完成剖面线的绘制

2. 操作及选项说明

（1）图案列表：显示已定义的 9 种剖面线图案，见图 8-42。

（2）案旋转角度：设置剖面线图案的旋转角度。

（3）图案缩放比例：设置剖面线图案的缩放比。

8.3　尺寸标注属性的设置

可以通过"文件属性"对话框对尺寸标注进行调整。

1. 调用命令的方式和步骤

调用命令的方式如下。

菜单：执行"尺寸标注"|"尺寸标注型式"命令。

图标：单击"标准"|"尺寸标注"工具栏中的图标按钮。

键盘命令：DocumentPropertiesPage。

操作步骤如下。

第1步,单击 图标按钮,调用"尺寸标注型式"命令。

第2步,在弹出的"文件属性"对话框进行设置,如图8-44所示。

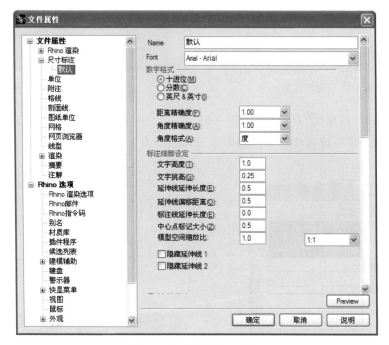

图8-44 "文件属性"对话框

2. 操作及选项说明

在"文件属性"对话框中,可以对尺寸标注的字型、数字的格式、尺寸标注的文字字高以及延伸线的延伸长度和偏移距离等进行设置;同时,还可以对尺寸标注箭头的样式和长度、标注引线箭头的样式和长度进行设置。

8.4 2D视图的建立

Rhino 5.0提供了"建立2D图面"命令,可以生成所创建模型的2D视图。

1. 调用命令的方式和步骤

调用命令的方式如下。

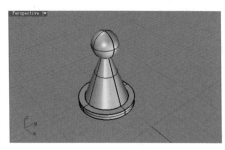

图8-45 调用模型

菜单:执行"尺寸标注"|"建立2D图面"命令。

图标:单击"标准"|"尺寸标注"工具栏中的 图标按钮。

键盘命令:Make2D

操作步骤如下。

第1步,打开文件8-45.3dm,如图8-45所示。

第2步,单击 图标按钮,调用"建立2D图面"命令。

第 3 步,命令提示为"选取要建立 2D 图面的物件:"时,选取棋子模型,如图 8-46 所示,回车,弹出"2D 图面选项"对话框,如图 8-47 所示。

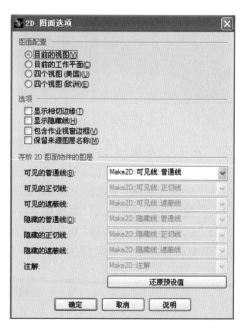

图 8-46　选取棋子模型　　　　　　　图 8-47　"2D 图面选项"对话框

第 4 步,在"图面配置"选项组中选择"四个视图(美国)",单击"确定"按钮,生成棋子模型的 2D 视图。

2. 操作及选项说明

1)"图面配置"选项组

(1)"目前的视图"单选按钮:只建立目前视图的 2D 图面,如图 8-48 所示。

(2)"目前的工作平面"单选按钮:在目前视图的工作平面建立 2D 图面,并且该 2D 视图会被放置在当前视图的参考平面上,如图 8-49 所示。

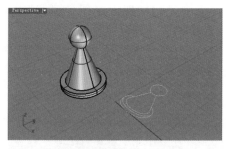

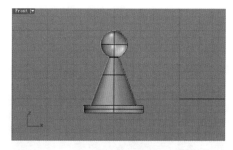

图 8-48　只建立目前 Perspective 视图的 2D 图面　　　图 8-49　在目前的工作平面中生成 2D 图面

(3)"四个视图(美国)"单选按钮:以美国(第三角度)图面配置建立四个视图,使用世界坐标正交投影,如图 8-50 所示。

(4)"四个视图(欧洲)"单选按钮:以欧洲(第一角度)图面配置建立四个视图,使用世界坐标正交投影，如图 8-51 所示。

图 8-50　生成棋子的 2D 图面（美国）

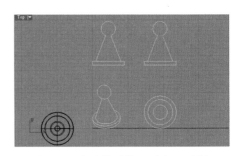

图 8-51　生成棋子的 2D 图面（欧洲）

2）"选项"选项组

（1）"显示相切边缘"复选框：在 2D 图面绘制出曲面的相切边缘。

（2）"显示隐藏线"复选框：在 2D 图面绘制出隐藏线。

（3）"包含作业视窗边框"复选框：在 2D 图面绘制出作业视窗边框。

（4）"保留来源图层名称"复选框：以对象所在图层的名称加上"可见线"、"隐藏线"、"批注"作为新建立图层的名称。

8.5　视图文件的导出

在创建出模型的 2D 图面后，用户可以根据自己的需要对 2D 视图进行导出。导出的视图文件可以导入到其他软件中作为参考或者进行再修改，如 AutoCAD 和 Illustrator 等。

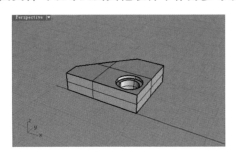

图 8-52　调用模型

操作步骤如下。

第 1 步，打开文件 8-52.3dm，如图 8-52 所示。

第 2 步，单击 图标按钮，调用"建立 2D 图面"命令。

第 3 步，命令提示为"选取要建立 2D 图面的物件："时，选取模型，回车。

第 4 步，弹出"2D 图面选项"对话框，在"图面配置"选项组中，选择"四个视图（美国）"单选按钮，回车，创建出 2D 图面，如图 8-53 所示。

第 5 步，对 2D 视图进行尺寸标注，主要的尺寸标注命令有直线尺寸标注、对齐尺寸标注、纵坐标尺寸标注和半径尺寸标注，完成尺寸标注，如图 8-54 所示。

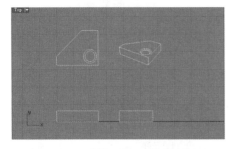

图 8-53　生成模型的 2D 视图（美国）

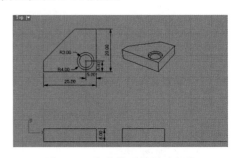

图 8-54　完成模型的尺寸标注

第 6 步,将实体模型隐藏,文件另存为 dwg 格式,如图 8-55 所示。

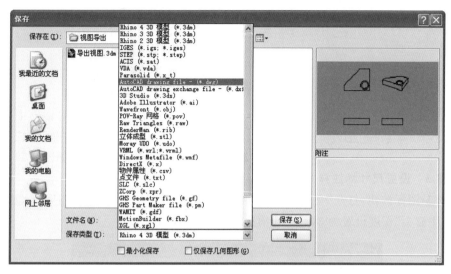

图 8-55　导入 AutoCAD 中打开文件

第 7 步,在 AutoCAD 中打开文件并进行修改,如图 8-56 所示。

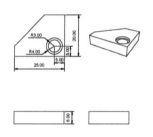

图 8-56　将文件另存为 dwg 格式

8.6　上机操作实验指导七　创建压板 2D 视图

根据本章介绍的尺寸标注和 2D 视图创建的相关知识,创建如图 8-57 所示的压板模型 2D 视图,如图 8-58 所示,主要涉及的命令包括"直线尺寸标注"命令、"对齐尺寸标注"命令、"半径尺寸标注"命令和"角度尺寸标注"命令。

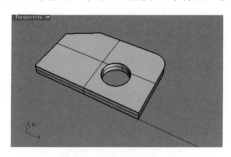

图 8-57　压板模型

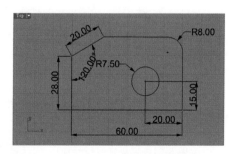

图 8-58　创建 2D 视图

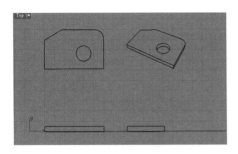

图 8-59　完成压板 2D 视图的建立

操作步骤如下。

步骤 1　打开文件

打开文件 8-57.3dm,见图 8-57。

步骤 2　创建 2D 视图

第 1 步,调用"建立 2D 图面"命令,选取模型,回车,弹出"2D 图面选项"对话框。

第 2 步,在"2D 图面选项"对话框中,选择"4 个视图(美国)"单选按钮,单击"确定"按钮,完成 2D 视图的建立,并将模型隐藏,如图 8-59 所示。

步骤 3　设置尺寸标注样式

单击📷图标按钮,打开"文件属性"对话框,如图 8-60 所示。将"文字高度"设置为 3.5, "尺寸标注箭头"长度设置为 3,其他选项为默认。

图 8-60　"文件属性"对话框

步骤 4　尺寸标注

第 1 步,单击📷按钮,调用"直线尺寸标注"命令,完成直线尺寸标注,如图 8-61 和图 8-62 所示。

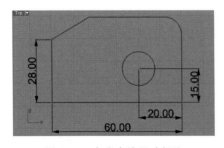

图 8-61　完成直线尺寸标注

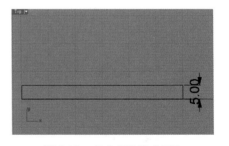

图 8-62　完成直线尺寸标注

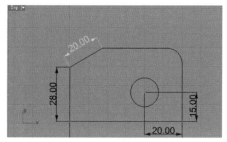

图 8-63　完成对齐尺寸标注

第 2 步，单击 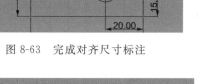 按钮，调用"对齐尺寸标注"命令，完成对齐尺寸标注，如图 8-63 所示。

第 3 步，单击 按钮，调用"半径尺寸标注"命令，完成半径尺寸标注，如图 8-64 所示。

第 4 步，单击 按钮，调用"角度尺寸标注"命令，完成角度尺寸标注，如图 8-65 所示。

步骤 5　保存文件

保存文件，操作过程略。

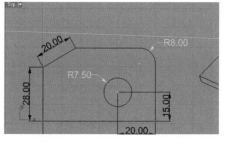

图 8-64　完成半径尺寸标注

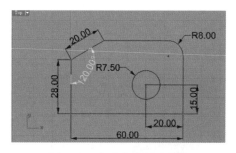

图 8-65　完成角度尺寸标注

8.7　上　机　题

创建如图 8-66 所示的模型，然后导出 2D 视图并进行尺寸标注和剖面线的绘制，如图 8-67 和图 8-68 所示，主要涉及的命令包括"直线尺寸标注"命令、"半径尺寸标注"命令、"对齐尺寸标注"命令、"纵坐标尺寸标注"命令、"角度尺寸标注"命令、"尺寸标注型式"命令和"剖面线"命令。

绘图提示：

第 1 步，在 Top 视图中绘制封闭的平面曲线，如图 8-69 所示。调用"挤出封闭的平面曲线"命令，挤出距离值为 8，完成曲线的挤出，如图 8-70 所示。

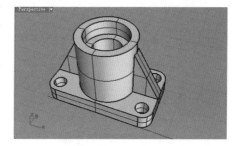

图 8-66　创建模型

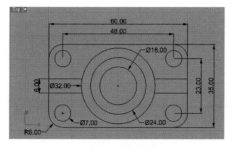

图 8-67　标注尺寸

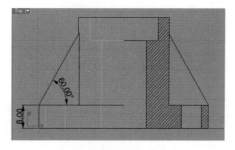

图 8-68　绘制剖面线

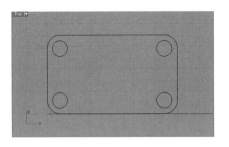

图 8-69　绘制封闭的平面曲线

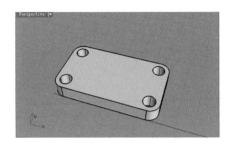

图 8-70　完成曲线的挤出

第 2 步,在 Top 视图中捕捉挤出物体的中点绘制辅助线,捕捉辅助线的中点绘制同心圆,如图 8-71 所示。调用"挤出封闭的平面曲线"命令,由大到小挤出距离值分别为 30、8、40,调用"向上对齐"命令,将挤出的圆柱实体进行顶部对齐,如图 8-72 所示。

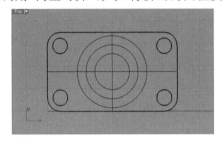

图 8-71　绘制封闭的平面曲线

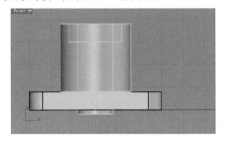

图 8-72　完成曲线的挤出

第 3 步,调用"布尔运算差集"命令,将 4 部分实体进行差集运算,完成模型,如图 8-73 所示。

第 4 步,在 Front 视图中绘制封闭的平面曲线,如图 8-74 所示。调用"挤出封闭的平面曲线"命令,挤出距离值为 6,并镜像该加强筋,如图 8-75 所示。

第 5 步,调用"布尔运算并集"命令,所有实体合并。

第 6 步,调用"建立 2D 图面"命令,在 Top 视图中建立模型的 2D 视图,视图配置为"四个视图(美国)",选中"显示隐藏线"复选框,将"可见的普通线"改为 Default,"隐藏的普通线"改为 Layer01,如图 8-76 所示。将图层 Layer 01 的颜色更改为灰色,然后将模型隐藏,如图 8-77 所示。

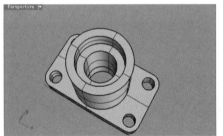

图 8-73　布尔运算差集

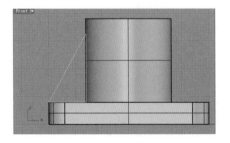

图 8-74　绘制封闭的平面曲线

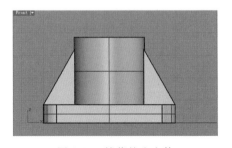

图 8-75　镜像挤出实体

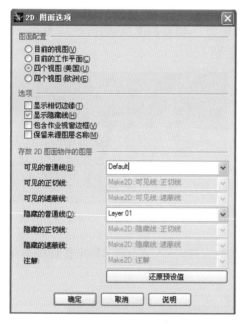

图 8-76 "2D 图面选项"对话框

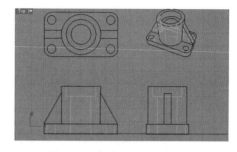

图 8-77 完成 2D 视图的建立

第 7 步,在 Top 视图中完成直线尺寸标注、半径尺寸标注和直径尺寸标注,如图 8-78 和图 8-79 所示。

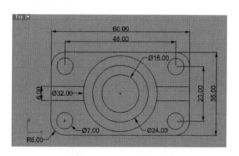

图 8-78 尺寸标注

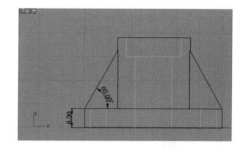

图 8-79 角度标注

第 8 步,调用"分割"、"直线"等命令修改曲线,如图 8-80 所示。绘制封闭的平面曲线,如图 8-81 所示。

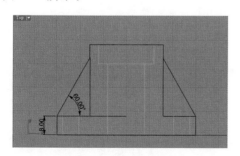

图 8-80 修改图线

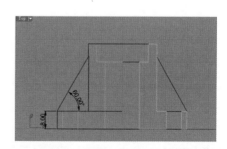

图 8-81 绘制封闭的平面曲线

第9步,调用"剖面线"命令,选取封闭的平面曲线。弹出"剖面线"对话框,剖面线类型设置为 Hatch1,图案旋转角度为 45°,图案缩放比例为 6,创建剖面线,如图 8-82 所示。

第 10 步,完成尺寸标注与剖面线绘制,如图 8-83 所示。

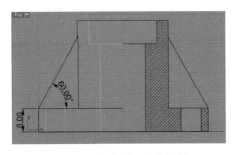

图 8-82　完成剖面线的绘制

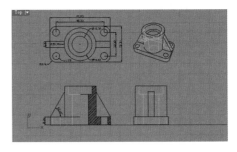

图 8-83　完成尺寸标注与剖面线的绘制

第 11 步,保存文件。也可以保存为 dwg 格式的文件,导入 AutoCAD 中作详细标注,如图 8-84 所示。

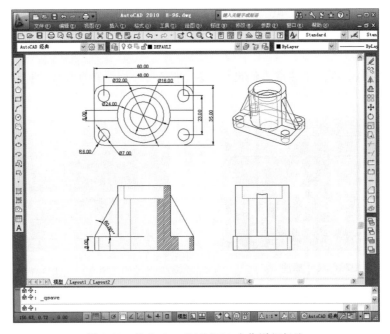

图 8-84　导入 AutoCAD2010 中作详细标注

第9章 产品设计建模综合实例

本章将通过4个不同类型的创意产品的建模，引领读者领悟和掌握 Rhino 5.0 三维建模的思路和方法，对前面介绍的 Rhino 5.0 常用的命令和功能结合起来，在实践中灵活应用融会贯通。

9.1 创建多士炉三维模型

创建如图 9-1 所示的多士炉三维模型，效果图如图 9-2 所示，主要涉及命令包括"开启控制点"命令、"投影至曲面"命令、"分段曲线"命令和"曲面上的内插点曲线"命令。

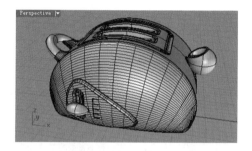

图 9-1 多士炉三维模型

图 9-2 多士炉效果图

操作步骤如下。

步骤1 创建新文件

参见第1章，操作过程略。

步骤2 创建多士炉雏形

第1步，单击 ⊕ 图标按钮，调用"椭圆：从中心点"命令，在 Front 视图中绘制一个半轴长分别为17和14的椭圆。然后，单击 ∧ 图标按钮，调用"多重直线"命令，在椭圆中心点下方6的位置处绘制一条水平直线，如图 9-3 所示。

第2步，同时选中椭圆和直线，单击 ♣ 图标按钮，调用"修剪"命令，单击要修剪的地方，修剪掉多余线段，如图 9-4 所示。

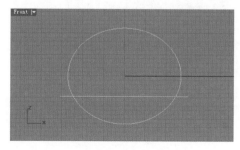

图 9-3 分别绘制椭圆和直线

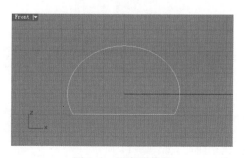

图 9-4 用直线修剪

第3步，单击 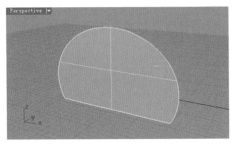 图标按钮，调用"以平面曲线建立曲面"命令，将曲线建立曲面，如图9-5所示。

第4步，单击 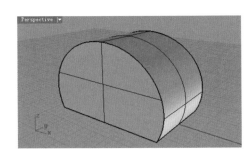 图标按钮，调用"挤出曲面"命令，单击"删除输入物件（L）"命令选项，将曲面挤出，数值为16，如图9-6所示。

图9-5　以曲线建立曲面

图9-6　挤出曲面

第5步，单击 图标按钮，调用"不等距边缘圆角"命令，设置半径为1.5，选择所有边缘创建边缘圆角，如图9-7所示。

第6步，单击 图标按钮，调用"炸开"命令，将对象炸开并删除半边的曲面，如图9-8所示。

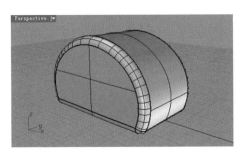

图9-7　将所有边缘倒圆角

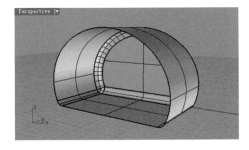

图9-8　炸开并删除半边的曲面

第7步，单击 图标按钮，调用"控制点曲线"命令，开启"物件锁点"|"中点"，在Right视图中绘制曲线，如图9-9所示。开启控制点调节曲线，如图9-10所示。

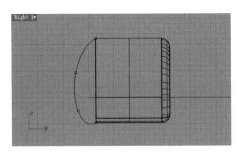

图9-9　绘制曲线

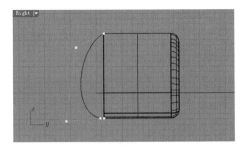

图9-10　控制点调节曲线

第8步，单击 图标按钮，调用"从网线建立曲面"命令，选择边缘曲线和编辑好的曲线，建立曲面，如图9-11所示。

步骤 3　创建多士炉吐司槽

第 1 步,单击▣图标按钮,调用"矩形:中心点、角"命令,在 Top 视图中绘制一个矩形,长 18 宽 10,圆角半径设置为 1,如图 9-12 所示。

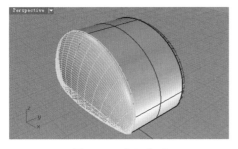

图 9-11　建立曲面

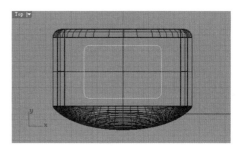

图 9-12　绘制圆角矩形

第 2 步,单击▣图标按钮,调用"投影至曲面"命令,将其投影到曲面,并将下部投影线删除。

第 3 步,单击▣图标按钮,调用"分割"命令,利用投影线将上部曲面分割,如图 9-13 所示。

第 4 步,单击▣图标按钮,调用"挤出曲面"命令,单击"删除输入物件(L)"命令选项,距离数值输入为−10,挤出曲面将其与外部曲面组合,如图 9-14 所示。

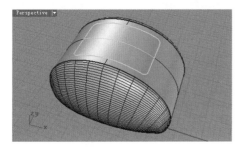

图 9-13　分割曲面

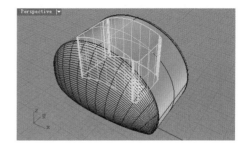

图 9-14　挤出曲面

第 5 步,原地复制挤出对象备用,单击▣图标按钮,调用"布尔运算差集"命令,进行布尔运算。

第 6 步,单击▣图标按钮,调用"不等距边缘圆角"命令,设置半径为 0.5,选择边缘分别向内侧和外侧创建边缘圆角,如图 9-15 所示。

第 7 步,单击▣图标按钮,调用"圆角矩形"命令,在 Top 视图中绘制一个圆角矩形,并复制,再投影至上部曲面,并将下部投影线删除,如图 9-16 所示。

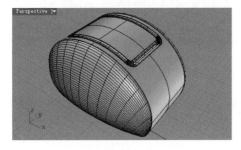

图 9-15　将分割处倒圆角

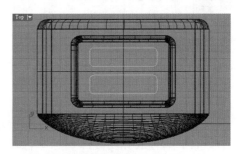

图 9-16　绘制吐司槽

第 8 步,单击 图标按钮,调用"分割"命令,将上部曲面分割,如图 9-17 所示。

第 9 步,单击 图标按钮,调用"挤出曲面"命令,距离数值为－9 挤出曲面,删除原曲面,如图 9-18 所示。

图 9-17　分割曲面

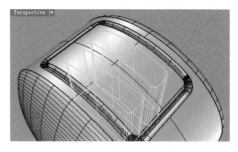

图 9-18　曲面挤出成体

第 10 步,单击 图标按钮,调用"布尔运算差集"命令,进行布尔运算,如图 9-19 所示。

第 11 步,单击 图标按钮,调用"不等距边缘圆角"命令,设置半径为 0.3,选择边缘曲线进行边缘圆角,如图 9-20 所示。

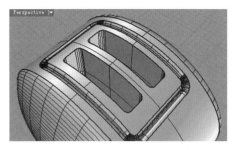

图 9-19　布尔运算差集

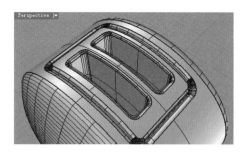

图 9-20　边缘倒圆角

第 12 步,单击 图标按钮,调用"多重直线"命令,绘制一条直线,如图 9-21 所示。

第 13 步,对直线进行分段。右击 图标按钮,调用"依线段数目分段曲线"命令,选择直线,回车,输入分段数目 6,回车,如图 9-22 所示。

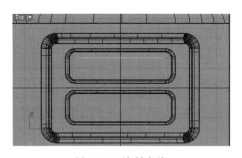

图 9-21　绘制直线

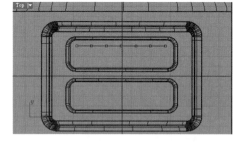

图 9-22　分段曲线

第 14 步,开启"物件锁点"|"点",以第一点处绘制纵向直线,如图 9-23 所示。

第 15 步,对纵向直线进行分段。右击 图标按钮,调用"依线段数目分段曲线"命令,选择直线,回车,输入分段数目 6,回车,如图 9-24 所示。

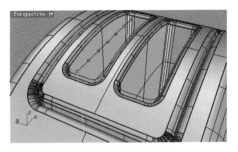

图 9-23 绘制垂直线段

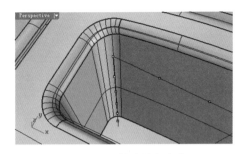

图 9-24 六等分纵向直线

第 16 步，单击 🐾 图标按钮，调用"圆管"命令，分别延纵横两条直线创建圆管，半径设置为 0.2，如图 9-25 所示。

第 17 步，单击 ⊞ 图标按钮，调用"复制"命令，分别沿纵横以分段点复制圆柱，如图 9-26 所示。

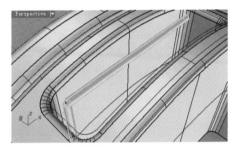

图 9-25 创建圆柱体

图 9-26 复制圆柱体

第 18 步，处理横竖圆柱体交面，单击 ◉ 图标按钮，调用"球体：直径"命令，捕捉两圆柱体交点建立圆球，如图 9-27 所示。

第 19 步，对球体和圆柱体进行修剪，剪掉多余部分，如图 9-28 所示。

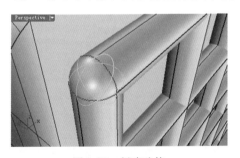

图 9-27 创建球体

图 9-28 修剪

第 20 步，单击 🔩 图标按钮，调用"布尔运算并集"命令，将拐角处几个曲面合并，如图 9-29 所示。

第 21 步，用同样的方法，为另一侧的拐角处建立圆滑过渡，如图 9-30 所示。

第 22 步，单击 🔩 图标按钮，调用"布尔运算并集"命令，将所有圆柱体进行布尔运算并集，如图 9-31 所示。

第 23 步，单击 ⊞ 图标按钮，调用"复制"命令，复制电热网，如图 9-32 所示。

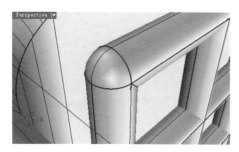

图 9-29 合并曲面

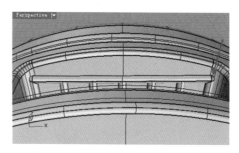

图 9-30 建立圆滑过渡

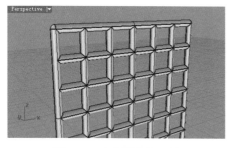

图 9-31 电热网布尔运算

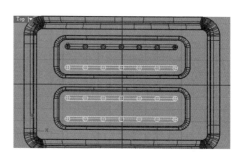

图 9-32 复制电热网

步骤 4 创建多士炉开关

第 1 步,单击🔲图标按钮,调用"圆角矩形"命令,在 Right 视图中绘制一个长 2 宽 7,圆角半径 1 的圆角矩形,如图 9-33 所示。

第 2 步,单击🗃图标按钮,调用"投影至曲面"命令,将其投影到中间曲面上,并删除其他多余的投影线。

第 3 步,单击🔳图标按钮,调用"分割"命令,用圆角矩形将中间部分曲面分割,如图 9-34 所示。

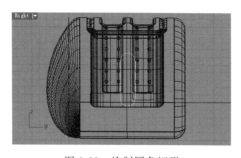

图 9-33 绘制圆角矩形

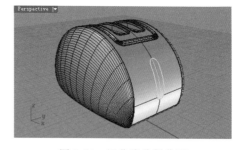

图 9-34 用曲线分割曲面

注意:投影时注意视图,不同视图投影方向也不同。

第 4 步,单击🖼图标按钮,调用"挤出曲面"命令,单击"删除输入物件(L)"命令选项,选择方向向内,距离数值为 1,设置为挤出实体,如图 9-35 所示。

第 5 步,单击🔘图标按钮,调用"布尔运算差集"命令,在炉体上减去挤出的实体,如图 9-36 所示。

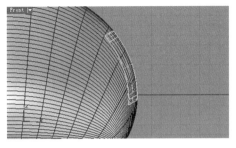

图 9-35　向多士炉内部方向挤出曲面

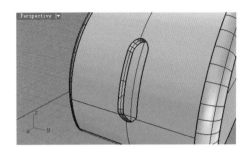

图 9-36　布尔运算差集

第 6 步,单击◎图标按钮,调用"不等距边缘圆角"命令,分别选择内外两条边缘线进行圆角处理,半径设置为 0.25,如图 9-37 所示。

第 7 步,单击◎图标按钮,调用"球体:中心点、半径"命令,半径为 2.5,创建一个球体,并在其左上方位置复制球体,如图 9-38 所示。

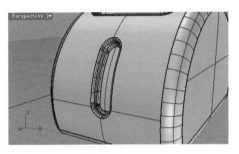

图 9-37　边缘圆角处理

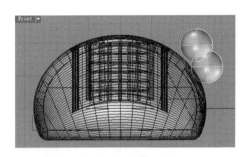

图 9-38　创建球体

第 8 步,单击◎图标按钮,调用"布尔运算差集"命令,将两个球体进行布尔运算差集,先选下部球体,再选上部球体,如图 9-39 所示。

第 9 步,单击◎图标按钮,调用"不等距边缘圆角"命令,设置半径为 0.2,选择边缘曲线进行边缘圆角,如图 9-40 所示。

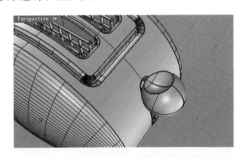

图 9-39　创建开关手柄

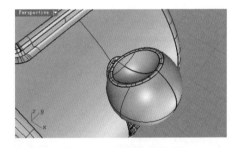

图 9-40　边缘圆角处理

步骤 5　创建提拎环

第 1 步,单击◎图标按钮,调用"环状体"命令,在 Top 视图中绘制一个半径为 3、第二半径为 1 的圆环,如图 9-41 所示。

第 2 步,旋转圆环使其呈一定角度并移动到所需位置,如图 9-42 所示。

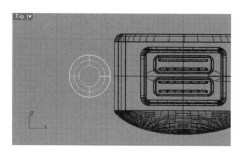

图 9-41　创建圆环

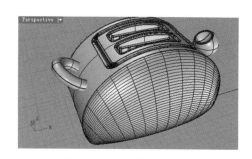

图 9-42　调整提拎环位置

第 3 步，单击图标按钮，调用"曲面圆角"命令，圆角半径为 1.5，将提拎环与机体衔接过渡，如图 9-43 所示。

步骤 6　创建正面操作区面板

第 1 步，绘制正面操作板的曲线，单击图标按钮，调用"曲面上的内插点曲线"命令，在 Front 视图中选择正面曲面，绘制一条曲线，如图 9-44 所示。

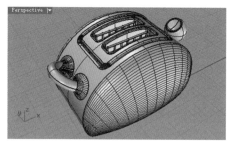

图 9-43　衔接过渡

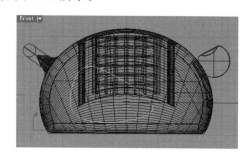

图 9-44　在曲面上绘制曲线

第 2 步，单击图标按钮，调用"分割"命令，用曲面上曲线来曲面分割曲面，如图 9-45 所示。

第 3 步，单击图标按钮，调用"挤出曲面"命令，距离数值为 0.5，删除输入物体，选择曲线挤出曲面。

第 4 步，单击图标按钮，调用"不等距边缘圆角"命令，设置半径为 0.5，选择挤出曲面的边缘曲线进行倒圆角，如图 9-46 所示。

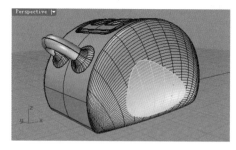

图 9-45　分割曲面

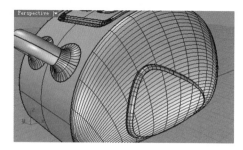

图 9-46　挤出曲面并倒圆角

步骤 7　创建温度调节槽

第 1 步，单击图标按钮，调用"圆角矩形"命令，在 Front 视图中绘制一个长 5、宽 1.5

圆角半径 1 的圆角矩形,如图 9-47 所示。

第 2 步,单击 图标按钮,调用"投影至曲面"命令,将其投影到挤出的曲面上,并删除其他多余的投影线。

第 3 步,单击 图标按钮,调用"分割"命令,用曲面上曲线来分割曲面。

第 4 步,单击 图标按钮,调用"挤出曲面"命令,距离数值为－1,选择"实体"命令选项,在 Front 视图中挤出曲面。

第 5 步,单击 图标按钮,调用"组合"命令,用操作面板与炉体组合在一起,如图 9-48 所示。

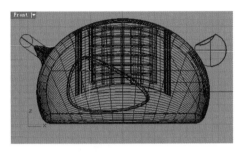
图 9-47　绘制圆角矩形

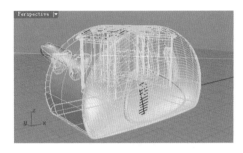
图 9-48　组合操作面板和炉体

第 6 步,单击 图标按钮,调用"布尔运算差集"命令,在炉体表面减去挤出的实体如图 9-49 所示。

第 7 步,单击 图标按钮,调用"不等距边缘圆角"命令,设置半径为 0.3,选择内外两条边缘曲线进行边缘圆角,如图 9-50 所示。

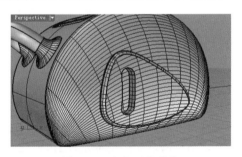
图 9-49　布尔运算差集

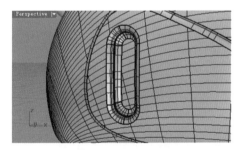
图 9-50　创建边缘圆角

步骤 8　创建温度调节杆

第 1 步,在 Front 视图中创建一个圆角矩形,并用其修剪凹槽内曲面,如图 9-51 所示。

第 2 步,单击 图标按钮,调用"椭圆体：从中心点"命令,创建一个长 4、宽 3、高 2 的椭圆体,如图 9-52 所示。

第 3 步,绘制一条倾斜直线拉伸成面,修剪椭圆,如图 9-53 所示。

第 4 步,单击 图标按钮,调用"以平面曲线建立曲面"命令,为分割后椭圆体内侧封面,并合并,然后再创建一个细圆柱体与椭圆体用"布尔运算并集"命令将两者接合,如图 9-54 所示。

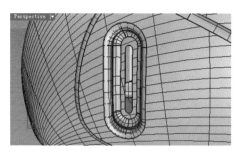

图 9-51　修剪凹槽内曲面

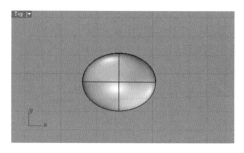

图 9-52　创建椭圆体图

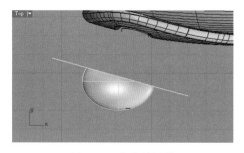

图 9-53　修剪椭圆体

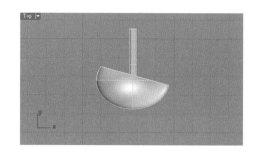

图 9-54　创建圆柱体

注意： 圆柱体直径略小于凹槽内圆角矩形宽度。

第 5 步，将手柄移动至槽口恰当位置，如图 9-55 所示。

步骤 9　创建温度指示格

第 1 步，在 Front 视图中，绘制一条垂直的线段，如图 9-56 所示。

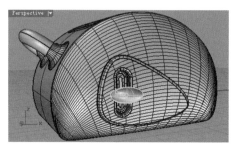

图 9-55　移动位置

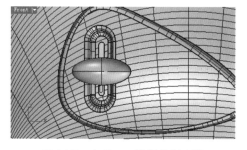

图 9-56　在 Front 视图绘制直线

注意： 该曲线尽量与槽内修剪部分长度保持一致。

第 2 步，右击 图标按钮，调用"依线段数目分段曲线"命令，数值为 4，将曲线分为 4 段，如图 9-57 所示。

第 3 步，开启"物件锁点"|"点"，以分段曲线上第一点为端点绘制一条横向的线段，并以分段曲线上其他点为端点复制线段，如图 9-58 所示。

第 4 步，单击 图标按钮，调用"投影至曲面"命令，将这些线段投影至操作区面板曲面上，如图 9-59 所示。

第 5 步，单击 图标按钮，调用"圆管（圆头盖）"命令，设置半径为 0.05，加盖（C）＝圆头，分别为这几条曲线做圆管，如图 9-60 所示。

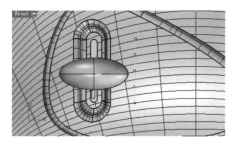

图 9-57　分段曲线

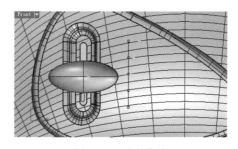

图 9-58　绘制直线

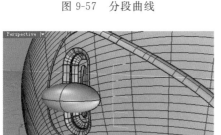

图 9-59　将分段曲线投影至曲面

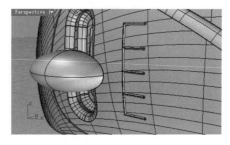

图 9-60　为曲线做圆管

步骤 10　创建多士炉支脚

第 1 步，单击 ◉ 图标按钮，调用"球体：中心点、半径"命令，在 Front 视图中绘制一个半径为 1 的球体，如图 9-61 所示。

第 2 步，调整球体位置，单击 ▦ 图标按钮，调用"矩形阵列"命令，X 方向数目为 2，Y 方向数目为 2，Z 方向数目为 1，指定参考点阵列出 4 个支角，如图 9-62 所示。

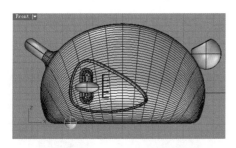

图 9-61　创建球体

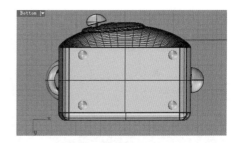

图 9-62　镜像创建 4 个支脚

第 3 步，单击 ◉ 图标按钮，调用"布尔运算并集"命令，将 4 个球体与底面进行布尔运算并集，完成多士炉，如图 9-63 所示。

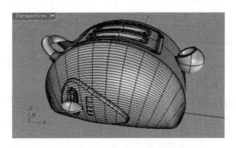

图 9-63　完成多士炉的创建

步骤 11　保存模型文件

参见本书第 1 章,操作过程略。

9.2　创建军刀三维模型

创建如图 9-64 所示多功能军刀的三维模型,效果图如图 9-65 所示,主要涉及的命令包括"开启控制点"命令、"投影至曲面"命令、"分段曲线"命令和"曲面上的内插点曲线"命令。

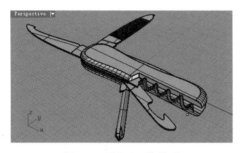

图 9-64　军刀三维模型

图 9-65　军刀效果图

操作步骤如下。

步骤 1　创建新文件

参见本书第 1 章,操作过程略。

步骤 2　创建多功能军刀的外壳

第 1 步,单击 □ 图标按钮,调用"矩形:角对角"命令,在 Top 视图中在长 40、宽 10 的范围内绘制一条曲线,作为军刀外形的四分之一的轮廓曲线,如图 9-66 所示。

第 2 步,单击 图标按钮,调用"开启控制点"命令,调整曲线,如图 9-67 所示。

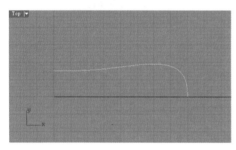

图 9-66　绘制曲线

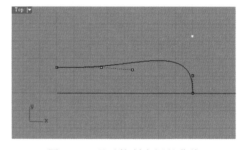

图 9-67　通过控制点调整曲线

第 3 步,单击 图标按钮,调用"镜像"命令,两次镜像曲线,并组合曲线,完成军刀的外形轮廓,如图 9-68 所示。

注意:镜像曲线时开启"物件锁点"|"端点",通过捕捉"端点"进行镜像。

第 4 步,单击 图标按钮,调用"偏移曲线"命令,偏移曲线距离为 2,并单轴缩放长度,使之两侧距离略大,如图 9-69 所示。

第 5 步,在 Front 视图中,将外围轮廓曲线垂直向下移动 3 个单位的距离。

注意:移动曲线时开启"物件锁点",这样接下来可以容易与步骤 2 第 1 步的曲线保持一个平面。

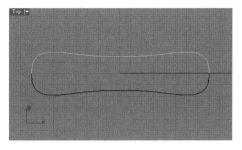

图 9-68　镜像曲线完成轮廓

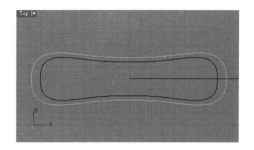

图 9-69　偏移并拉长曲线

第 6 步，在 Front 视图中，开启"物件锁点"|"端点"，绘制一条连接两横面曲线的纵面曲线，通过控制点调整曲线，如图 9-70 所示。

第 7 步，单击◎图标按钮，调用"以平面曲线建立曲面"命令，建立两个横面曲面，如图 9-71 所示。

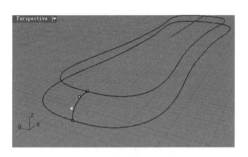

图 9-70　绘制侧面曲线

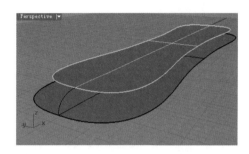

图 9-71　建立横向曲面图

第 8 步，单击图标按钮，调用"双轨扫掠"命令，以上下曲线作为路径，第 6 步绘制的曲线作为断面曲线进行双轨扫掠，完成侧面曲面的建立，组合三个曲面，如图 9-72 所示。

第 9 步，绘制线段用于切割军刀，如图 9-73 所示。

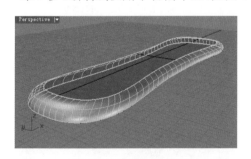

图 9-72　建立侧面曲面

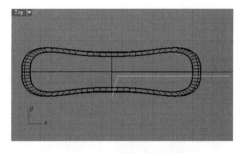

图 9-73　绘制分割用的线

第 10 步，单击图标按钮，调用"直接挤出"命令，向两侧挤出分隔线段，如图 9-74 所示。

第 11 步，单击图标按钮，调用"分割"命令，将挤出曲面与多重曲面互相分割，如图 9-75 所示。

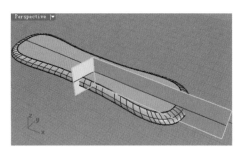

图 9-74 挤出曲线

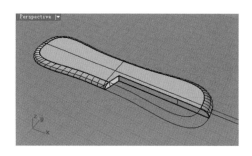

图 9-75 分割曲面

第 12 步,删除多余部分并组合保留部分,完成军刀单面外壳,再镜像完成上下两个外壳部分,如图 9-76 所示。

步骤 3　创建内部零件

第 1 步,在 Top 视图中绘制一条直线,并垂直向下移动 3 个单位,与外壳轮廓线在一个平面上,如图 9-77 所示。

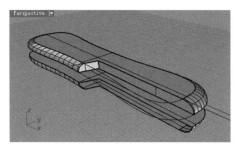

图 9-76 镜像完成上下外壳部分

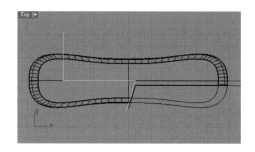

图 9-77 绘制内部零件曲线

第 2 步,单击 图标按钮,调用"修剪"命令,选择内部零件形态曲线 a 与外壳轮廓曲线 b,将其互相修剪多余曲线,如图 9-78 所示。

第 3 步,单击 图标按钮,调用"以平面曲线建立曲面"命令,建立一个曲面,如图 9-79 所示。

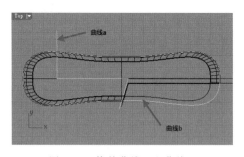

图 9-78 修剪曲线 a 和曲线 b

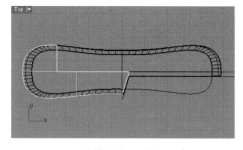

图 9-79 将修剪完的曲线创建曲面

第 4 步,在 Front 视图中,单击 图标按钮,调用"挤出曲面"命令,将曲面挤出厚度距离数值为 0.5,如图 9-80 所示。

第 5 步,在 Front 视图中,开启"物件锁点"|"端点",在上下外壳之间绘制一条垂直的直线,右击 图标按钮,调用"依线段数目分段曲线"命令,将直线等分为 3 段,如图 9-81 所示。

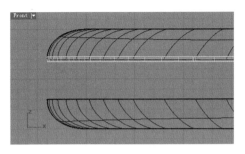

图 9-80　挤出曲面

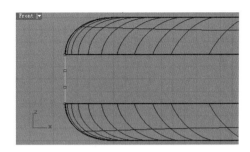

图 9-81　等分线段

第 6 步，移动挤出的多重曲面至等分线的点，并复制至另一点，如图 9-82 所示。

步骤 4　创建小刀

第 1 步，用圆和线段命令绘制另一个零件轮廓，修剪并组合这些曲线，移到相应位置，根据曲线构建曲面，如图 9-83 所示。

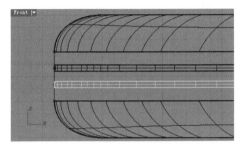

图 9-82　移动和复制多重曲面

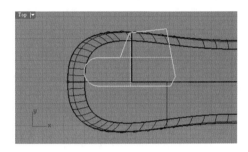

图 9-83　绘制零件轮廓并建面

第 2 步，单击🖳图标按钮，调用"挤出曲面"命令，挤出距离为 0.8，并且根据分段点复制，使之与前一个零件穿插，如图 9-84 所示。

第 3 步，开启"物件锁点"|"端点"，捕捉零件端点绘制曲线，如图 9-85 所示。

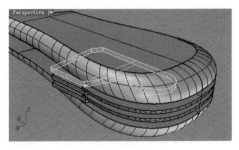

图 9-84　复制多重曲面

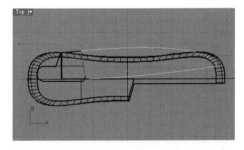

图 9-85　绘制小刀轮廓

第 4 步，单击🖳图标按钮，调用"挤出封闭的平面曲线"命令，挤出距离为 0.8，并将其与之相邻的零件布尔运算并集，如图 9-86 所示。

步骤 5　创建锉刀

第 1 步，开启第二层零件的端点，开启"平面模式"，绘制曲线并开启控制点编辑曲线，如图 9-87 所示。

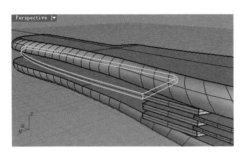

图 9-86　挤出小刀厚度

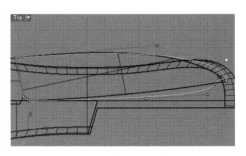

图 9-87　创建锉刀轮廓曲线

第 2 步,挤出该曲线,挤出距离为 0.8,组合第二层零件与锉刀,如图 9-88 所示。

第 3 步,在 Top 视图中,开启"物件锁点"|"中心点",单击 图标按钮,调用"2D 旋转"命令,以零件底部的圆心为旋转中心将其旋转 90°,如图 9-89 所示。

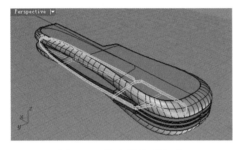

图 9-88　挤出厚度并组合

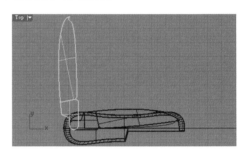

图 9-89　旋转锉刀

第 4 步,在 Right 视图中,绘制一个三角形的面,并挤出一定距离使之穿越锉刀横面,如图 9-90 所示。

第 5 步,单击 图标按钮,调用"矩形阵列"命令,Y 轴方向数目为 40,Y 方向设置间距为 -1,如图 9-91 所示。

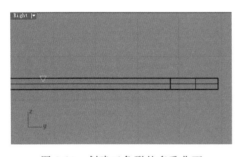

图 9-90　创建三角形的多重曲面

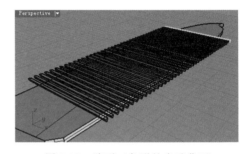

图 9-91　阵列三角形的多重曲面

第 6 步,单击 图标按钮,调用"布尔运算差集"命令,创建锉刀表面凹槽,如图 9-92 所示。

步骤 6　创建刮刀

第 1 步,开启第三层零件的端点,开启"平面模式",绘制曲线并开启控制点编辑曲线,如图 9-93 所示。

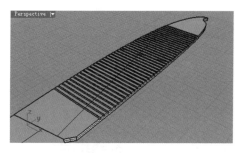

图 9-92　创建锉刀表面

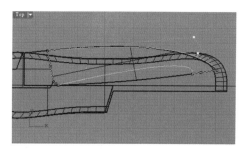

图 9-93　创建刮刀轮廓曲线

第 2 步,单击 图标按钮,调用"挤出封闭的平面曲线"命令,挤出距离为 0.8,组合第二层零件与刮刀。

第 3 步,在 Top 视图中,开启"物件锁点"|"中心点",单击 图标按钮,调用"2D 旋转"命令,以零件底部的圆心为旋转中心将其旋转－180°,如图 9-94 所示。

步骤 7　创建软塞瓶起

第 1 步,用圆和线段命令绘制另一半边的零件轮廓,修剪并组合这些曲线,如图 9-95 所示。

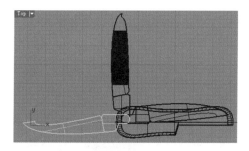

图 9-94　创建锉刀厚度并旋转

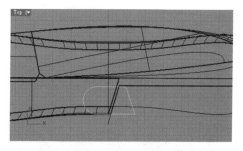

图 9-95　绘制另一半边的零件轮廓曲线

第 2 步,以这个封闭的平面曲线建立曲面,挤出这个曲面,挤出距离为 0.8,将该零件再复制两个,使之与邻近零件穿插。

第 3 步,单击 图标按钮,调用"弹簧线"命令,圈数设置为 4,半径设置为 2,创建弹簧线如图 9-96 所示。

第 4 步,单击 图标按钮,调用"圆管"命令,沿弹簧线做一个半径为 1 的圆管,如图 9-97 所示。

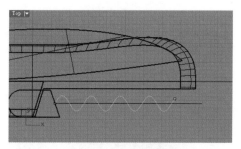

图 9-96　创建弹簧线

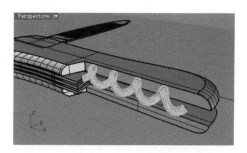

图 9-97　创建圆管前端

第5步，单击![图标]图标按钮，调用"延伸曲线（平滑）"命令，开启"物件锁点"|"端点"，延伸弹簧线。在曲线端点处绘制一条曲线，如图9-98所示。

第6步，重复"圆管"命令，选择延伸出来的曲线两端半径分别为1和0，如图9-99所示。

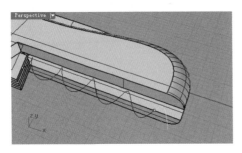

图9-98　延伸弹簧线曲线

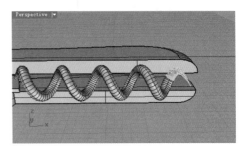

图9-99　创建圆管尾端

步骤8　创建啤酒瓶起

第1步，锁定第二层零件的端点，在Top视图中，绘制啤酒瓶起的曲线并调用控制点编辑曲线，如图9-100所示。

第2步，单击![图标]图标按钮，调用"挤出封闭的平面曲线"命令，挤出距离为0.8，组合第二层零件与啤酒瓶起子。

第3步，开启"物件锁点"|"中心点"，单击![图标]图标按钮，调用"2D旋转"命令，以零件底部的圆心为旋转中心将其旋转出一定角度，如图9-101所示。

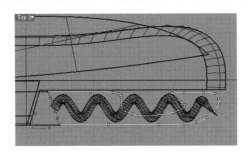

图9-100　绘制啤酒瓶起子的曲线

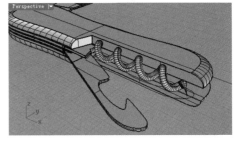

图9-101　挤出厚度并旋转

步骤9　创建十字起

第1步，单击![图标]图标按钮，调用"圆柱体"命令，半径为2，创建十字起杆部，如图9-102所示。

第2步，单击![图标]图标按钮，调用"平顶锥体"命令，半径分别为2和0.2，创建十字起头部，如图9-103所示。

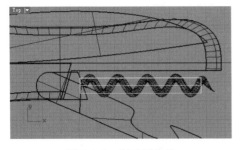

图9-102　创建圆柱体

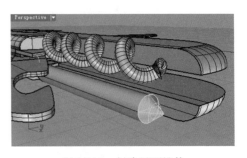

图9-103　创建平顶椎体

第 3 步,在 Right 视图中,右击 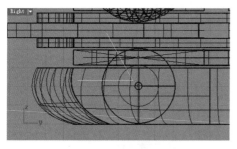 图标按钮,调用"线段"命令,绘制呈 60°角的线段,如图 9-104 所示。

第 4 步,单击 图标按钮,调用"直线挤出"命令,呈一定角度方向挤出线段,如图 9-105 所示。

图 9-104　绘制线段

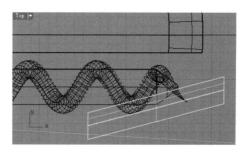

图 9-105　挤出曲线

第 5 步,单击 图标按钮,调用"环形阵列"命令,阵列挤出的曲面,阵列数目为 4,如图 9-106 所示。

第 6 步,单击 图标按钮,调用"修剪"命令,修剪掉多余曲面,如图 9-107 所示。

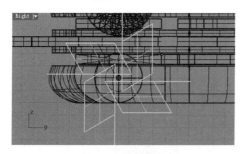

图 9-106　环形阵列曲面

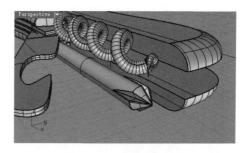

图 9-107　修剪多余部分

第 7 步,组合十字起的各个部分和根部零件。

第 8 步,开启"物件锁点"|"中心点",单击 图标按钮,调用"2D 旋转"命令,以零件底部的圆心为旋转中心将其旋转出一定角度,如图 9-108 所示。

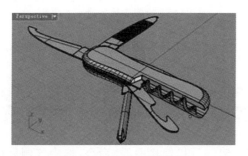

图 9-108　旋转十字起部分

步骤 10　保存模型文件

参见第 1 章,操作过程略。

9.3 创建茶具三维模型

创建如图 9-109 所示茶具三维模型,效果图如图 9-110 所示,主要涉及的命令包括"直线挤出"命令、"旋转成形"命令、"双轨扫掠"命令、"放样"命令等。

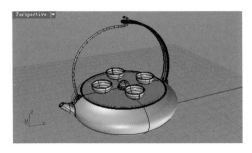

图 9-109 茶具三维模型

图 9-110 茶具效果图

操作步骤如下。

步骤 1 创建新文件

参见第 1 章,操作过程略。

步骤 2 创建壶体

第 1 步,在 Front 平面中,单击 图标按钮,调用"直线"命令沿 Z 坐标轴方向绘制一旋转轴线,如图 9-111(a)所示。

(a) 绘制旋转轴线

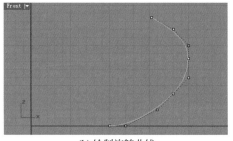

(b) 绘制旋转曲线

图 9-111 绘制壶体创建所需曲线

第 2 步,在 Front 视图中,单击 图标按钮,调用"控制点曲线"绘制壶体外围轮廓旋转曲线,如图 9-111(b)所示。

第 3 步,单击 图标按钮,调用"旋转成型"命令创建壶体曲面,如图 9-112 所示。

第 4 步,单击 图标按钮,调用"复制边缘"命令,选中壶体底部边缘进行复制,如图 9-113所示。

第 5 步,单击 图标按钮,调用"偏移曲线"命令,选中复制好的壶体底部边缘曲线,调整偏移方向,将其向内偏移距离为 3,如图 9-114 所示。

第 6 步,选中底部曲线和偏移曲线两条曲线,单击 图标按钮,调用"挤出封闭的平面曲线"命令,沿壶体向下挤出,挤出距离设置为－0.5,如图 9-115 所示。

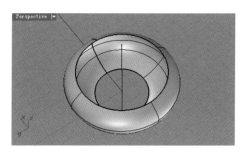

图 9-112　旋转成型

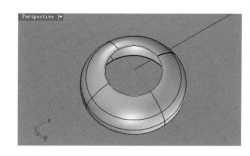

图 9-113　复制底面边缘曲线

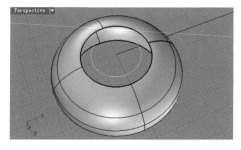

图 9-114　偏移曲线

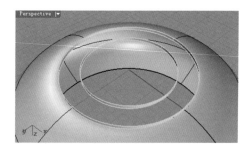

图 9-115　直线挤出

第 7 步,单击 图标按钮,调用"以平面曲线创建曲面"命令,将壶体底部封口,如图 9-116 所示。

第 8 步,选中壶体以上所做的所有部件,单击 图标按钮,调用"组合"命令,将壶体结合在一起,如图 9-117 所示。

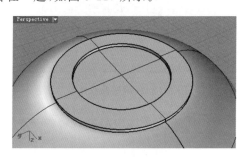

图 9-116　壶底封口

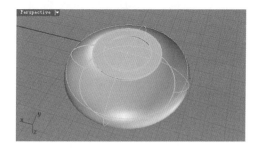

图 9-117　组合壶体

第 9 步,对壶体底部细节进行圆角处理,单击 图标按钮,调用"不等距边缘圆角"命令,选中要建立圆角的边缘并输入半径 0.25 进行倒角处理,如图 9-118 所示。

第 10 步,单击 图标按钮,调用"偏移曲面"命令,将创建的壶体整体向内偏移 0.5,建立壶体厚度,如图 9-119 所示。

第 11 步,单击 图标按钮,调用"混接曲面"命令,选中壶体内外两层顶部边缘进行曲面混接,如图 9-120 所示。

步骤 3　创建把手挂钩

第 1 步,单击 图标按钮,调用"控制点曲线"命令,绘制挂钩曲线,如图 9-121 所示。

第 2 步,单击 图标按钮,调用"开启控制点"命令,对挂钩曲线进行调整,如图 9-122 所示。

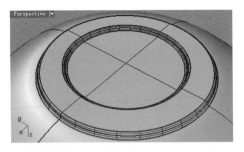

图 9-118　底部圆角处理

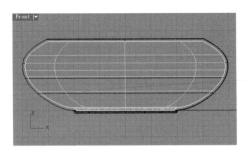

图 9-119　偏移曲面

图 9-120　混接曲面

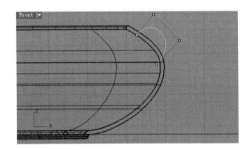

图 9-121　绘制挂钩曲线

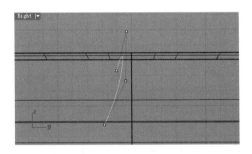

图 9-122　调整曲线形状

第 3 步，单击 图标按钮，调用"镜像"命令，将挂钩曲线按壶体中心轴线镜像一个，如图 9-123 所示。

第 4 步，在两条挂钩曲线中间沿 Z 轴方向绘制断面曲线，如图 9-124 所示。

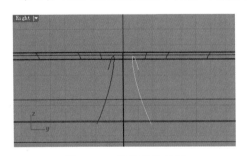

图 9-123　镜像挂钩曲线

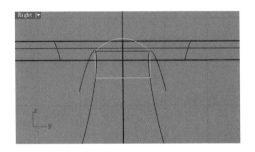

图 9-124　绘制断面曲线

第 5 步，单击 图标按钮，调用"双轨扫掠"命令，按指令连续选择两条挂钩曲线和断面曲线,完成挂钩创建,如图 9-125 所示。

注意:双轨扫掠成体时,需分两步创建以断面曲线为分界点的两部分然后将其组合。

第 6 步,单击 图标按钮,调用"镜像"命令,将挂钩沿壶体中心轴线镜像一个,如图 9-126 所示。

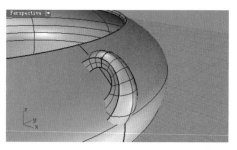

图 9-125　双轨扫掠建立挂钩

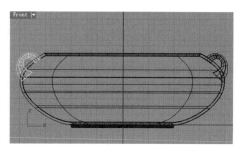

图 9-126　镜像挂钩

第 7 步,单击 图标按钮,调用"修剪"命令,将挂钩修剪多余部分修剪,如图 9-127 所示。

第 8 步,单击 图标按钮,调用"布尔运算并集"命令,将修剪好的挂钩与壶体结合,并单击 图标按钮,调用"不等距边缘圆角"命令对挂钩与壶体结合边缘以及挂钩边缘进行圆角处理,圆角半径设置为 0.1,如图 9-128 所示。

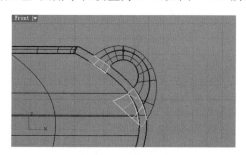

图 9-127　修剪挂钩

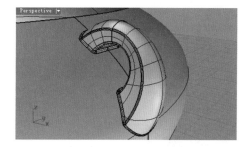

图 9-128　圆角处理

注意:如果合并出现问题可以调用"分析方向"命令,变换挂钩和壶体的曲面方向。

步骤 4　创建壶盖

第 1 步,单击 图标按钮,调用"多重直线"命令,在 Front 视图中绘制多重直线的曲线,如图 9-129 所示。

第 2 步,单击 图标按钮,调用"旋转成型"命令,以壶体中心为轴线进行旋转成型,形成壶盖主体,如图 9-130 所示。

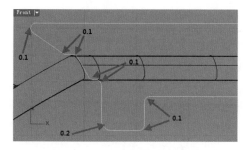

图 9-129　绘制壶盖边缘曲线

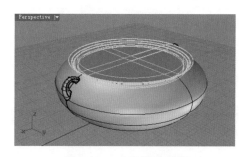

图 9-130　曲线旋转成型

第3步,在 Front 视图中,在壶盖上部单击图标按钮,调用"控制点曲线"命令 ,绘制把手曲线,如图 9-131 所示。

第4步,单击图标按钮,调用"旋转成型"命令,对曲线沿中心轴线进行旋转,如图 9-132 所示。

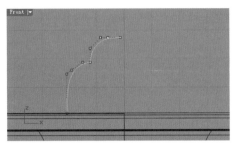

图 9-131   绘制壶盖把手曲线

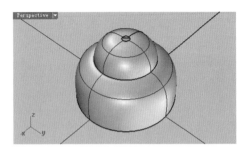

图 9-132   旋转成型

第5步,单击图标按钮,调用"球体:直径"命令,捕捉上一步成型壶盖把手顶端圆孔的直径上的两点,建立球体,然后单击图标按钮,调用"布尔运算并集"命令,将顶部圆球和把手合为一体,如图 9-133 所示。

第6步,单击图标按钮,调用"布尔运算并集"命令,将顶部把手和壶盖主体结合,然后单击图标按钮,调用"不等距边缘圆角"命令,对结合边缘进行圆角处理,圆角半径设置为 0.5,如图 9-134 所示。

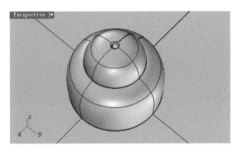

图 9-133   建立顶部球体

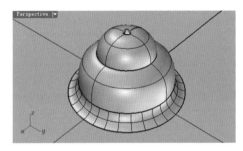

图 9-134   圆角处理

步骤 5   创建把手

第1步,在 Front 视图中,单击图标按钮,调用"控制点曲线"命令,绘制曲线,如图 9-135 所示。

第2步,单击图标按钮,调用"开启控制"命令,调整曲线形状,如图 9-136 所示。

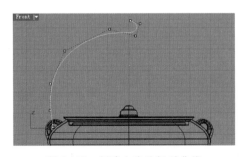

图 9-135   创建左半边把手曲线

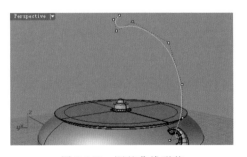

图 9-136   调整曲线形状

第 3 步,单击 图标按钮,调用"圆管(圆头盖)"命令,沿曲线建立圆管,半径为 0.5,如图 9-137 所示。

第 4 步,单击 图标按钮,调用"控制点曲线"命令,在 Front 视图绘制右半边把手曲线,如图 9-138 所示。

图 9-137 建立左半边把手

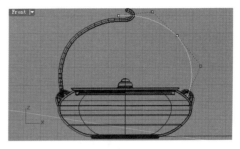

图 9-138 创建把手右半边曲线

第 5 步,单击 图标按钮,调用"矩形:角对焦"命令,在曲线垂直方向上绘制断面矩形,矩形对角线与曲线相交,如图 9-139 所示。

第 6 步,单击 图标按钮,调用"单轨扫掠"命令,选取曲线和断面矩形曲线进行创建,并单击 图标按钮,调用"将平面洞加盖"命令,将扫掠所成体进行封闭,如图 9-140 所示。

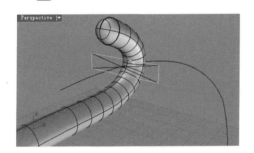

图 9-139 绘制断面曲线

图 9-140 单轨扫掠

第 7 步,单击 图标按钮,调用"不等距边缘圆角"命令,对右半边把手边缘进行圆角处理,如图 9-141 所示。

第 8 步,单击 图标按钮,调用"修剪"命令,利用左侧把手修剪右侧把手,建立圆孔,并单击 图标按钮,调用"不等距边缘圆角"命令对圆孔进行倒角,半径设置为 0.25,如图 9-142 所示。

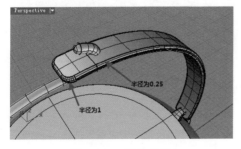

图 9-141 圆角处理

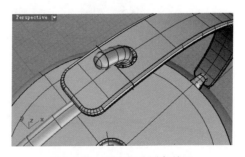

图 9-142 完成打孔圆角处理

步骤 6　创建壶嘴

第 1 步，单击 🔲 图标按钮，调用"控制点曲线"命令，在 Front 视图中绘制壶嘴路径曲线，如图 9-143 所示。

第 2 步，单击 🔲 图标按钮，调用"椭圆：直径"命令，分别以两条路径曲线的起点和终点为椭圆直径两点，创建断面曲线，如图 9-144 所示。

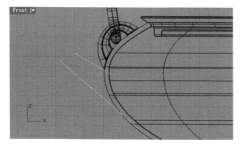

图 9-143　绘制曲线

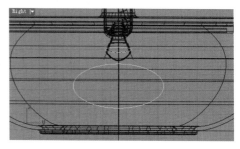

图 9-144　绘制断面曲线

第 3 步，单击 🔲 图标按钮，调用"双轨扫掠"命令，创建壶嘴，如图 9-145 所示。

第 4 步，单击 🔲 图标按钮，调用"曲面偏移"命令，将壶嘴曲面向内偏移，偏移距离为 0.15，如图 9-146 所示。

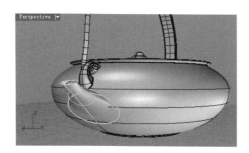

图 9-145　双轨扫掠

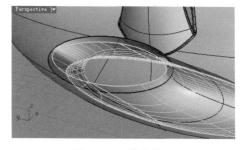

图 9-146　偏移曲面

第 5 步，单击 🔲 图标按钮，调用"混接曲面"命令，将壶嘴两层曲面进行混接，如图 9-147 所示。

第 6 步，单击 🔲 图标按钮，调用"布尔运算并集"命令，将壶嘴与壶体结合在一起，完整茶壶创建，如图 9-148 所示，

图 9-147　混接壶嘴曲面

图 9-148　完成茶壶创建

步骤 7　创建茶碗

第 1 步，单击▣图标按钮，调用"控制点曲线"命令，绘制曲线，如图 9-149 所示。

第 2 步，单击▣图标按钮，调用"旋转成型"命令，完成曲面创建，如图 9-150 所示。

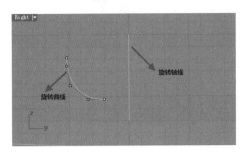

图 9-149　绘制茶碗曲线

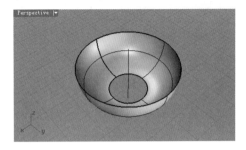

图 9-150　旋转成型

第 3 步，单击▣图标按钮，调用"偏移曲面"命令，将曲面向内偏移，距离设置为 0.25，如图 9-151 所示。

第 4 步，单击▣图标按钮，调用"以平面曲线建立曲面"命令，将曲面封底，如图 9-152 所示。

图 9-151　偏移曲面

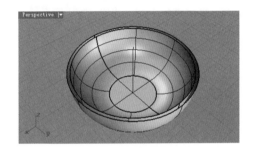

图 9-152　封闭曲面

第 5 步，单击▣图标按钮，调用"混接曲面"命令，将茶碗两层曲面进行混接，如图 9-153 所示。

第 6 步，单击▣图标按钮，调用"复制边缘"命令，提取底面圆形曲线，如图 9-154 所示。

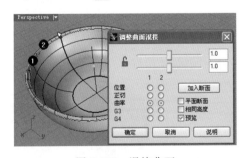

图 9-153　混接曲面

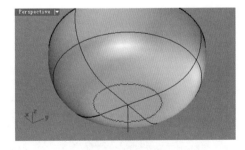

图 9-154　提取圆形曲线

第 7 步，单击▣图标按钮，调用"偏移曲线"命令，将曲线向内偏移，偏移距离设置为 0.5，如图 9-155 所示。

第 8 步,单击 图标按钮,调用"挤出封闭的平面曲线"命令,将两条曲线向下挤出,距离设置为-0.25,如图 9-156 所示。

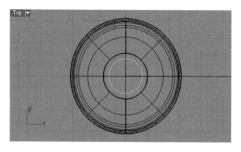

图 9-155　偏移曲线

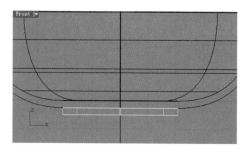

图 9-156　直线挤出

第 9 步,单击 图标按钮,调用"布尔运算并集"命令 ,将挤出体与茶碗主体结合,如图 9-157 所示。

第 10 步,单击 图标按钮,调用"不等距边缘圆角"命令,将挤出体与茶碗主体结合边缘进行圆角处理,圆角半径设置为 0.1,如图 9-158 所示。

图 9-157　底座创建

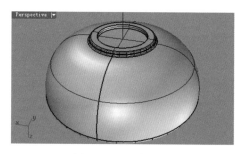

图 9-158　圆角处理

步骤 8　保存模型文件

参见第 1 章,操作过程略。

9.4　创建风扇三维模型

创建如图 9-159 所示小型风扇的三维模型,渲染图如图 9-160 所示,主要涉及的命令包括"偏移"命令、"修剪"命令、"旋转"命令、"环形阵列"命令、"镜像"命令和"曲线圆角"命令。

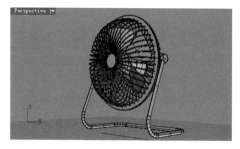

图 9-159　风扇三维模型

图 9-160　风扇效果图

操作步骤如下。

步骤1 创建新文件

参见第1章,操作过程略。

步骤2 扇叶及风扇罩的建模

第1步,单击⊘图标按钮,调用"圆:中心点、半径"命令,在Front视图绘制圆形,半径值为20,并使用"偏移"命令向内距离2,偏移一个新的圆,如图9-161所示。

第2步,单击◎图标按钮,调用"以平面曲线建立曲面"命令,以外圆建立面,如图9-162所示。

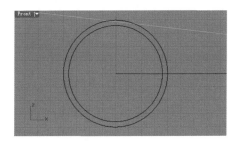

图9-161 创建两个同心圆

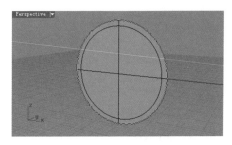

图9-162 创建外圆面

第3步,单击图标按钮,调用"修剪"命令,用内圆曲线修剪掉外圆中间部分,如图9-163所示。

第4步,单击图标按钮,调用"挤出曲面"命令,曲面挤出距离值为1,如图9-164所示。

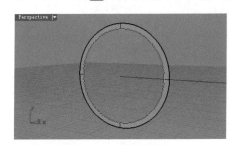

图9-163 修剪圆面

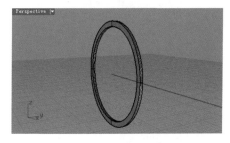

图9-164 挤出曲面

第5步,单击◙图标按钮,调用"圆柱体"命令,开启"物件锁点"|"中心点",创建半径值为5,厚度值为7的圆柱体,并调用"移动"命令,将其与外圆中心对齐,如图9-165所示。

第6步,单击▣图标按钮,调用"内插点曲线"命令,在Front视图中绘制扇叶轮廓曲线,并调用"开启控制点"命令调节曲线,如图9-166所示。

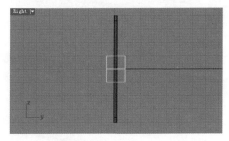

图9-165 创建圆柱体

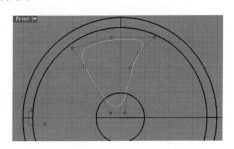

图9-166 绘制扇叶曲线

第 7 步,单击 图标按钮,调用"以平面曲线建立曲面"命令,以扇叶轮廓曲线建立曲面,如图 9-167 所示。

第 8 步,单击 图标按钮,调用"2D 旋转"命令,在 Top 视图中,将扇叶旋转一个角度,并调用"移动"命令,调整位置,如图 9-168 所示。

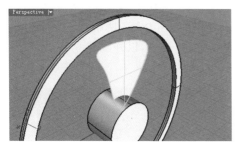

图 9-167　建立面

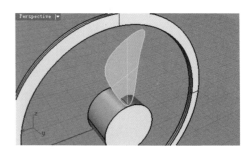

图 9-168　调整扇叶角度和位置

第 9 步,单击 图标按钮,调用"环形阵列"命令,将扇叶以中心点阵列,阵列数目值为 5,如图 9-169 所示。

第 10 步,单击 图标按钮,调用"不等距边缘圆角"命令,选取圆柱的边缘,圆角半径值为 2,如图 9-170 所示。

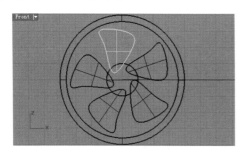

图 9-169　阵列扇叶

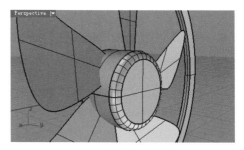

图 9-170　将圆柱边缘倒圆角

第 11 步,单击 图标按钮,调用"圆柱体"命令,创建一个半径值为 3,厚度值为 1 的圆柱体,并调用"移动"命令,调整位置,如图 9-171 所示。

第 12 步,单击 图标按钮,调用"内插点曲线"命令,在右视图中绘制电扇罩曲线,并调用"开启控制点"命令调节曲线,如图 9-172 所示。

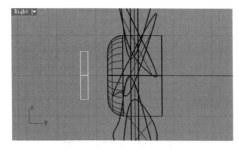

图 9-171　创建圆柱体

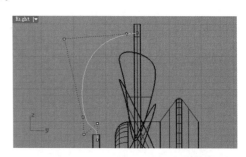

图 9-172　绘制并调整曲线

第 13 步,单击 🌑 图标按钮,调用"圆管"命令,以这条曲线为圆管曲线,半径值为 0.2 创建圆管,如图 9-173 所示。

第 14 步,单击 💠 图标按钮,调用"环形阵列"命令,捕捉圆柱中心点,设置数值为 48,创建风扇网罩,如图 9-174 所示。

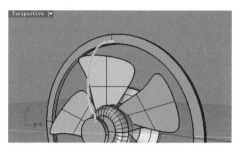

图 9-173 创建圆管

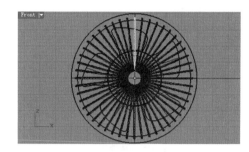

图 9-174 创建风扇网罩

步骤 3 风扇后罩及支撑部件的建模

第 1 步,单击 🌑 图标按钮,调用"平顶椎体"命令,创建风扇机体,底面半径为 5,平顶椎体顶面中心点为 −3,顶面半径为 9,如图 9-175 所示。

第 2 步,开启"物件锁点"|"四分点",捕捉椎体的四分点,单击 🏛 图标按钮,调用"镜像"命令,镜像机体,如图 9-176 所示。

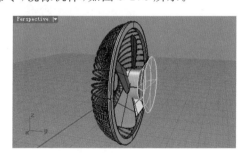

图 9-175 创建圆管

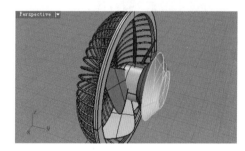

图 9-176 镜像机体

第 3 步,单击 🔵 图标按钮,调用"布尔运算并集"命令,将两个锥体组合。单击 🔵 图标按钮,调用"曲面圆角"命令,半径值为 0.5,将两个平顶圆锥接缝处自然过渡,并且删除多余曲面,如图 9-177 所示。

第 4 步,单击 ⬚ 图标按钮,调用"内插点曲线"命令,在右视图中绘制电扇后罩铁丝曲线,并调用"开启控制点"命令调整曲线,如图 9-178 所示。

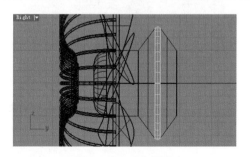

图 9-177 建立圆角

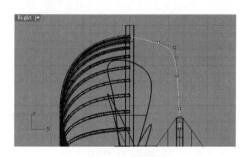

图 9-178 编辑曲线

第 5 步,单击 ⊚ 图标按钮,调用"圆管"命令,以这条曲线为圆管曲线,半径值为 0.2 创建圆管。

第 6 步,单击 ⊛ 图标按钮,调用"环形阵列"命令,开启圆柱中心点,设置数值为 48,创建风扇后罩,如图 9-179 所示。

第 7 步,分别调用"编辑曲线"、"挤出曲线"和"圆柱体"几个命令创建侧面旋转轴零件,并且镜像该组零件,如图 9-180 所示。

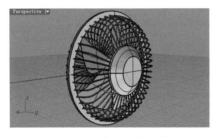

图 9-179 完成风扇后罩

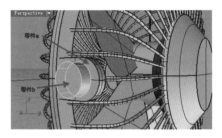

图 9-180 创建侧面零件

第 8 步,结合 Right 视图和 Top 视图,调用"直线"命令绘制支架曲线,单击 ⟅ 图标按钮,调用"曲线圆角"命令,半径值为 5,如图 9-181 所示。

第 9 步,单击 ⊚ 图标按钮,调用"圆管"命令,半径值为 0.8,创建支架,如图 9-182 所示。

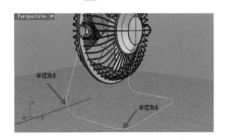

图 9-181 绘制支架曲线

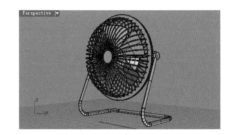

图 9-182 创建支架

第 10 步,单击 ⊘ 图标按钮,调用"群组"命令将风扇和零件 a 及镜像零件 a 群组。如图 9-183 所示。

第 11 步,在 Right 视图中,单击 ⟐ 图标按钮,调用"旋转"命令,将风扇机体以支架端点为中心点,旋转到恰当角度,如图 9-184 所示。

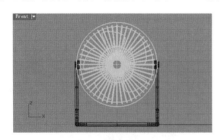

图 9-183 群组机体部分

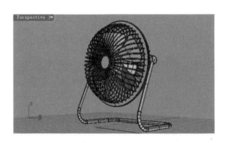

图 9-184 完成电扇创建

步骤 4　保存模型文件

参见第 1 章,操作过程略。